铁化合物在水环境污染防治中的应用

陆永生　陈学萍　著

上海大学出版社
·上海·

内 容 提 要

本书介绍了铁基催化剂高级氧化技术,利用 Fe(Ⅲ)/过硫酸盐体系实现对染料罗丹明 B 的降解;合成不同类型的绿锈进行化学反硝化,考察了其脱氮效能并提出实现得到不同含氮产物的调控手段;针对不同类型的铁矿物,考察微生物介导下的 Fe(Ⅲ)/Fe(Ⅱ)循环,同时探究其脱氮途径和如何去除苯系物,利用微生物介导下的 Fe(Ⅲ)/Fe(Ⅱ)转化,以蓝铁矿的形式实现磷回收。本书适用于水和废水处理方面的研究及生产实践科技人员参考,也可供高等学校环境科学与工程、给排水工程等相关专业的师生参阅。

图书在版编目(CIP)数据

铁化合物在水环境污染防治中的应用/陆永生,陈学萍著. —上海:上海大学出版社,2023.9
ISBN 978 - 7 - 5671 - 4791 - 1

Ⅰ.①铁… Ⅱ.①陆… ②陈… Ⅲ.①水污染防治—研究 Ⅳ.①X520.6

中国国家版本馆 CIP 数据核字(2023)第 170966 号

责任编辑 李 双 王悦生
封面设计 缪炎栩
技术编辑 金 鑫 钱宇坤

铁化合物在水环境污染防治中的应用
陆永生 陈学萍 著
上海大学出版社出版发行
(上海市上大路 99 号 邮政编码 200444)
(https://www.shupress.cn 发行热线 021 - 66135112)
出版人 戴骏豪

*

南京展望文化发展有限公司排版
江苏凤凰数码印务有限公司印刷 各地新华书店经销
开本 787mm×1092mm 1/16 印张 12 彩插 1 字数 263 千字
2023 年 9 月第 1 版 2023 年 9 月第 1 次印刷
ISBN 978 - 7 - 5671 - 4791 - 1/X·11 定价 56.00 元

铁是化学元素中最重要的元素之一，它是过渡金属的一种，是地壳中含量第二高的金属元素，普遍存在于地球环境中的各个圈层。铁在自然环境中的主要形式是 $Fe(III)$ 和 $Fe(II)$，$Fe(III)$ 在近中性 pH 下不溶解，$Fe(II)$ 则较易溶解且更易参与各种化学和生物过程，但在中性有氧条件下易被氧化，因此固体矿物是铁元素在自然环境中的主要赋存形式。目前铁基材料在水环境污染防治中的应用备受关注，单质铁、铁的氧化物、铁的氢氧化物及其他铁的化合物在其中起到了重要的作用。

结合我们多年的科研、工程及社会应用经验，本书介绍了铁基催化剂高级氧化技术、绿锈反硝化和微生物介导下的 $Fe(III)/Fe(II)$ 循环转化实现脱氮除磷、去除有机污染等方面的研究。具体内容分为六章，第一章为铁化合物在水环境污染防治中的应用研究基础，第二章为 $Fe(III)$/过硫酸盐体系在降解染料罗丹明 B 中的应用，第三章为不同类型绿锈的脱氮效能，第四～六章分别介绍了微生物介导下的 $Fe(III)/Fe(II)$ 循环实现脱氮，利用 $Fe(III)/Fe(II)$ 循环去除苯系物，$Fe(III)/Fe(II)$ 转化除磷形成蓝铁矿。

本书各章节主要编写人员：陆永生（第 1～6 章）、陈学萍（第 1、4、5、6 章），由陆永生统稿、定稿。本书涉及的研究工作主要有吴祖龙、王展、杨兴兴、徐璐、黄雪儿、刘慧、冯威等研究生完成，张在屋、胡超、何洋溢、李晴淘、张淳之、徐喜旺、陈晨、曹蕊、董慧、杨哲贤等研究生也参与了部分工作。

在研究过程中得到了张国莹、钱光人、刘建勇、刘强、许云峰、张佳（上海大学），Andrew Feng Fang（PhD, Senior Director of ESG Research and Consultancy, Singapore Metaverse Green Exchange），周吉峙（南京工业大学），甄广印（华东师范大学），薛罡、蔡荔（东华大学），鲁金凤（南开大学），万俊锋（郑州大学），高卫国（上海宝发环科技有限公司），赵谨（《工业水处理》杂志社），韩晓刚（常州清流环保科技有限公司）等的大力支持和帮助，在此表示由衷的感谢。

在本书编写过程中，参阅和引用了大量的国内外有关文献和资料，在此向所引用文献的作者致以诚挚谢意！

本书的出版得到了国家自然科学基金资助项目(41877187)的支持,以及教育部首批虚拟教研室建设试点"环境工程原理课程虚拟教研室、南开大学"新工科"环境类融合式创新虚拟教研室、上海大学出版社的大力支持和帮助,在此一并表示衷心的感谢。

本书适用于水和废水处理方面的研究及生产实践科技人员参考,也可供高等学校环境科学与工程、给排水工程等相关专业的师生参阅。

由于作者能力和水平有限,经验不足,书中难免存在疏误之处,敬请广大读者和同行批评指正。

2023 年 4 月

Contents | 目录

第 1 章
铁化合物在水环境污染防治中的应用研究基础

1.1 基于硫酸根自由基的高级氧化技术

基于活化 H_2O_2 的 Fenton 及类 Fenton 体系产生羟基自由基($\cdot$OH)的高级氧化技术(Hydroxyl Radical based Advanced Oxidation Processes，HR-AOPs)能够实现有机污染物的快速降解，但在实际应用中羟基自由基降解有机污染物过程中仍存在以下两个问题：一是羟基自由基存在时间短，在水溶液中寿命小于 1 μs，不能有效迁移到污染物表面与之充分接触，导致羟基自由基的利用率不高；二是羟基自由基通过羟基的加成与取代进攻有机污染物，不能有效降解某些具有特殊结构的有机污染物。

基于硫酸根自由基(SO_4^- $\cdot$)的高级氧化技术(Sulfate Radical based AOPs，SR-AOPs)是近年来发展起来的处理难降解有机污染物的新技术[1-4]。与羟基自由基相比，硫酸根自由基的存在寿命较长(半衰期为 4 s)，并且标准氧化还原电位为 2.5 V，与羟基自由基的相近。研究发现，在中性条件下，硫酸根自由基的氧化还原电位甚至高于羟基自由基，能够完全降解去除大多数有机污染物。

产生硫酸根自由基的方式主要是对过硫酸盐[$S_2O_8^{2-}$，PS(peroxymonosulfate)]和过一硫酸盐(HSO_5^-)进行活化。$S_2O_8^{2-}$ 和 HSO_5^- 在结构上与 H_2O_2 相似，都含有—O—O—键。H_2O_2、$S_2O_8^{2-}$ 和 HSO_5^- 结构中的—O—O—键键长分别为 0.146 0 nm、0.149 7 nm 和 0.145 3 nm。H_2O_2 和过硫酸盐分子中的—O—O—键键能分别为 213.3 kJ/mol 和 140 kJ/mol，而 HSO_5^- 结构中的—O—O—键能未见文献报道，推测介于 H_2O_2 和 $S_2O_8^{2-}$ 的—O—O—键键能之间。在常温下 $S_2O_8^{2-}$ 和 HSO_5^- 都较为稳定，可在光辐射、热、微波辐射等外加能量或过渡金属等催化下产生硫酸根自由基，其反应方程式如下：

$$S_2O_8^{2-} \longrightarrow 2SO_4^- \cdot \tag{1.1}$$

$$HSO_5^- \longrightarrow SO_4^- \cdot + OH^- \tag{1.2}$$

由于 HSO_5^- 在水中电离产生 H^+，导致其水溶液酸性较强；活化反应过后，溶液的酸性进一步增强。因此，基于活化水溶液呈中性、价格相对低廉的过硫酸盐产生自由基的高级氧化技术在环境修复中的应用更为广泛。

1.1.1 过硫酸盐活化方法及其在有机污染物处理中的应用

现阶段活化过硫酸盐产生自由基的方法,主要集中在热活化、紫外光活化、碱活化和过渡金属离子活化等均相形式,以及活性炭等催化剂的非均相形式。

1. 热活化过硫酸盐

热能的作用下,过硫酸根中的—O—O—键均裂产生自由基,发生化学反应如下:

$$S_2O_8^{2-} + thermal \longrightarrow 2SO_4^- \cdot \tag{1.3}$$

热活化是活化过硫酸盐的有效方法之一,已被成功应用于环境中的有机污染的降解。利用该法对有机物氯霉素进行处理,160 min 内其去除率可达 96.3%;当过硫酸盐和氯霉素的摩尔比为 80:1 时,TOC 去除率高达 90.1%[5]。同样该法对安替比林也有较高的去除效果[6]。有研究报道利用加热过硫酸盐对 59 种挥发性有机物进行降解[7],结果表明,大部分有机物可被降解,且在 40℃时降解效率较 20℃高。加热过硫酸盐反应 72 h 可将氯代乙烯、三氯甲烷、苯等有效去除。提高体系温度可加速分解过硫酸盐,但由于生成大量的硫酸根自由基无法在短时间内有效地迁移到污染物表面而发生自身的淬灭反应,从而降低了氧化剂及自由基的利用率[8]。

2. 紫外光活化过硫酸盐

紫外光具有较大的能量,当紫外光照射过硫酸盐时可以断裂过硫酸根中的—O—O—键产生自由基,紫外光活化过硫酸盐的反应式如下:

$$S_2O_8^{2-} + UV \longrightarrow 2SO_4^- \cdot \tag{1.4}$$

研究表明,利用紫外光对过硫酸盐进行活化时,只有在波长小于 270 nm 的紫外光照射下才能将—O—O—键断裂。利用 254 nm 的紫外光活化过硫酸盐对四氟丙醇[9]和磺胺甲吡啶[10]进行处理可取得较好的去除效果。另有研究指出,只需采用波长小于295 nm 的紫外光就能将过硫酸盐有效分解,Hamize 等[11]实验结果表明波长范围在 193~351 nm 内的紫外光均可以实现对过硫酸盐的活化。Criquet 等[12]利用 UV/$S_2O_8^{2-}$ 体系对水中三聚氰酸进行降解,并与 UV/H_2O_2 体系进行比较。结果表明,该体系产生的硫酸根自由基矿化能力比羟基自由基强,在 UV/$S_2O_8^{2-}$ 氧化降解三聚氰酸体系中无明显的中间产物生成,可直接将其矿化。

由于紫外光活化过硫酸盐安全无毒,不会引起二次污染,因此,该法可用于处理饮用水和微污染水,尤其适合在已经装有 UV 消毒系统的水厂。紫外光活化过硫酸盐技术在降解含有机污染物的废水、降低排放废水 COD 方面有着广阔的应用前景。

3. 碱活化

过硫酸盐在强碱条件(pH>10)下也有较高活性。在碱的作用下,过硫酸盐先与溶液中 OH^- 反应生成 HO_2^-,生成的 HO_2^- 与过硫酸盐作用断裂其分子中的—O—O—键而产生硫酸根自由基[13],反应式如下:

$$S_2O_8^{2-} + 2H_2O(OH^-) \longrightarrow HO_2^- + 2SO_4^{2-} + 3H^+ \tag{1.5}$$

$$HO_2^- + S_2O_8^{2-} \longrightarrow SO_4^- \cdot + SO_4^{2-} + H^+ + O_2^- \cdot \tag{1.6}$$

强碱条件下生成的硫酸根自由基会迅速与 OH^- 反应生成羟基自由基,因此,碱活化过硫酸盐体系中降解有机污染物的自由基种类为羟基自由基。

4. 过渡金属离子活化

相对于高温以及紫外光活化,常温下过渡金属离子活化过硫酸盐的技术更受重视。金属活化过硫酸盐是一种类 Fenton 反应,由于该反应体系简单,条件温和,无须外加热源和光源,因而受到广泛关注。过渡金属离子(包括 Ag^+、Fe^{2+}、Cu^{2+}、Mn^{2+}、Ce^{2+}、Co^{2+} 等)在常温下即可活化过硫酸盐产生自由基,反应式如下:

$$M^{n+} + S_2O_8^{2-} \longrightarrow M^{(n+1)+} + SO_4^- \cdot + SO_4^{2-} \tag{1.7}$$

不同过渡金属离子对过硫酸盐产生自由基的催化作用,其活化效果排序大致如下: $Ag^+ > Co^{2+} > Fe^{2+}$。

上述常规的均相活化过硫酸盐方法虽然能够有效活化过硫酸盐,但是在实际应用过程中也存在着一定的局限性。比如,光和热虽能快速活化过硫酸盐产生自由基,但处理大面积受污染的水体时,将整个水域升温或进行紫外光照射既不切实可行,又需要消耗大量的能量。在碱活化过硫酸盐的反应需在 $pH > 10$ 的强碱性条件下进行,该法需要加入大量的碱,对设备的耐碱性要求很高,活化过后还需要将反应体系调至中性,以致处理成本高,因此实际应用范围不是很广。利用过渡金属离子活化过硫酸盐的反应,处理后的水体中含有的大量金属离子会造成水体的二次污染。为克服均相反应中的能耗大、产生二次污染等缺点,因此,研究活化过硫酸盐的方法趋向于非均相催化形式。

5. 活性炭活化

活性炭是微小结晶和非结晶部分混合组成的物质,其表面含有大量酸性或碱性基团。活性炭活化过硫酸盐正是利用其表面的含氧官能团使其产生自由基,活化过程如下:

$$Carbon—OOH + S_2O_8^{2-} \longrightarrow Carbon—OO \cdot + SO_4^- \cdot + HSO_4^- \tag{1.8}$$

$$Carbon—OH + S_2O_8^{2-} \longrightarrow Carbon—O \cdot + SO_4^- \cdot + HSO_4^- \tag{1.9}$$

Yang 等[14]研究颗粒活性炭活化过硫酸盐降解偶氮染料酸性橙(AO7),结果表明,该体系不仅对 AO7 的脱色效果明显,而且对 AO7 的矿化程度也较高;在近中性的 pH 条件下,该体系对 AO7 的降解效果最好:在活性炭加入量为 1 g/L, $S_2O_8^{2-}$/AO7 摩尔比为 100∶1 条件下,AO7 的反应速率常数为 0.397 h^{-1}。利用过硫酸盐单独处理全氟辛酸时,其去除速率常数为 0.021 4 h^{-1},而向反应体系中添加活性炭时去除速率常数可增加到 0.262 h^{-1},且反应体系中全氟辛酸的去除主要是被降解而不是被活性炭吸附[15]。

由于有机物吸附在活性炭表面而占据活化过硫酸盐的活性位点,随着活性炭使用次数的增加,活性炭会部分失活[14]。利用过硫酸盐自身的氧化性,增加其浓度可实现饱和活性炭的再生[16]。

1.1.2 铁活化过硫酸盐及其应用

在过渡金属离子活化过硫酸盐的过程中,由于 Fe^{2+} 廉价易得且高效无毒,是研究最为广泛的活化过硫酸盐的金属离子活化剂之一[17-19]。Liang 等[20]研究 Fe^{2+} 催化过硫酸盐的活化能约为 50.2 kJ/mol,表明反应所需活化能较低。实验发现,反应开始前 5 min 三氯乙烯(Trichloroethylene,TCE)降解率较快(降解率约为 64%),而 5 min 后其降解率基本没有增加。产生这种结果的主要原因如下:一是活化过硫酸盐的速率很快,5 min 后 Fe^{2+} 已经基本被氧化成为 Fe^{3+},而 Fe^{3+} 不能有效活化过硫酸盐;二是快速生成的大量硫酸根自由基会与溶液中的 Fe^{2+} 发生反应,既能消耗催化剂 Fe^{2+},又能消耗有效降解 TCE 的硫酸根自由基。

$$Fe^{2+} + S_2O_8^{2-} \longrightarrow Fe^{3+} + SO_4^{2-} + SO_4^- \cdot \qquad (1.10)$$

$$Fe^{2+} + SO_4^- \cdot \longrightarrow Fe^{3+} + SO_4^{2-} \qquad (1.11)$$

为避免这一现象的发生,一般在 Fe^{2+} 活化体系中,通过加入螯合剂或络合剂可提高反应效率,常用的螯合剂有乙二胺四乙酸(Ethylene Diamine Tetrdacetic Acid,EDTA)[21]、柠檬酸、草酸等。螯合剂与 Fe^{2+} 形成具有特殊稳定性的螯合物,或者分批向反应体系中加入 Fe^{2+} 可使反应体系中不断产生强氧化性的硫酸根自由基来降解有机物,防止一次性加入 Fe^{2+} 后过剩的 Fe^{2+} 消耗硫酸根自由基,致使反应体系中 Fe^{2+} 和自由基同时减少,影响有机物的降解效果。

使用草酸或 EDTA 等螯合剂与 Fe^{2+} 螯合,虽然能够控制溶液中 Fe^{2+} 的溶出速度,达到缓慢释放 Fe^{2+} 和控制过硫酸盐分解速率的目的[22],但是反应过后螯合剂存在于溶液中不易去除从而造成二次污染;水溶液中螯合剂也会与硫酸根自由基发生竞争反应,导致过硫酸盐利用率低。

自研究发现纳米 Fe_3O_4 具有活化 H_2O_2 的类酶催化作用后,越来越多的类 Fenton 非均相催化剂体系被用来替代金属离子均相催化 H_2O_2 产生羟基自由基。由于过硫酸盐和 H_2O_2 分子中有类似结构,因此活化过硫酸盐也趋向于非均相催化形式。目前已有 Fe^0[23]、Fe_3O_4[24]、$Fe-Fe_2O_3$[25] 及 Fe_2O_3-MnO[26] 等铁系催化剂用于活化过硫酸盐。含铁双金属氧化物,如 $CuFeO_2$[27] 等对过硫酸盐同样具有较好的活化效果。上述铁系非均相催化剂活化中都是利用催化剂中的 Fe(Ⅱ) 或 Fe^0 溶出生成的 Fe(Ⅱ),而铜铁氧化物中则是利用 Cu(Ⅰ) 和 Fe(Ⅱ)。随着催化剂的重复使用,催化剂中的活性成分 Fe(Ⅱ) 或 Cu(Ⅰ) 等逐渐减少,催化剂的活性也逐渐减弱,最终失活。

利用 Fe^0、Fe_3O_4 和 $Fe-Fe_2O_3$ 等铁系非均相催化剂活化过硫酸盐处理有机污染物的实验中,反应体系的 pH 通常在 3 左右时才能达到较好的效果。当反应体系的 pH 在中性条件下时,此类催化剂并没有表现出良好的催化性能。

近十几年来,酸性固体催化剂因在其表面附近能形成局部的酸性环境而成为研究热点。通常利用零电荷点(Point of Zero Charge,PZC)值来表征固体催化剂表面的酸碱属性,PZC 值越低则表明该物质有较高的酸性。比如,$FeVO_4$ 的 PZC 值为 4.15 远低于 α-Fe_2O_3 的 $5.2 \sim 8.6$ 和 Fe_3O_4 的 $6.3 \sim 6.7$,因此,$FeVO_4$ 在 pH 较宽范围内($3.0 \sim 8.0$)对 H_2O_2 都表现出良好的催化性能[28]。含有元素钼的物质也具有较低的 PZC 值,如 5 mol% Mo/TiO_2[29]、10 wt% MoO_3/Al_2O_3[30]、7.6 wt% MoO_3/ZrO_2[31] 和 0.4 wt% Mo/SiO_2[32] 的 PZC 值分别为 2.2,3.7,2.5 和 2.9。

钼酸铁[$Fe_2(MoO_4)_3$]属于选择性氧化催化剂,具有优良的催化性能,在精细化工、石油化工中的应用较为广泛。有文献报道,利用 $Fe_2(MoO_4)_3$ 作为类 Fenton 催化剂成功处理废水中的有机污染物[33]。H_2O_2 和过硫酸盐都含有—O—O—键的这一类似结构,由此推断 $Fe_2(MoO_4)_3$ 也可以作为过硫酸盐的催化剂。

1.2　化学反硝化的研究进展

1.2.1　硝态氮化学还原去除的研究基础

电化学方法能处理高浓度硝态氮,因其低投资费用及环境友好性(最终产物是无害的 N_2)等优势而受关注。Koparal[34] 等发现在电解还原过程中 NO_3^--N 转化为 N_2;在电凝过程中 NO_3^--N 随电极产生的 $Fe(OH)_3$ 一同沉淀去除。Lacasa[35] 等认为在有中间产物 NO_2^--N 存在的情况下,在不含氯的溶液中 NO_3^--N 可转化为气态氮(N_2 或 NO 等),而不是 NH_4^+-N。

高文亮[36] 等在无还原剂的光催化还原体系中,利用水在催化剂上分解产生的氢来还原水中的 NO_3^--N。Anderson[37] 以 Au/TiO_2 为负载催化剂,以草酸为空穴捕获剂,反应最终主要产物为 CO_2 和 N_2。

电催化还原方法以其安全性、高效性、选择性和环境友好性及无须添加还原剂等优势,在催化还原领域日益受到重视。在碱性溶液中利用铜电极对 NO_3^--N 进行电催化还原,产物为 N_2 和 NH_4^+-N,以 N_2 为主[38]。利用 Pd/Sn 修改后的活性炭纤维电极,NO_3^--N 浓度从 110 mg/L 降至 3.4 mg/L,产物主要为 NH_4^+-N 和 N_2[39]。

零价铁(ZVI)[40] 可作为还原 NO_3^--N 的电子供体,其还原机理有两种可能性:一是直接还原,即通过铁对 NO_3^--N 的还原;二是间接还原,即通过铁腐蚀产生的氢原子或氢气来还原 NO_3^--N。尽管一些学者[41] 认为利用纳米级零价铁处理最终产物是 N_2,但并未给出证明。Sohn[42] 和 Zhang[43] 等发现利用纳米级零价铁还原 NO_3^--N 的主要产物为 NH_4^+-N。Liou 等[44] 发现 ZVI 表面掺杂双金属——贵金属(Pt、Pd 和 Au)和 Cu,最佳实验条件下,从碱性溶液中收集到 30% N_2。催化还原以 H_2 为还原剂,在负载型金属催化剂作用下,将水中 NO_3^--N 还原成 N_2。Vorlop[45] 等首先提出 NO_3^--N 贵金属催化还原脱氮技术。

与零价铁处理不同,Fe^{2+} 离子在碱性溶液中可与 NO_3^--N 发生氧化还原反应[46]。Rakshit[47] 等发现方铁矿(FeO)可快速将 NO_3^--N 还原成 NH_4^+-N,过程中产生的 NO_2^--N 会被缓慢还原成 NH_4^+-N 和 N_2O。1996 年,Hansen[48] 等首次提出利用绿锈(Green

Rusts,GRs)作为还原剂来处理土壤、沉积物或蓄水层中的 $NO_3^- $-N,将 NO_3^--N 全部转化为 NH_4^+-N,而 GRs 被氧化为磁铁矿和氧化铁的混合物。

Hansen 等[49]分别以 $NaNO_3$ 和 $BaNO_3$ 作为处理对象,利用 GR2(SO_4^{2-})处理时发现,由于 $BaSO_4$ 产生的硫酸根迫使其和 NH_4^+-N 发生离子交换,使得 NH_4^+-N 在 GR2(SO_4^{2-})内外表面同时反应。研究表明[50],NO_3^--N 的还原速率与夹层中的阴离子及 Fe(Ⅱ)所占铁总量的比例有关;利用 Cu(Ⅱ)对 $GR-F^-$ 进行改性,可有效提高其还原速率[51];引入痕量金属[52],反应速率提高近 200 倍,其中引入 Pt 的效果最为明显。目前为止,国外学者在这方面的研究侧重于还原速率的提高,已有文献认为:NO_3^--N 的最终还原产物为 NH_4^+-N。

1.2.2 绿锈层间结构组分及反应活性

1974 年,Misawa 等[53]在制备 Fe_3O_4 时发现了绿锈(GRs),化学式可表示为 $[Fe_{1-x}^{2+}Fe_x^{3+}(OH)_2]^{x+}[x/n\ A^{-n} \cdot mH_2O]^{x-}$。绿锈属于层状双氢氧化物(Layer Double Hydroxide,LDH),是各种铁氧化物的中间产物(图 1-1)。

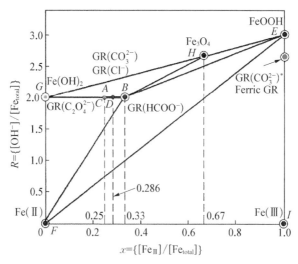

图 1-1 含铁化合物的 $R=\{[OH^-]/[Fe_{total}]\}$ 和
$x=\{[Fe_{II}]/[Fe_{total}]\}$ 的质量平衡图

* 其中包括铁羟基氧化物和含氯化物、碳酸盐、草酸盐和碳酸酯(甲酸盐)的铁羟基盐[54]

根据对绿锈组分结构进行分析,在废水处理过程中其单元层板内的 Fe(Ⅱ)和 Fe(Ⅲ)可构成氧化还原电对,其特殊的层间结构可提供接触界面以形成微区电化学行为。另外根据晶体溶解慢的特点,可利用其缓释功能,使绿锈的还原性慢慢释放,从而有利于达到有效控制氧化还原反应产物生成的目的。

1. 氧化还原反应

氧化还原反应是基于电子转移的反应,比较复杂,反应通常是分步进行的,需要一定时间才能完成。除了发生主反应外,常常可能发生副反应或因条件不同而生成不同产物。

在标准状况下,可根据氧化还原反应中两个电对的电位大小或通过有关氧化还原电对电位的计算,大致判断氧化还原反应进行的方向。但在实际工作中,情况更复杂,当外界条件(如温度、酸度、浓度等)发生变化时,氧化还原电对的电位也将受到影响,有可能会影响氧化还原反应进行的方向。

废水处理技术中氧化还原法已占有一席之地,绿锈单元层板内的 Fe(Ⅱ)和 Fe(Ⅲ)组分具备组成微电池系统的条件,其组成除了 Fe(Ⅲ)/Fe(Ⅱ)共存外,废水中的 SO_4^{2-}、Cl^-、CO_3^{2-} 等阴离子可与铁氧化物稳定共存。此外,共存的无机/有机阴离子又可与绿锈中的 Fe(Ⅲ)/Fe(Ⅱ)组成氧化还原体系。因此,绿锈的层间/表层具备完成氧化还原反应的条件,可用于化学反硝化。文献[46]给出了不同氮的形态之间转化的标准还原电位,如图 1-2 所示。相对宏观体系而言,绿锈作用下可形成微区电化学行为,通过探查微区电化学行为,能更好地诠释整个宏观体系的氧化还原反应。

酸

$$NO_3^- \xrightarrow{0.803} N_2O_4 \xrightarrow{1.07} HNO_2 \xrightarrow{0.996} NO \xrightarrow{1.59} N_2O \xrightarrow{1.77} N_2 \xrightarrow{-1.87} NH_3OH^+ \xrightarrow{1.41} N_2H_5^+$$

$$\xrightarrow{1.275} NH_4^+$$

$$NO_3^- \xrightarrow{0.875} NH_4^+ \qquad NO_3^- \xrightarrow{1.246} N_2$$

碱

$$NO_3^- \xrightarrow{-0.86} N_2O_4 \xrightarrow{0.867} NO_2^- \xrightarrow{0.46} NO \xrightarrow{0.76} N_2O \xrightarrow{0.94} N_2 \xrightarrow{-3.04} NH_2OH \xrightarrow{0.73} N_2H_4$$

$$\xrightarrow{0.1} NH_3$$

$$NO_3^- \xrightarrow{-0.01} NH_3 \qquad NO_3^- \xrightarrow{0.43} N_2$$

图 1-2　酸性及碱性条件下不同氮的形态之间的转化

2. 绿锈在环境工程中的应用潜力

多年来研究者对铁系氧化物及水合氧化物(氢氧化物)作了深入的研究(表 1.1)[55]。Blesa[56]报道了氧化铁、氢氧化铁、水合氧化铁等物质之间的相互转移,绿锈是其中一个重要的中间物。绿锈与各铁系氧化物的转化关系如图 1-3 所示。

表 1.1　铁氧化物与铁氢氧化物

铁 氢 氧 化 物		铁 氧 化 物	
矿　物	化 学 式	矿　物	化 学 式
针铁矿 goethite	α-FeOOH	赤铁矿 hematite	α-Fe$_2$O$_3$
纤铁矿 lepidocrocite	γ-FeOOH	磁铁矿 magnetite	Fe$_3$O$_4$
四方纤铁矿 akaganeite	β-FeOOH	磁赤铁矿 maghemite	γ-Fe$_2$O$_3$

续　表

铁 氢 氧 化 物		铁 氧 化 物	
矿　　物	化 学 式	矿　　物	化 学 式
斯沃特曼铁矿 schwertmannite	$Fe_{16}O_{16}(OH)_y(SO_4)_z \cdot nH_2O$	$\beta-Fe_2O_3$	$\beta-Fe_2O_3$
氢氧化亚铁 Ferrous hydroxide	$Fe(OH)_2$	$\varepsilon-Fe_2O_3$	$\varepsilon-Fe_2O_3$
六方纤铁矿	$\delta-FeOOH$（结晶度好）	方铁矿 wustite	FeO
六方纤铁矿 feroxyhyte	$\delta'-FeOOH$（结晶度差）	$FeOOH$	$FeOOH$
水铁矿 ferrihydrite	$Fe_5HO_8 \cdot 4H_2O$		
纳伯尔矿 bernalite	$Fe(OH)_3$		
绿锈（fougerite）green rusts	$Fe_x^{III}Fe_y^{II}(OH)_{3x+2y}-Z(A^-)_z$；$A^-=Cl^-$；$\frac{1}{2}SO_4^{2-}$		

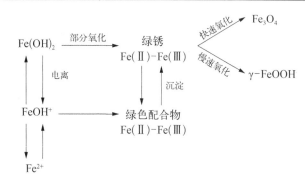

图 1-3　铁氧化物的转化关系图

研究发现,在中性或碱性条件下,单质铁或亚铁氧化的过程中,会形成翠绿色或深绿色粉末状的绿锈。在富含亚铁的地下水和缺氧的土壤环境中,在铁的腐蚀过程中都发现了绿锈的存在。绿锈是亚稳态的中间产物,在空气中极易被氧化,最终产物可能是针铁矿、纤铁矿或磁铁矿。Usman[57]利用水铁矿、针铁矿、赤铁矿等成功合成了绿锈。Ruby[58]利用氧化模式及热力学过程对绿锈的溶解-沉淀过程进行了稳定性研究。因此,绿锈作为重要的铁系氧化物之一,其合成、再生、稳定性等在技术、经济上均有可取之处。

基于绿锈层间结构,其具有极强的吸附性,可降低阴离子浓度,如铬酸根、硒酸根等;绿锈的组成构成还赋予其较强的还原性。随着铁系氧化物的广泛应用,绿锈因其环境友好性特征必将引起人们的关注,在环境工程领域具有很大的应用潜力。

1.3　生物源 Fe(Ⅱ)的形成及其在水环境污染治理中的应用

自然环境中,可在微生物分泌的生物酶的作用下发生铁转化并释放能量,或者通过微生物自身的新陈代谢使局部环境的 pH 和 Eh 改变,从而促进铁的迁移、转化、沉淀或溶解。除此之外,带负电的微生物和微生物表面的胞外多聚物能通过物理化学作用吸附

Fe(Ⅱ)和 Fe(Ⅲ),达到积累并加速铁沉淀的目的[59]。

铁呼吸,又称异化铁还原,被认为是地球上最早的呼吸形式之一[60]。异化铁还原指微生物通过彻底氧化底物产生电子将位于胞外的不溶性铁氧化物等还原的过程[61]。环境中存在的各类铁还原微生物和铁氧化微生物作用下的 Fe(Ⅲ)/Fe(Ⅱ)循环如图 1-4 所示。

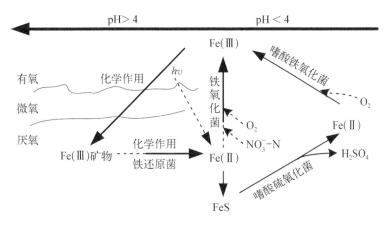

图 1-4　微生物介导下的 Fe(Ⅲ)/Fe(Ⅱ)循环

当 pH>4 时,Fe(Ⅲ)与水立即发生水解反应生成氢氧化物沉淀,如低结晶度的水铁矿($Fe_5HO_8 \cdot 4H_2O$)。这类矿物可能会发生晶型转变生成高结晶度的矿物,如赤铁矿(Fe_2O_3);在厌氧环境中,Fe(Ⅲ)可通过生物或非生物作用还原为 Fe(Ⅱ);厌氧环境中的 Fe(Ⅱ)可以在 NO_3^--N 依赖亚铁氧化微生物作用下被氧化为 Fe(Ⅲ),从而实现 Fe(Ⅲ)/Fe(Ⅱ)循环。微生物驱动 Fe(Ⅲ)还原形成的生物源 Fe(Ⅱ)对 N、P 和 S 等营养元素的循环及污染物的迁移转化具有重要意义(图 1-5)[62]。

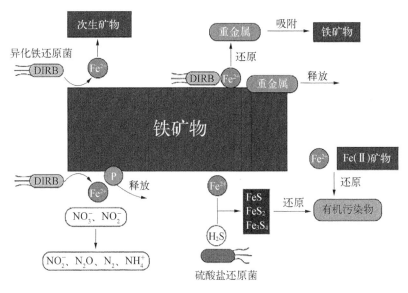

图 1-5　生物源 Fe(Ⅱ)应用于环境治理的机制

1.3.1 生物源 Fe(Ⅱ)的形成

1. Fe(Ⅲ)还原微生物

厌氧条件下很多微生物在呼吸过程中产生电子,并通过胞内电子转移酶转移给胞外 Fe(Ⅲ)从而产生 Fe(Ⅱ),通常把这些微生物称为异化铁还原菌[Dissimilatory Fe(Ⅲ)-reducing microorganisms, DIRB][63]。这一过程中产生的 Fe(Ⅱ)被称为"生物源 Fe(Ⅱ)"。铁还原菌能在多种环境中生存,其种属类别分布于古菌、细菌和真菌,目前已知的铁还原微生物已超过 200 种,且绝大部分为革兰氏阴性菌。除 Fe(Ⅲ)外,铁还原菌还可利用Mn(Ⅲ/Ⅳ)、U(Ⅵ)、硫代硫酸盐、亚硫酸盐、硝酸盐、氧气、卤代有机物和其他有机污染物等作为电子受体。

异化铁还原菌按照能否利用还原 Fe(Ⅲ)产生的能量进行生长分为呼吸型和发酵型两类。呼吸型异化铁还原菌以 Fe(Ⅲ)作为最终电子受体,贮存能量用于生长;发酵型异化铁还原菌在有机物发酵过程中以 Fe(Ⅲ)为电子库,基本不从铁还原过程中获得能量。目前,以呼吸型异化铁还原菌为主要研究对象,其中,希瓦氏菌属(*Shewanella*)和地杆菌属(*Geobacter*)作为铁还原菌研究的模式菌种已有大量相关的研究成果。

2. Fe(Ⅲ)的微生物还原机制

大部分自然环境近中性,Fe(Ⅲ)主要以不溶物的形式存在,难以像溶解性电子受体,如 NO_3^--N、SO_4^{2-} 等通过扩散作用进入细胞内。为了将电子传递到细胞外,实现难溶性 Fe(Ⅲ)的还原,Fe(Ⅲ)异化还原微生物逐渐形成了直接接触、电子穿梭体、螯合剂和纳米导线四种机制[64],如图 1-6 所示。

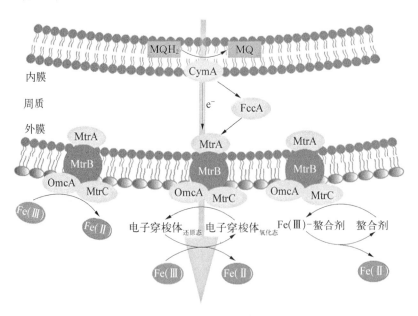

图 1-6 *S. oneidensis* MR-1 对 Fe(Ⅲ)矿物的还原机制

最基本也是最早被认识的异化 Fe(Ⅲ) 还原机制为直接接触,其本质是电子在呼吸链上的传递,即以细胞外膜蛋白为介体将电子传递至铁氧化物。以 *Shewanella* 菌的直接电子传递为例,电子传递通道由包括 C 型细胞色素、醌类、脱氢酶及硫铁蛋白在内的数十种电子传递蛋白组成[65]。由亚铁血红素组成的细胞色素 CymA、MtrA、MtrC、OmcA 和横跨细胞外膜上的非血红素蛋白 MtrB 形成 Mtr 途径,将细胞内代谢活动产生的电子传递到细胞膜表面,从而可形成脱氢酶→CymA→MtrA→MtrB→OmcA/MtrC→Fe(Ⅲ) 的电子传递途径[66],不同电子受体的电子传输介体有较大差异。

由于自然环境中 Fe(Ⅲ) 通常以不溶物的形式存在,不易与菌体外膜接触。因此,铁还原菌可以利用天然有机物,如腐殖质或自身合成的氧化还原介体作为电子穿梭体,通过电子穿梭体的多次还原氧化过程将电子转移至固体矿物。内生电子穿梭体对能分泌核黄素(Riboflavin, RF)及黄素单核苷酸(Flavin mononucleotide, FMN)的 *Shewanella* 菌还原 Fe(Ⅲ) 具有重要意义[67],但目前并未发现 *Geobacter* 菌可以分泌电子穿梭体。

近年来研究发现铁螯合剂也可促进微生物还原 Fe(Ⅲ)。螯合剂与铁矿物形成的可溶螯合铁,通过扩散作用被输送到铁还原菌表面后,从外膜蛋白获得电子而被还原。不同于电子穿梭体,溶铁螯合剂不仅可以与铁矿物形成可溶性螯合铁,还会将 Fe(Ⅲ) 矿物表面或微生物表面结合的 Fe(Ⅱ) 去除,增加 Fe(Ⅲ) 矿物与微生物接触的几率,从而促进 Fe(Ⅲ) 还原[68]。

Shewanella 和 *Geobacter* 还可以形成一种类似菌毛的具有多肽结构的导电性物质,通常称之为细菌的纳米导线[69,70]。纳米导线作为电子导管可远距离向铁矿物传递电子而无需两者之间的直接接触。

在铁还原菌作用下的 Fe(Ⅲ) 矿物还原性溶解过程中,表面 Fe(Ⅲ) 被还原为 Fe(Ⅱ),由于还原性铁和相邻铁之间的键合较弱,且 Fe(Ⅱ) 在中性条件下也有较好的溶解性,因此生成的生物源 Fe(Ⅱ) 很容易被释放到水相中形成溶解态 Fe(Ⅱ)。

3. 次生 Fe(Ⅱ) 矿物的形成

铁还原菌形成生物源溶解态 Fe(Ⅱ) 后,会和铁(氢)氧化物发生一系列复杂反应,包括吸附、电子传递、还原溶解、原子交换和晶相重组,从而引起其向次生矿物转化的过程[71,72]。Lloyd[73] 认为,异化还原生成的生物源 Fe(Ⅱ) 被铁矿物吸附后会与其发生表面化学反应,改变铁矿物的晶型或与周围其他物质共沉淀,形成次生铁矿物[74]。

除了 Fe(Ⅲ) 还原菌的种群特性,次生矿物形成过程还会受到 Fe(Ⅱ) 浓度、电子穿梭体、共存阴阳离子及铁矿物种类等的影响。铁氧化物还原生成的生物源 Fe(Ⅱ) 可诱导水铁矿转化成针铁矿、菱铁矿、赤铁矿和磁铁矿等多种产物,不同产物的形成会受 Fe(Ⅲ) 还原速率和环境 pH 等因素影响。Zachara 等[74] 的研究表明,pH 为 6.5 左右时,Fe(Ⅱ) 诱导形成次生铁矿的反应速率最大。当水铁矿还原速率很低,产生的 Fe(Ⅱ) 全部被表面位点所吸附,此时主要形成针铁矿和赤铁矿;随着还原速率增加,Fe(Ⅱ) 吸附达到饱和,主要产物为磁铁矿;当 Fe(Ⅱ) 浓度很高且环境中存在一定浓度的 HCO_3^- 时,会形成菱铁矿并抑制磁铁矿的生成,Hansel 等[75] 也得到了类似的研究结果。电子穿梭体通过加速 Fe(Ⅲ) 微生物的还原速率,提高矿物周围 Fe(Ⅱ) 的浓度,进而影响次生铁矿的形成及种类[76]。

当环境中存在一定量的 HS⁻ 和 H_2S，溶解态 Fe(Ⅱ)可与其结合形成多种铁硫矿物。

1.3.2　无机污染物的治理

1. 氮磷硫等营养物质的去除

(1) 氮

生物源 Fe(Ⅱ)以生物或非生物的方式与氮循环密切关联。Fe(Ⅱ)与 NO_3^--N 难以直接发生化学反应，但在 Cu^{2+}、铁氧化物和黏土矿物等催化剂的存在下，这一反应被大大加速[77]。相比于 NO_3^--N，在自然环境(pH=6~8)下 NO_2^--N 与 Fe(Ⅱ)之间的反应则要容易得多，且磁铁矿、菱铁矿等中结构态 Fe(Ⅱ)要比溶解态 Fe(Ⅱ)反应性更强。Dhakal 等[78]报道了磁铁矿与 NO_3^--N 和 NO_2^--N 的反应活性，指出磁铁矿去除 NO_3^--N 的速率比 NO_2^--N 慢得多，而向体系中添加 Fe(Ⅱ)之后，反应则被加速。由于没有检测出溶解态 Fe(Ⅱ)，故推测磁铁矿中的结构态 Fe(Ⅱ)是 NO_2^--N 被还原的原因，并认为在含有磁铁矿的环境中，氮氧化物可以通过多相电子转移过程向气态氮转变，NO_2^--N 先被 Fe(Ⅱ)还原成 NO，NO 再被还原成 N_2O。Lu 等[79]研究了 *S. oneidensis* MR-1 和水铁矿/磁铁矿体系中氮氧化物的转化机理，结果表明在反应启动阶段，伴随着生物源 Fe(Ⅱ)的形成，*S. oneidensis* MR-1 驱动 NO_2^--N 还原为 NH_4^+-N 并使乳酸氧化；而在运行阶段，生物源 Fe(Ⅱ)还原 NO_2^--N 是产生气态氮(N_2O)的唯一原因。

(2) 磷

铁(氢)氧化物因较大的比表面积而对磷具有很强的吸附能力，缺氧环境中 Fe(Ⅲ)的微生物还原能够释放被其结合固定的磷，进而使磷被吸附在环境中其他交换位点上，或形成蓝铁矿等沉淀，或浸出或被植物和微生物吸收固定，从而提高磷的生物可利用性[80]。而当 Fe(Ⅱ)被各种因素氧化后，形成的 Fe(Ⅲ)又能够重新吸附磷。

在富铁、富磷的还原性环境下，铁还原菌推动磷酸盐的固定形成蓝铁矿。蓝铁矿在环境中分布广泛，在水淹土壤、沼泽、各种水体及富营养化水体底部沉积物中均有发现[81]。Wang 等[82]研究发现地杆菌自生分泌的富里酸，能促进异化铁的还原和蓝铁矿的回收，并指出 Fe/P=1 批次的铁还原率最高，为 2.29 mmol/d，是 Fe/P=3 批次的 2.66 倍。蓝铁矿在自然界磷循环中具有重要作用，鉴于其稳定的化学性质和难溶解性，Rothe 等[83]和 Egger 等[84]估算进入水体中的总磷约有 20%~40%被铁以蓝铁矿沉淀的形式固定在水体底部，在一定程度上可减轻水体富营养化。此外，城市污水厂剩余污泥中也发现有蓝铁矿的存在，并且是磷在污泥中的重要沉淀形式[85]。目前，城市污水处理过程中将以蓝铁矿的形式回收磷作为一种新的技术获得了大家的关注与研究，但从污泥中回收蓝铁矿所需的有效分离手段当下还未有研究报道。

(3) 硫

SO_4^{2-}、SO_3^{2-}、S^0 和 $S_2O_3^{2-}$ 是硫元素在地球环境中主要的存在形式。Fe(Ⅱ)和硫循环的关联交点主要为还原性硫，包括单质硫、HS⁻ 和 H_2S。在硫酸盐丰富的厌氧沉积环境中,硫酸盐还原菌的有机质厌氧氧化作用和甲烷厌氧氧化古菌的甲烷厌氧氧化作用可驱动硫酸盐还原形成 H_2S。当环境中存在一定量的溶解硫化物(HS^- 和 H_2S)时,铁还原菌形成的 $Fe(\mathrm{II})$ 可与其结合形成多种铁硫矿物。Yu 等[86]在含有 $FeCl_3$ 和 $Na_2S_2O_3$ 的培养基中,利用 S. oneidensis MR-1 合成了生物源纳米级 FeS,并根据场发射扫描电子显微镜观察发现,随着 $S(-\mathrm{II})$ 释放速率的逐渐提高,FeS 纳米颗粒的粒径从 30 nm 增加到了 90 nm。黄铁矿是海洋沉积物中分布最广的自生硫化物矿物,也是铁硫矿物的最终产物。铁硫化物是厌氧地下环境中还原性硫的主要汇集[87],也是在富含硫化物的湖泊、海洋盆地、海洋沉积物和土壤的孔隙流体等缺氧环境中固定铁的主要途径[88],这些过程将铁与硫的生物和地球化学过程结合起来。

2. 重金属的还原和固定

随着工业的快速发展,重金属在人类活动过程中以多种复杂的方式进入环境。由于重金属的持久性和毒性,重金属污染已成为全球环境和生态系统健康最严重的威胁之一。铁还原菌能够通过胞外电子传递直接还原多种金属元素,其形成的生物源溶解态 $Fe(\mathrm{II})$ 对这些金属元素也有还原或固定作用。还原条件下,生物源 $Fe(\mathrm{II})$ 扩散到环境中时,其与 $Fe(\mathrm{III})$ 矿物之间作用过程是铁循环的重要组成部分,其电子传递、晶相重组和次生矿物过程极大地影响了体系中共存重金属的环境行为[89]。

自然条件下铁矿物结构中的金属离子除 $Fe(\mathrm{III})$ 外,还存在多种其他替代金属元素,如 $Al(\mathrm{III})$、$Si(\mathrm{IV})$、$Cr(\mathrm{III})$、$Cu(\mathrm{II})$、和 $Mn(\mathrm{III})$ 等。一方面,厌氧条件下,在 $Fe(\mathrm{II})$ 驱动铁矿物晶相重组过程中,环境中溶解态和矿物结构中的金属离子,可通过化学键作用被吸附固定或者是重金属取代铁位点,被重新固定于新生成的矿物结构中,其也可在晶相重组过程中被释放,变为游离态[90]。另一方面,新生成的 $Fe(\mathrm{III})/Fe(\mathrm{II})$ 生物矿物往往具有纳米颗粒、高表面积和高反应活性等特征,对重金属具有还原或钝化作用。厌氧环境中微生物-$Fe(\mathrm{II})/Fe(\mathrm{III})$-(类)金属之间的复杂作用,不仅推动了铁元素的循环,对于各种重金属、类金属和放射性核素的迁移转化也具有重要意义。

(1) 铬、铀的还原

铬是造成环境中重金属污染的主要元素,其在环境中通常以 $Cr(\mathrm{III})$ 和 $Cr(\mathrm{VI})$ 的形式存在。$Cr(\mathrm{VI})$ 被还原为 $Cr(\mathrm{III})$ 后毒性大大降低,异化铁还原菌及其形成的生物源 $Fe(\mathrm{II})$ 均可以参与 $Cr(\mathrm{VI})$ 的还原过程。Mohamed 等[91]研究发现,厌氧条件下 S. oneidensis MR-1 可以在 8 h 内还原 65% 的 $Cr(\mathrm{VI})$。在三元复合体系 S. oneidensis-针铁矿-腐殖酸的作用下,$Cr(\mathrm{VI})$ 还原速率大幅增加至 79%,并且还原率提高了 1.3 倍,其中,腐殖酸作为电子穿梭体同时减少细菌黏附到针铁矿表面,从而增强电子转移。S. oneidensis 还原针铁矿形成的生物源 $Fe(\mathrm{II})$ 也促进了 $Cr(\mathrm{VI})$ 的还原。X 射线光电子能谱(X-ray photoelectron spectroscopy,XPS)分析表明,$Cr(\mathrm{VI})$ 被还原为 $Cr(\mathrm{III})$ 的最终产物为沉淀在细菌细胞表面的 $Cr(OH)_3$ 和 Cr_2O_3。

铀是放射性元素,水溶性高的 $U(\mathrm{VI})$ 在环境中易于迁移,但其被铁还原菌或 $Fe(\mathrm{II})$ 还原所形成的 $U(\mathrm{IV})$ 由于难溶而易于被固定,因此,利用异化铁还原作用能够有效抑制铀在厌氧地下水、土壤环境中的迁移扩散。Anderson 等[92]研究了利用异化金属还原菌从铀污染地下水中去除原位铀的潜力。通过注射井原位注射乙酸作为电子供体进行了为期 3 个月的实验,结果表明,地下水中铀的最初损失与处理区 *Geobacter* 物种的富集有关。地下水中 Fe(Ⅱ)也在这段时间内增加,说明 U(Ⅵ)还原与 Fe(Ⅲ)还原同步进行。厌氧条件下由生物源 Fe(Ⅱ)诱导形成的次生 Fe(Ⅱ)矿物也能够促进铀的还原,但不同种类矿物的还原产物不尽相同。O'Loughlin 等[93]发现次生矿物为绿锈的培养体系对 U(Ⅵ)的去除率显著高于磁铁矿和菱铁矿体系,在绿锈和磁铁矿的体系中有纳米 U(Ⅳ)颗粒形成,而菱铁矿只在其表面吸附了 U(Ⅵ)。Veeramani 等[94]发现铁还原菌介导下形成的磁铁矿有利于结构有序、晶态的 UO$_2$ 形成,而蓝铁矿则导致单体 U(Ⅳ)物种的形成,U(Ⅵ)还原产物受周围环境的矿物学和地球化学组成及固相还原剂界面溶质-固相化学的影响。

(2) 镉、铅的固定

镉、铅在环境中的溶解度低,且一般以正二价的形式存在,异化铁还原菌及生物源 Fe(Ⅱ)对其没有还原作用。当异化铁还原过程发生时,吸附在其上面的重金属会释放到环境中,致使重金属的活性增加,但随后由生物源 Fe(Ⅱ)等形成的次生矿物又能够重新固定重金属。Li 等[95]在利用 *S. oneidensis* MR-1 还原负载了 Cd 的 Fe(Ⅲ)絮体纯培养体系中发现,Fe^{2+} 和 Cd^{2+} 在培养 48 h 后达到浓度最大值并随后降低,原因在于由生物源 Fe(Ⅱ)形成的次生针铁矿和磁铁矿能够重新吸附释放的 Cd。同样,铅也会随着铁氧化物的异化还原溶解释放入环境中,同时铅也可能在铁还原菌细胞内形成含铅的结晶沉淀[96]。

1.3.3　有机污染物的降解

铁还原菌还原 Fe(Ⅲ)为 Fe(Ⅱ)的过程所需的电子一般来源于简单有机物,众多证据表明,在湿地[97]、热泉[98]和根际土壤[99]等氧化还原交替频繁的环境中,铁呼吸是有机碳矿化的主要贡献者,异化铁还原过程在简单有机物的降解过程中发挥重要作用[100]。此外,铁还原菌还可利用部分有机污染物质作为电子供体或将电子传递给胞外有机物对其进行降解,其代谢过程中形成的生物源 Fe(Ⅱ)作为还原性物质,又能够促进环境中有机污染物的降解并使 Fe(Ⅲ)能够再生。土壤、地下水环境中丰富的铁矿物及存在的多种可被异化铁还原菌利用的电子供体,为生物源 Fe(Ⅱ)形成及其对有机物污染物的还原作用提供了良好基础。图 1-7 描述了几种典型有机污染物在 Fe(Ⅱ)矿物或表面结合 Fe(Ⅱ)作用下的可能降解途径[100-106]。

1. 含氯有机物

含氯有机物在工业过程中被广泛用作溶剂、脱脂剂或萃取剂,并随着人类活动进入自然环境危害人类健康。对于含氯有机物,铁还原菌可直接还原脱氯,也可通过还原 Fe(Ⅲ)提供溶解态、吸附态 Fe(Ⅱ)和结构态 Fe(Ⅱ)进行脱氯反应。厌氧土壤和水体中的多种有机氯化合物[106]可以被生物源 Fe(Ⅱ)及其化合物和结合体系还原。环境中 Fe(Ⅲ)异化还原与有机氯脱氯密切相关,厌氧土壤中 Fe(Ⅲ)还原能促进双对氯苯基三氯乙烷 (Dichlorodiphenyl Trichloroethane, DDT)还原转化[107]。*S. putrefaciens* CN32 还原磁

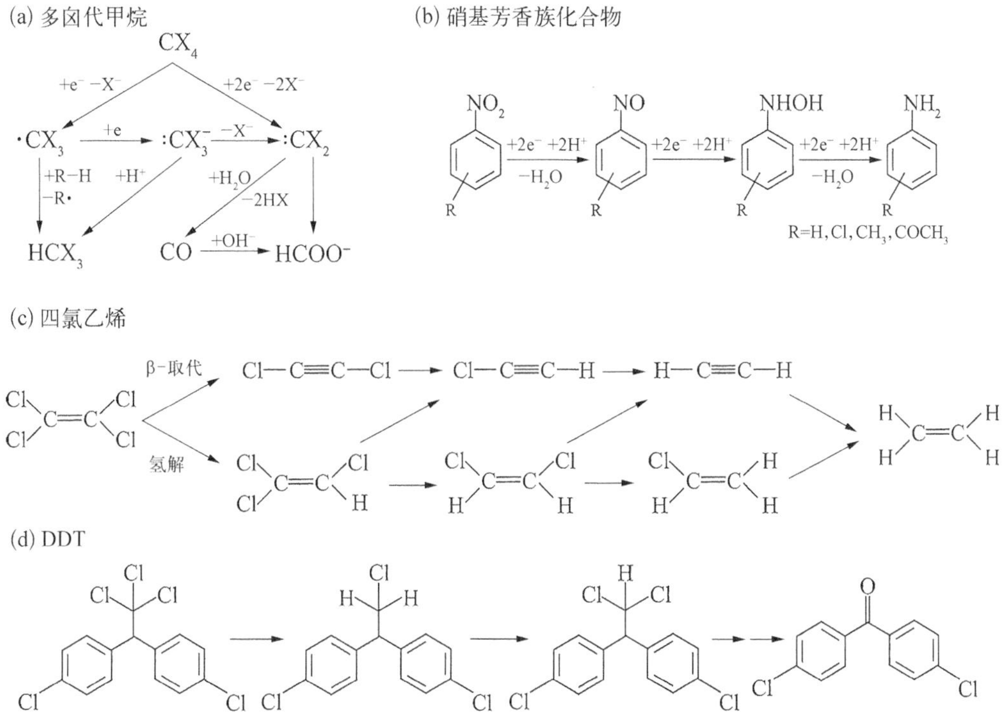

(a) 多卤代甲烷

(b) 硝基芳香族化合物

(c) 四氯乙烯

(d) DDT

图 1-7　Fe(Ⅱ)矿物或表面结合 Fe(Ⅱ)对污染物的可能降解途径

铁矿和针铁矿形成的 Fe(Ⅱ)与磷酸盐结合形成生物源蓝铁矿,这是四氯化碳还原脱氯速率得以提高的主要因素,氯仿(16.1%～29.4%)、一氧化碳(2.4%～23.8%)和甲酸盐(0～58.0%)是主要产物[108]。S. putrefaciens CN32 还能在特定条件下形成生物源 FeS 纳米颗粒,其对四氯化碳的脱氯速率提升了 8 倍,并表现出比非生物 FeS 高 5 倍的脱氯活性[109]。

　　在还原性环境中,当 Fe(Ⅱ)吸附、结合到铁氧化物、黏土矿物表面时,体系反应活性大大提高[110-113]。多卤代甲烷、四氯乙烯、六氯乙烷等多种卤代烷烃和烯烃能在 Fe(Ⅱ)结合铁矿物体系下发生还原脱卤反应。这些反应过程会受到铁矿物特性、Fe(Ⅱ)浓度、pH 等因素影响。Li 等[106]研究了 S. decolorationis S12 和 α-FeOOH 在厌氧条件下对 DDT 的还原性脱氯,结果表明,双对氯苯基二氯乙烷(Dichlorodiphenyl Dichloroethane,DDD)是 DDT 还原性脱氯的主要产物,并指出微生物形成的生物源 Fe(Ⅱ)吸附在 α-FeOOH 表面后能增强 DDT 的还原性脱氯,而仅存在游离态 Fe(Ⅱ)的对照组则没有观察到脱氯作用。

　　2. 芳香族化合物

　　芳香族化合物经常在地表和地下环境中被发现,其中许多被认为是有毒的。有些铁还原菌能以 Fe(Ⅲ)为电子受体氧化芳香烃,最早发现的 Geobacter metallireducens GS-15,能够对苯、甲苯、苯酚、对甲基苯酚、苯甲醛等多种芳香族有机物进行降解[114]。硝基芳香族化合物(Nitro-aromatic compounds,NACs)可被铁还原菌还原降解,也可被生物源 Fe(Ⅱ)还原。Luan 等[115]研究表明,在短时间尺度(<50 h)内,硝基苯还原主要是由 S.

putrefaciens CN32 驱动的,但随后黏土矿物中生物形成的结构态 Fe(Ⅱ)对硝基苯的还原作用变得越来越重要。Zhu 等[116]报道厌氧条件下溶解有机质(Dissolved Organic Matter,DOM)和生物源 Fe(Ⅱ)协同促进2-硝基酚(2-NP)的还原,不同粒度的 DOM 可分别作为电子穿梭体和配体,加速 Fe(Ⅲ)还原并进一步促进 2-NP 的还原。研究表明,NACs 被环境中的铁氧化物吸附后可能作为路易斯碱被铁氧化物结构中距离最近的 Fe(Ⅱ)还原,还原速率主要取决于苯环上硝基数目和取代基。在 Fe(Ⅱ)结合铁氧化物体系作用下,NACs 会脱除硝基生成相应的苯胺类物质[117-119]。

主要参考文献

[1] An D, Westerhoff P. UV-activated persulfate oxidation and regeneration of NOM-Saturated granular activated carbon[J]. Water Research, 2015, 73: 304-310.

[2] Yang S, Yang X, Shao X, et al. Activated carbon catalyzed persulfate oxidation of Azo dye acid orange 7 atambient temperature [J]. Journal of Hazardous Materials, 2011, 186: 659-666.

[3] Rodriguez S, Santos A, Romero A, et al. Kinetic of oxidation and mineralization of priority and emerging pollutants by activated persulfate[J]. Chemical Engineering Journal, 2012, 213: 225-234.

[4] Liu C, Shih K, Sun C, et al. Oxidative degradation of propachlor by ferrous and copper ion activated persulfate[J]. Science of the Total Environment, 2012, 416: 507-512.

[5] Nie M, Yang Y, Zhang Z, et al. Degradation of chloramphenicol by thermally activated persulfate in aqueous solution[J]. Chemical Engineering Journal, 2014, 246: 373-382.

[6] Tan C, Gao N, Deng Y, et al. Degradation of antipyrine by heat activated persulfate[J]. Separation and Purification Technology, 2013, 109: 122-128.

[7] Huang K, Zhao Z, Hoag G E, et al. Degradation of volatile organic compounds with thermally activated persulfate oxidation[J]. Chemosphere, 2005, 61: 551-560.

[8] Hori H, Nagaoka Y, Murayama M, et al. Efficient decomposition of perfluorocarboxylic acid sand alternative fluorochemical surfactants in hot water [J]. Environmental Science & Technology, 2008, 42: 7438-7443.

[9] Shih Y, Li Y, Huang Y. Application of UV/persulfate oxidation process for mineralization of 2,2,3,3-tetrafluoro-1-propanol[J]. Journal of the Taiwan Institute of Chemical Engineers, 2013, 44: 287-290.

[10] Gao Y, Gao N, Deng Y, et al. Ultraviolet (UV) light-activated persulfate oxidation of sulfamethazine in water[J]. Chemical Engineering Journal, 2012, 195-196: 248-253.

[11] Hazime R, Nguyen Q H, Ferronato C, et al. Comparative study of imazalil degradation in three systems: UV/TiO$_2$, UV/K$_2$S$_2$O$_8$ and UV/TiO$_2$/K$_2$S$_2$O$_8$[J]. Applied Catalysis B: Environmental, 2014, 144: 286-291.

[12] Criquet J, Leitner N K V. Degradation of acetic acid with sulfate radical generated by persulfate ions photolysis[J]. Chemosphere, 2009, 77: 194-200.

[13] Guan Y, Ma J, Li X, et al. Influence of pH on the formation of sulfate and hydroxyl radicals in the UV/peroxymonosulfate system[J]. Evironmental Science & Technology, 2011, 45:

9308 - 9314.

[14] Yang Sh，Yang X，Shao X，et al. Activated carbon catalyzed persulfate oxidation of Azo dye acid orange 7 at ambient temperature[J]. Journal of Hazardous Materials，2011，186(1)：659 - 666.

[15] Lee Y CH，Lo SH L，Kuo J，et al. Promoted degradation of perfluorooctanic acid by persulfate when adding activated carbon[J]. Journal of Hazardous Materials，2013，261(15)：463 - 469.

[16] Liang C，Lin Y，Shih W. Persulfate regeneration of trichloroethylene spent activated carbon [J]. Journal of Hazardous Materials，2009，168：187 - 192.

[17] Marchesi M，Aravena R，Mancini S，et al. Carbon isotope fractionation of chlorinated ethenes during oxidation by Fe(Ⅱ) activated persulfate[J]. Science of the Total Environment，2012，433(1)：318 - 322.

[18] Yuan Y，Tao H，Fan J，et al. Degradation of p-chloroaniline by persulfate activated with ferrous ion[J]. Chemical Engineering Journal，2015，268：38 - 46.

[19] Zhang M，Chen X，Zhou H，et al. Degradation of p-nitrophenol by heat and metal ions co-activate persulfate[J]. Chemical Engineering Journal，2015，264：39 - 47.

[20] Liang C，Wang Z，Bruell C J. Influence of pH on persulfate oxidation of TCE at ambient temperatures[J]. Chemosphere，2007，66(1) ：106 - 113.

[21] Niu Ch，Wang Y，Zhang X，et al. Decolorization of an azo dye Orange G in microbial fuel cells using Fe(Ⅱ)- EDTA catalyzed persulfate[J]. Bioresource Technology，2012，126：101 - 106.

[22] Kruger R L，Dallago R M，Luccio M D. Degradation of dimethyl disulfide using homogeneous Fentons reaction[J]. Journal of Hazardous Materials，2009，169：443 - 447.

[23] Liang C，Lai M. Trichloroethylene degradation by zero valent iron activated persulfate oxidation[J]. Environmental Science & Technology，2008，25：1071 - 1077.

[24] Yan J，Lei M，Zhu L，et al. Degradation of sulfamonomethoxine with Fe_3O_4 magnetic nanoparticles as heterogeneous activator of persulfate[J]. Journal of Hazardous Materials，2011,186：398 - 1404.

[25] Zhu L，Ai Z H，Ho W K，et al. Core-shell $Fe - Fe_2O_3$ nanostructures as effective persulfate activator for degradation of methyl orange[J]. Separation and Purification Technology，2013，108：159 - 165.

[26] Jo Y H，Do S H，Kong S H. Persuflate activation by iron oxide-immobilized MnO_2 composite：Identification of iron oxide and the optimum pH for degradations[J]. Chemosphere，2014，95：550 - 555.

[27] Zhang X，Ding Y，Tang H，et al. Degradation of bisphenol A by hydrogen peroxide activated with $CuFeO_2$ microparticles as a heterogeneous Fenton-like catalyst：efficiency，stability and mechanism[J]. Chemical Engineering Journal，2014，236：251 - 262.

[28] Deng J，Jiang J，Zhang Y，et al. $FeVO_4$ as a highly active heterogeneous Fenton-like catalyst towards the degradation of Orange Ⅱ[J]. Applied Catalysis B：Environmental，2008，84：468 - 473.

[29] Anjaneyulu Y，Chary N S，Raj D S S. Decolourization of industrial effluents available methods and emerging technologies-a review[J]. Environmental Science Bio /Technology，2005，4：245 - 273.

[30] Rinaldi N, Kubota T, Okamoto Y. Effect of citric acid addition on the hydridesulfurization activity of MoO_3/Al_2O_3[J]. Applied Catalysis A: General, 2010, 374: 228 - 236.

[31] Kaluza L, Zdrazil M. Slurry impregnation of ZrO_2 extrudates: controlled eggshell distribution of MoO_3, hydrodesulfurization activity, promotion by Co[J]. Catalysis Letters, 2009, 127: 368 - 376.

[32] Zheng L, Zhou F, Zhou Zh, et al. Angular solar absorptance and thermal stability of Mo - SiO_2 double cermet solar selective absorber coating[J]. Solar Energy, 2015, 115: 341 - 346.

[33] Tian S, Tu Y, Chen D, et al. Degradation of Acid Orange II at neutral pH using $Fe_2(MoO_4)_3$ as a heterogeneous Fenton-like catalyst[J]. Chemical Engineering Journal, 2011, 169: 31 - 37.

[34] Savas K A, Ogutveren U B. Removal of nitrate from water by electroreduction and electrocoagulation[J]. Journal of Hazardous Materials, 2002, 89(1): 83 - 94.

[35] Lacasa E, Canizares P, Llanos J, et al. Removal of nitrates by electrolysis in non-chloride media: Effect of the anode material[J]. Separation and Purification Technology, 2011, 80(3): 592 - 599.

[36] 高文亮,关新新,金瑞彩,等.饮用水中硝酸根的催化还原研究进展[J].环境污染治理技术与设备,2004,5(5): 1 - 5.

[37] Anderson J A. Photocatalytic nitrate reduction over Au/TiO_2[J]. Catalysis Today, 2011, 175 (1): 316 - 321.

[38] Badea G E. Electrocatalytic reduction of nitrate on copper electrode in alkaline solution[J]. Electrochimica Acta, 2009, 54(3): 996 - 1001.

[39] Ying W, Qu J, Wu R, et al. The electrocatalytic reduction of nitrate in water on Pd/Sn-modified activated carbon fiber electrode[J]. Water Research, 2006, 40(6): 1224 - 1232.

[40] Su C, Puls R W. Nitrate reduction by zerovalent iron: effects of formate, oxalate, citrate, chloride, sulfate, borate, and phosphate[J]. Environmental Science & Technology, 2004, 38 (9): 2715 - 2720.

[41] Zhang J, Hao Z, Zhen Z, et al. Kinetics of reductive denitrification by nanoscale zero-valent iron[J]. Chemosphere, 2000, 41(8): 1307 - 1211.

[42] Sohn K, Kang S W, Ahn S, et al. Fe(0) Nanoparticals for nitrate reduction: stability, reactivity, and transformation[J]. Environmental Science & Technology, 2006, 40(17): 5514 - 5519.

[43] Zhang J, Hao Z, Zhen Z, et al. Kinetics of nitrate reductive denitrification by nanoscale zero-valent iron[J]. Process Safety and Environmental Protection, 2010, 88(6): 439 - 445.

[44] Liou Y H, Lin C, Weng Sh, et al. Selective decomposition of aqueous nitrate into nitrogen using iron deposited bimetals[J]. Environ. Sci. Technol. 2009, 43(7): 2482 - 2488.

[45] Vorlop K D, Tacke T. First steps on the way to the metal-catalysed and nitrite removal of drinking water[J]. Dechema Biotechnology Conferences, 1989(3): 1007 - 1010.

[46] Fanning J C. The chemical reduction of nitrate in aqueous solution[J]. Coordination Chemistry Reviews, 2000, 199(1): 159 - 179.

[47] Rakshit S, Matocha C J, Haszleret G R, al. Nitrate reduction in the presence of wüstite[J]. Journal of Environmental Quality, 2005, 34(4): 1286 - 1292.

[48] Hansen H C B, Koch C B, Nancke-Krogh H, et al. Abiotic nitrate reduction to ammonium: key role of green rust[J]. Environmental Science & Technology, 1996, 30(6): 2053 - 2056.

[49] Hansen H C B，Koch C B. Reduction of nitrate to ammonium by sulphate green rust： activation energy and reaction mechanism[J]. Clay Minerals，1998，33(1)：87－101.

[50] Hansen H C B，Guldberg S，Erbs M，et al. Kinetics of nitrate reduction by green rusts— effects of interlayer anion and Fe(Ⅱ)：Fe(Ⅲ) ratio[J]. Applied Clay Science，2001，18(1－2)：81－91.

[51] Choi J，Batchelor B. Nitrate reduction by fluoride green rust modified with copper[J]. Chemosphere，2008，70(6)：1108－1116.

[52] Choi J，Batchelor B，Won C，et al. Nitrate reduction by green rusts modified with trace metals [J]. Chemosphere，2012，86(8)：860－865.

[53] Misawa M，Hashimoto K，Shimodaira S. The formation of iron oxide and oxyhydroxides in aqueous solutions at room temperature[J]. Corrosion Science，1974,14：131－149.

[54] 陈英，吴德礼，张亚雷，等.绿锈的结构特征与反应活性[J].化工学报,2014,65(6)：1952－1960.

[55] 王小明，杨凯光，孙世发，等.水铁矿的结构、组成及环境地球化学行为[J].地学前缘,2011,18(2)：339－347.

[56] Blesa M A，Phase transformations of iron oxides，xohydroxides，and hydrousoxides in aqueous media[J]. Advances in Colloid and Interface Science，1989，29(3/4)：173－22.

[57] Usman M，Hanna K，Abdelmoula M，et al. Formation of green rust via mineralogical transformation of ferric oxides (ferrihydrite, goethite and hematite)[J]. Applied Clay Science，2012,64：38－43.

[58] Ruby C，Abdelmoula M，Naille S，et al. Oxidation modes and thermodynamics of Fe$^{Ⅱ-Ⅲ}$ oxyhydroxy carbonate green rust： dissolution-precipitation versus in situ deprotonation[J]. Geochimica et Cosmochimica Acta，2010,74：953－966.

[59] Wang J. Ecology of neutrophilic iron-oxidizing bacteria in wetland soils[M]. Netherlands Institude of Ecology，2011.

[60] Kappler A，Straub K L. Geomicrobiological cycling of iron[J]. Reviews in Mineralogy & Geochemistry，2005，59(1)：85－108.

[61] 黎慧娟，彭静静.异化 Fe(Ⅲ)还原微生物研究进展[J].生态学报,2012,32(5)：1633－1642.

[62] 冯威，刘慧，徐喜旺，等.生物源 Fe(Ⅱ)的形成及其在污染控制中的应用[J],工业水处理,2022,42(9)：14－22.

[63] Lovley D R，Holmes D E，Nevin K P. Dissimilatory Fe(Ⅲ) and Mn(Ⅳ) Reduction[J]. Microbiological Reviews，2004，55(2)：219－286.

[64] Melton E D，Swanner E D，Behrens S，et al. The interplay of microbially mediated and abiotic reactions in the biogeochemical Fe cycle[J]. Nature Reviews Microbiology，2014，12(12)：797－808.

[65] Beblawy S，Bursac T，Paquete C，et al. Extracellular reduction of solid electron acceptors by Shewanella oneidensis[J]. Molecular Microbiology，2018，109(5)：571－583.

[66] Fredrickson J K，Romine M F，Beliaev A S，et al. Towards environmental systems biology of Shewanella[J]. Nature Reviews Microbiology，2008，6(8)：592－603.

[67] Kotloski N J，Gralnick J A. Flavin Electron Shuttles Dominate Extracellular Electron Transfer by Shewanella oneidensis[J]. mBio，2013，4(1)：1－4.

[68] Stams A J M，De Bok F a M，Plugge C M，et al. Exocellular electron transfer in anaerobic microbial communities[J]. Environmental Microbiology，2006，8(3)：371－382.

[69] Pirbadian S, Barchinger S E, Leung K M, et al. Shewanella oneidensis MR - 1 nanowires are outer membrane and periplasmic extensions of the extracellular electron transport components [J]. Proceedings of the National Academy of Sciences of the United States of America, 2014, 111(35): 12883 - 12888.

[70] Reguera G, Mccarthy K D, Mehta T, et al. Extracellular electron transfer via microbial nanowires[J]. Nature, 2005, 435(7045): 1098 - 1101.

[71] Frierdich A J, Helgeson M, Liu C, et al. Iron Atom Exchange between Hematite and Aqueous Fe(Ⅱ)[J]. Environmental Science & Technology, 2015, 49(14): 8479 - 8486.

[72] Handler R M, Frierdich A J, Johnson C M, et al. Fe(Ⅱ)-Catalyzed Recrystallization of Goethite Revisited[J]. Environmental Science & Technology, 2014, 48(19): 11302 - 11311.

[73] Lloyd J R. Microbial reduction of metals and radionuclides[J]. FEMS Microbiology Reviews, 2003, 27(2 - 3): 411 - 25.

[74] Zachara J M, Kukkadapu R K, Fredrickson J K, et al. Biomineralization of poorly crystalline Fe(Ⅲ) oxides by dissimilatory metal reducing bacteria (DMRB)[J]. Geomicrobiology Journal, 2002, 19(2): 179 - 207.

[75] Hansel C M, Benner S G, Fendorf S. Competing Fe(Ⅱ)-induced mineralization pathways of ferrihydrite[J]. Environmental Science & Technology, 2005, 39(18): 7147 - 7153.

[76] Bae S, Lee W. Biotransformation of lepidocrocite in the presence of quinones and flavins[J]. Geochimica et Cosmochimica Acta, 2013, 114(2013): 144 - 155.

[77] Liu T X, Chen D D, Luo X B, et al. Microbially mediated nitrate-reducing Fe(Ⅱ) oxidation: Quantification of chemodenitrification and biological reactions [J]. Geochimica et Cosmochimica Acta, 2019, 256(2019): 97 - 115.

[78] Dhakal P, Matocha C J, Huggins F E, et al. Nitrite reactivity with magnetite [J]. Environmental Science & Technology, 2013, 47(12): 6206 - 13.

[79] Lu Y, Huang X, Xu L, et al. Elucidation of the nitrogen-transformation mechanism for nitrite removal using a microbial-mediated iron redox cycling system[J]. Journal of Water Process Engineering, 2020, 33(2020): 1 - 6.

[80] Liptzin D, Silver W L. Effects of carbon additions on iron reduction and phosphorus availability in a humid tropical forest soil[J]. Soil Biology & Biochemistry, 2009, 41(8): 1696 - 1702.

[81] Rothe M, Kleeberg A, Hupfer M. The occurrence, identification and environmental relevance of vivianite in waterlogged soils and aquatic sediments[J]. Earth-Science Reviews, 2016, 158 (2016): 51 - 64.

[82] Wang S, Wu Y, An J K, et al. Geobacter Autogenically Secretes Fulvic Acid to Facilitate the Dissimilated Iron Reduction and Vivianite Recovery [J]. Environmental Science & Technology, 2020, 54(17): 10850 - 10858.

[83] Rothe M, Frederichs T, Eder M, et al. Evidence for vivianite formation and its contribution to long-term phosphorus retention in a recent lake sediment: a novel analytical approach[J]. Biogeosciences, 2014, 11(18): 5169 - 5180.

[84] Egger M, Jilbert T, Behrends T, et al. Vivianite is a major sink for phosphorus in methanogenic coastal surface sediments[J]. Geochimica et Cosmochimica Acta, 2015, 169 (2015): 217 - 235.

[85] Wilfert P, Mandalidis A, Dugulan A I, et al. Vivianite as an important iron phosphate

precipitate in sewage treatment plants[J]. Water Research, 2016, 104(2016): 449 - 460.

[86] Yu Y-Y, Cheng Q-W, Sha C, et al. Size-controlled biosynthesis of FeS nanoparticles for efficient removal of aqueous Cr(VI)[J]. Chemical Engineering Journal, 2020, 379(2020): 1 - 8.

[87] Rickard D, Morse J W. Acid volatile sulfide (AVS)[J]. Marine Chemistry, 2005, 97(3 - 4): 141 - 197.

[88] Berner R A. Sedimentary pyrite formation: an update[J]. Geochimica et Cosmochimica Acta, 1984, 48(4): 605 - 615.

[89] Latta D E, Gorski C A, Scherer M M. Influence of Fe^{2+}-catalysed iron oxide recrystallization on metal cycling[J]. Biochemical Society Transactions, 2012, 40(6): 1191 - 1197.

[90] Frierdich A J, Scherer M M, Bachman J E, et al. Inhibition of Trace Element Release During Fe(Ⅱ)-Activated Recrystallization of Al—, Cr—, and Sn—Substituted Goethite and Hematite[J]. Environmental Science & Technology, 2012, 46(18): 10031 - 10039.

[91] Mohamed A, Yu L, Fang Y, et al. Iron mineral-humic acid complex enhanced Cr(Ⅵ) reduction by Shewanella oneidensis MR - 1[J]. Chemosphere, 2020, 247(2020): 1 - 13.

[92] Anderson R T, Vrionis H A, Ortiz-Bernad I, et al. Stimulating the in situ activity of Geobacter species to remove uranium from the groundwater of a uranium-contaminated aquifer [J]. Applied and Environmental Microbiology, 2003, 69(10): 5884 - 5891.

[93] O'loughlin E J, Kelly S D, Kemner K M. XAFS Investigation of the Interactions of U-Ⅵ with Secondary Mineralization Products from the Bioreduction of Fe-Ⅲ Oxides[J]. Environmental Science & Technology, 2010, 44(5): 1656 - 1661.

[94] Veeramani H, Alessi D S, Suvorova E I, et al. Products of abiotic U(Ⅵ) reduction by biogenic magnetite and vivianite[J]. Geochimica et Cosmochimica Acta, 2011, 75(9): 2512 - 2528.

[95] Li C C, Yi X Y, Dang Z, et al. Fate of Fe and Cd upon microbial reduction of Cd-loaded polyferric flocs by Shewanella oneidensis MR - 1[J]. Chemosphere, 2016, 144(2016): 2065 - 2072.

[96] Smeaton C M, Fryer B J, Weisener C G. Intracellular Precipitation of Pb by Shewanella putrefaciens CN32 during the Reductive Dissolution of Pb-Jarosite[J]. Environmental Science & Technology, 2009, 43(21): 8086 - 8091.

[97] Roden E E, Sobolev D, Glazer B, et al. Potential for microscale bacterial Fe redox cycling at the aerobic-anaerobic interface[J]. Geomicrobiology Journal, 2004, 21(6): 379 - 391.

[98] Blothe M, Roden E E. Microbial Iron Redox Cycling in a Circumneutral-pH Groundwater Seep [J]. Applied and Environmental Microbiology, 2009, 75(2): 468 - 473.

[99] Weiss J V, Emerson D, Megonigal J P. Rhizosphere iron(Ⅲ) deposition and reduction in a Juncus effusus L.-dominated wetland[J]. Soil Science Society of America Journal, 2005, 69 (6): 1861 - 1870.

[100] Lovley D R, Phillips E J. Organic matter mineralization with reduction of ferric iron in anaerobic sediments[J]. Applied and Environmental Microbiology, 1986, 51(4): 683 - 9.

[101] Pecher K, Haderlein S B, Schwarzenbach R P. Reduction of polyhalogenated methanes by surface-bound Fe(Ⅱ) in aqueous suspensions of iron oxides[J]. Environmental Science & Technology, 2002, 36(8): 1734 - 41.

[102] Elsner M, Schwarzenbach R P, Haderlein S B. Reactivity of Fe(Ⅱ)-bearing minerals toward reductive transformation of organic contaminants[J]. Environmental Science & Technology, 2004, 38(3): 799 - 807.

[103] Klausen J, Troeber S P, Haderlein S B, et al. Reduction of Substituted Nitrobenzenes by Fe (Ⅱ) in Aqueous Mineral Suspensions[J]. Environmental science & technology, 1995, 29 (9): 2396 - 404.

[104] Lee W, Batchelor B. Abiotic reductive dechlorination of chlorinated ethylenes by iron-bearing soil minerals. 1. Pyrite and magnetite[J]. Environmental Science & Technology, 2002, 36 (23): 5147 - 5154.

[105] Amir A, Lee W. Enhanced reductive dechlorination of tetrachloroethene during reduction of cobalamin (Ⅲ) by nano-mackinawite[J]. Journal of Hazardous Materials, 2012, 235(2012): 359 - 366.

[106] Li F B, Li X M, Zhou S G, et al. Enhanced reductive dechlorination of DDT in an anaerobic system of dissimilatory iron-reducing bacteria and iron oxide[J]. Environmental Pollution, 2010, 158(5): 1733 - 1740.

[107] Chen M, Cao F, Li F, et al. Anaerobic Transformation of DDT Related to Iron (Ⅲ) Reduction and Microbial Community Structure in Paddy Soils[J]. Journal of Agricultural and Food Chemistry, 2013, 61(9): 2224 - 2233.

[108] Bae S, Lee W. Enhanced reductive degradation of carbon tetrachloride by biogenic vivianite and Fe(Ⅱ)[J]. Geochimica et Cosmochimica Acta, 2012, 85(2012): 170 - 186.

[109] Huo Y-C, Li W-W, Chen C-B, et al. Biogenic FeS accelerates reductive dechlorination of carbon tetrachloride by Shewanella putrefaciens CN32 [J]. Enzyme and Microbial Technology, 2016, 95(2016): 236 - 241.

[110] Strathmann T J, Stone A T. Mineral surface catalysis of reactions between Fe-Ⅱ and oxime carbamate pesticides[J]. Geochimica et Cosmochimica Acta, 2003, 67(15): 2775 - 2791.

[111] Amonette J E, Workman D J, Kennedy D W, et al. Dechlorination of carbon tetrachloride by Fe(Ⅱ) associated with goethite[J]. Environmental Science & Technology, 2000, 34(21): 4606 - 4613.

[112] Hofstetter T B, Schwarzenbach R P, Haderlein S B. Reactivity of Fe(Ⅱ) species associated with clay minerals[J]. Environmental Science & Technology, 2003, 37(3): 519 - 528.

[113] Li X, Chen Y, Zhang H. Reduction of nitrogen-oxygen containing compounds (NOCs) by surface-associated Fe(Ⅱ) and comparison with soluble Fe(Ⅱ) complexes[J]. Chemical Engineering Journal, 2019, 370(2019): 782 - 791.

[114] Lovley D R, Lonergan D J. Anaerobic Oxidation of Toluene, Phenol, and p-Cresol by the Dissimilatory Iron-Reducing Organism, GS - 15 [J]. Applied and Environmental Microbiology, 1990, 56(6): 1858 - 64.

[115] Luan F B, Liu Y, Griffin A M, et al. Iron(Ⅲ)-Bearing Clay Minerals Enhance Bioreduction of Nitrobenzene by Shewanella putrefaciens CN32[J]. Environmental Science & Technology, 2015, 49(3): 1418 - 1426.

[116] Zhu Z, Tao L, Li F. 2-Nitrophenol reduction promoted by S. putrefaciens 200 and biogenic ferrous iron: The role of different size-fractions of dissolved organic matter[J]. Journal of Hazardous Materials, 2014, 279(2014): 436 - 443.

［117］Klupinski T P，Chin Y P，Traina S J. Abiotic degradation of pentachloronitrobenzene by Fe
（Ⅱ）：Reactions on goethite and iron oxide nanoparticles［J］. Environmental Science &
Technology，2004，38(16)：4353 - 4360.

［118］Hofstetter T B，Heijman C G，Haderlein S B，et al. Complete reduction of TNT and other
(poly)nitroaromatic compounds under iron reducing subsurface conditions［J］. Environmental
Science & Technology，1999，33(9)：1479 - 1487.

［119］Heijman C G，Grieder E，Holliger C，et al. Reduction of nitroaromatic compounds coupled to
microbial iron reduction in laboratory aquifer columns［J］. Environmental science &
technology，1995，29(3)：775 - 783.

第 2 章

Fe(Ⅲ)/过硫酸盐体系降解染料罗丹明 B

2.1 均相 Fe(Ⅲ)/过硫酸盐体系降解染料罗丹明 B(RhB)

高级氧化技术是一种重要的水处理技术,其中过硫酸盐高级氧化技术因其自身的优势而逐渐被关注。常温下利用 Fe^{2+} 活化过硫酸盐(Persulphate, PS)产生硫酸根自由基,已被广泛用于处理含有机物的废水。该体系中硫酸根自由基产生过快容易发生自由基淬灭现象,且 Fe^{2+} 也会与硫酸根自由基发生反应,从而降低自由基利用率,因此,宜设计利用 Fe(Ⅲ)为前驱体体系以避免其弊端。

2.1.1 不同铁盐种类对 RhB 降解效果的影响

为考察不同种类的铁盐对 RhB 降解效果的影响,在 Fe(Ⅲ)和过硫酸盐投加浓度均为 1 mmol/L 的情况下,分别选用 $Fe_2(SO_4)_3$、$FeCl_3$ 和 $Fe(NO_3)_3$ 三种较为常见的铁盐对 RhB 进行降解,结果如图 2-1(a)所示。反应 20 min 后,$Fe(NO_3)_3$ 提供 Fe^{3+} 的体系对 RhB 降解率达 95.91%,而 $Fe_2(SO_4)_3$ 和 $FeCl_3$ 对应的降解率分别为 68.27% 和 17.45%。反应 60 min 后,三种体系的 RhB 降解率都有所提升,分别达到 99.87%、96.46% 和 30.34%。对比可知,$FeCl_3$/PS 体系对 RhB 的降解率最差。$Fe(NO_3)_3$ 和 $Fe_2(SO_4)_3$ 在反应最后降解率相差并不大,观其降解趋势可知两者反应速率相差较大。因此,对三种体系

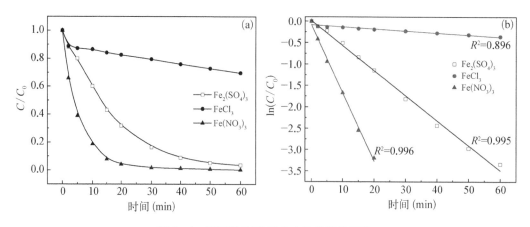

图 2-1 不同铁盐对 RhB 去除效果的影响

降解率(a),降解动力学(b)

降解 RhB 进行动力学拟合[图 2-1(b)],其降解动力学过程属于拟一级反应,满足以下速率方程:

$$\ln(C/C_0) = kt + b \tag{2.1}$$

式中,b 为常数,t 为反应时间(min),k 为表观速率常数(min^{-1})。

结果发现,降解 $Fe(NO_3)_3$ 体系反应速率常数 k 为 0.159 min^{-1},是 $Fe_2(SO_4)_3$ 体系的 2.7 倍。因此,实验体系选用 $Fe(NO_3)_3$ 为 Fe(Ⅲ)的供源。

宴井春[1]利用加热过硫酸盐的方法降解磺胺间甲氧嘧啶(Sulfamonomethoxine,SMM),选用过硫酸铵、过硫酸钠和过硫酸钾进行对比降解实验,结果发现不同阳离子类型的过硫酸盐对降解效果基本无影响。因此,实验体系均选用常见的过硫酸钾作为研究对象。

2.1.2　均相 Fe(Ⅲ)/PS 体系降解 RhB 单因素影响研究

研究表明,活化过硫酸盐降解有机物的降解效果取决于多个操作参数的水平。实验着重考察包括 RhB 初始浓度、Fe^{3+} 投加量、过硫酸盐投加浓度和溶液初始 pH 等多个单因素对 RhB 降解率的影响。

1. RhB 初始浓度

在废水处理过程中,污染物初始浓度是一个重要的影响因素。在 Fe^{3+} 和过硫酸盐的投加浓度均为 1 mmol/L、反应温度为室温及初始 pH 未调节的实验条件下,分析研究 RhB 降解率与其初始浓度之间的关系,结果如图 2-2 所示。

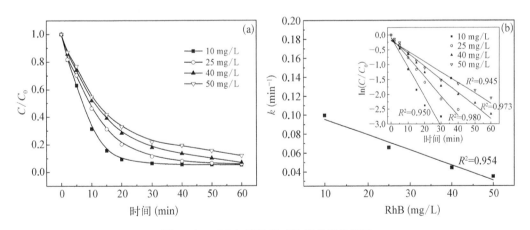

图 2-2　RhB 初始浓度对降解效果的影响

降解率(a),降解动力学(b)

结果表明,当 RhB 初始浓度由 10 mg/L 增至 50 mg/L 时,都有较好的降解效果,最终降解率分别为 94.68%、94.10%、93.05% 和 88.02%。降解率随初始浓度的增加有所降低,因为在初始浓度较高的溶液中,在 Fe^{3+} 和过硫酸盐的投加量都一致的情况下,体系所产生的硫酸根自由基的量处于同一水平范围内,从而导致 SO_4^- ·/RhB 的摩尔比就越低。初始浓度越高的 RhB 溶液需要消耗更多硫酸根自由基,其降解率随之降低。当初始浓度为 10 mg/L 时,体系降解 RhB 的反应速率常数为 0.099 min⁻¹;当 RhB 初始浓度增加到 50 mg/L 时,其反应速率常数降到 0.035 min⁻¹。反应速率常数 k 与 RhB 初始浓度符合方程 $y=-0.0016x+0.1114$($R^2=0.954$),由此可知反应速率常数与 RhB 初始浓度成反比关系。

不同初始浓度的 RhB 溶液最终降解率虽相差不大,但溶液褪色程度却有较大差异。初始浓度为 10 mg/L 和 25 mg/L 的溶液反应 60 min 后基本变为黄色(Fe^{3+} 的颜色),而 40 mg/L 和 50 mg/L 两个溶液的褪色情况不明显。因为体系将低浓度 RhB 降解完全后,继续对其有色的中间产物进行降解从而使得溶液褪色明显。高浓度 RhB 溶液需要消耗更多的硫酸根自由基,体系中的有色中间产物降解不完全,其褪色现象固然不显著。因此,实验体系研究选用初始浓度为 25 mg/L 的 RhB 溶液。

2. Fe^{3+} 浓度

在室温、过硫酸盐浓度为 1 mmol/L 及 pH 未调节的实验条件下,Fe^{3+} 投加量对 RhB 降解效果的影响如图 2-3 所示。体系中未加入 Fe^{3+} 时,RhB 降解率仅为 11.20%,而向体系中加入少量 Fe^{3+} 时即可获得较高的降解率,说明过硫酸盐自身可以作为氧化剂降解 RhB,但其氧化能力不足以将 RhB 完全降解。

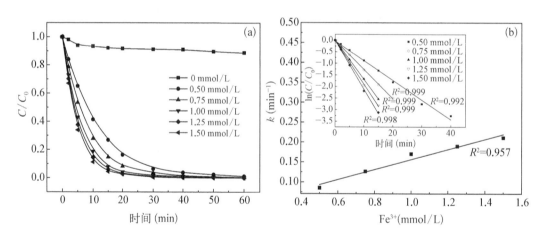

图 2-3 Fe^{3+} 浓度对 RhB 降解效果的影响

降解率(a),降解动力学(b)

Fe^{3+} 浓度从 0.50 mmol/L 增至 1.50 mmol/L 时,RhB 降解率均达 95% 以上,且其降解规律符合一级动力学,符合线性方程 $y=0.1259x+0.0303$($R^2=0.957$),反应速率常数 k 与 Fe^{3+} 浓度成正比关系。当 Fe^{3+} 浓度为 0.50 mmol/L 时,RhB 降解率为 98.85%,反应速率常数为 0.085 min⁻¹;当 Fe^{3+} 浓度增加到 1.25 mmol/L 时,RhB 降解率达到 100%,反应速率常数为 0.189 min⁻¹。高浓度 Fe^{3+} 被还原生成更多的 Fe^{2+} 可以加快过硫酸盐的分解速度,在相同时间内产生更多的硫酸根自由基,从而 RhB 降解率随着 Fe^{3+} 浓度的升高而增加。

当 Fe^{3+} 浓度继续增加到 1.50 mmol/L 时,反应速度进一步加快,反应速率常数达到 0.210 9 min^{-1}。此时在 Fe(Ⅲ)/PS 体系中并没有出现 Fe(Ⅱ)/PS 体系的缺点,即当 Fe^{2+} 浓度增加到一定值时,体系中过量的 Fe^{2+} 可以作为硫酸根自由基的清除剂而存在,导致目标物降解率出现下降,而此体系中随 Fe^{3+} 浓度的增加,RhB 降解率并没有出现下降。

　3. 过硫酸盐浓度

由于过硫酸盐是产生硫酸根自由基的前驱体,其浓度在均相 Fe(Ⅲ)/PS 体系中是一个关键影响因素。Fe^{3+} 浓度为 1.00 mmol/L,反应温度为室温和初始 pH 未调节时,图 2-4(a) 表明随着过硫酸盐浓度增加,RhB 降解率增加并不明显,反应 60 min 后 RhB 降解率分别为 97.15%、98.81%、99.87%、100% 和 100%,最终降解率相差不大,但对应的反应速率常数相差较大[图 2-4(b)]。过硫酸盐浓度为 0.50 mmol/L 时反应速率常数为 0.087 min^{-1},而当其浓度增大到 1.50 mmol/L 时反应速率常数增加到 0.212 min^{-1}。这主要是因为过硫酸盐浓度越高,单位时间内产生硫酸根自由基的量越多,RhB 降解速度越快。均相 Fe(Ⅲ)/PS 体系降解 RhB 规律符合线性方程 $y = 0.121\ 3x + 0.033\ 2$($R^2 = 0.982$),反应速率常数 k 与过硫酸盐投加浓度成正比关系。

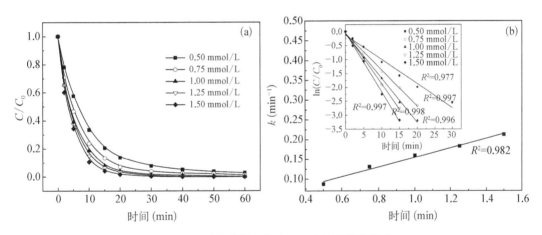

图 2-4　过硫酸盐浓度对 RhB 降解效果的影响

降解率(a),降解动力学(b)

过硫酸盐浓度由 1.00 mmol/L 增大至 1.50 mmol/L 时,反应速率增加幅度不显著,由此表明继续增加过硫酸盐投加量并无实际意义。因为 Fe^{3+} 量是体系分解过硫酸盐产生硫酸根自由基的另一个决定性因素,当 Fe^{3+} 量一定时,过硫酸盐浓度达到其催化饱和程度,增加的过硫酸盐对 RhB 降解效果不明显;当 RhB 浓度一定时,过量的过硫酸盐产生的较多硫酸根自由基如不能及时到达有机物表面,容易反生自身淬灭反应,或者会和过量的过硫酸根发生反应生成氧化能力低于硫酸根自由基的过硫酸根自由基($S_2O_8^-$·)[2],从而最终降解效果反而有所降低。

$$SO_4^- \cdot + SO_4^- \cdot \longrightarrow S_2O_8^{2-} \tag{2.2}$$

$$SO_4^- \cdot + S_2O_8^{2-} \longrightarrow S_2O_8^- \cdot + SO_4^{2-} \tag{2.3}$$

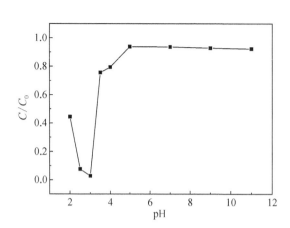

图 2 - 5 初始 pH 对 RhB 降解效果的影响

4. 初始 pH

溶液 pH 是影响 RhB 降解率的另一个重要因素。在 RhB 初始浓度为 25 mg/L、Fe(Ⅲ) 和过硫酸盐投加浓度均为 1 mmol/L 及室温的实验条件下,研究溶液初始 pH 在 2.0～11.0 范围内 RhB 的降解情况,结果如图 2 - 5 所示。25 mg/L RhB 溶液其 pH 在 3.80 左右,加入 1 mmol/L Fe(NO$_3$)$_3$ 后 pH 降至 3.06,最后投加 1 mmol/L 过硫酸盐后溶液的 pH 变化幅度极小,为 -0.06,因此,实验体系不考虑添加过硫酸盐对溶液 pH 的影响。

实验结果表明,初始 pH 显著影响 RhB 的降解效果,相对于中性或碱性环境下,酸性环境下更有利于有机物的降解。随着初始 pH 增大,RhB 降解率呈现先增大后减小的趋势。随着 pH 从 2.0 上升至 3.0,RhB 降解率由 55.60% 上升到 98.18%,在 pH=3.0(即未调节溶液 pH)处获得最高去除率。这主要是因为在极低 pH 的条件下,Fe^{3+} 转化生成的 Fe^{2+} 在溶液中易形成 [Fe(H$_2$O)$_6$]$^{2+}$、[Fe(H$_2$O)$_6$]$^{3+}$ 和 [Fe(H$_2$O)$_5$]$^{2+}$ 等[3] 对过硫酸盐没有活化效果的水合物,导致溶液中有活化作用的 Fe^{2+} 不足,以致产生硫酸根自由基的量较少。此外,在低 pH 的环境下,过硫酸盐能加速分解生成硫酸根自由基[4],导致溶液中大量的硫酸根自由基因无法及时达到有机物表面而发生自由基自身的淬灭反应,从而降低过硫酸盐及硫酸根自由基的利用率。上述反应如下所示:

$$Fe^{2+} + 6H_2O \longrightarrow [Fe(H_2O)_6]^{2+} \tag{2.4}$$

$$Fe^{2+} + 6H_2O + H^+ \longrightarrow [Fe(H_2O)_6]^{3+} \tag{2.5}$$

$$Fe^{2+} + 5H_2O \longrightarrow [Fe(H_2O)_5]^{2+} \tag{2.6}$$

$$H^+ + S_2O_8^{2-} \longrightarrow HS_2O_8^- \tag{2.7}$$

$$HS_2O_8^- \longrightarrow H^+ + SO_4^- \cdot + SO_4^{2-} \tag{2.8}$$

当 pH 上升到 4 时,RhB 降解率骤降至 20.60%。这主要是因为 Fe^{3+} 转化生成的 Fe^{2+} 易生成 Fe^{2+} 复合物,减少体系中能与过硫酸盐发生反应的 Fe^{2+}。随着 pH 的继续上升,Fe^{2+} 将生成 Fe(OH)$_2$,而 FeOH$^+$ 和 Fe(OH)$_2$ 对过硫酸盐基本没有催化效果。此外,pH 上升到 4 时,对于溶液中大量存在的 Fe^{3+} 而言,Fe^{3+} 发生水解作用[5,6]生成氢氧化物,如 Fe(OH)$_3^0$、FeOH^{2+}、Fe(OH)$^{2+}$ 和 Fe$_2$(OH)$_2^{4+}$。同样地,Fe^{3+} 氢氧化物对过硫酸盐不存在催化效果。体系中 Fe^{3+} 大量减少导致转化生成的 Fe^{2+} 随之较少,催化生成硫酸根自由基的量不足,不能将 RhB 有效去除。当溶液初始 pH 为 5、7、9 和 11 时,RhB 降解率分别仅为 6.19%、6.30%、7.15% 和 7.71%,体系对 RhB 基本没有降解效果,说明 Fe^{3+} 沉淀完全。上述反应如下:

$$Fe^{2+} + H_2O \longrightarrow FeOH^+ + H^+ \quad (k = 1.9 \text{ s}^{-1}) \qquad (2.9)$$

$$Fe^{3+} + H_2O \longrightarrow FeOH^{2+} + H^+ \quad (k = 2.3 \times 10^7 \text{ s}^{-1}) \qquad (2.10)$$

$$Fe^{3+} + 2H_2O \longrightarrow Fe(OH)^{2+} + 2H^+ \quad (k = 4.7 \times 10^3 \text{ s}^{-1}) \qquad (2.11)$$

$$2Fe^{3+} + 2H_2O \longrightarrow Fe_2(OH)_2^{4+} + 2H^+ \quad (k = 1.1 \times 10^7 \text{ s}^{-1}) \qquad (2.12)$$

2.1.3　无机阴离子对 RhB 降解效果的影响

染料生产过程中广泛使用无机盐添加剂和媒染剂,导致染料废水成分复杂,本实验体系考察体系中分别添加无机盐($NaCl$、$NaNO_3$、Na_2SO_4 和 NaH_2PO_4)对降解 RhB 性能的影响。

1. Cl^-

图 2-6 所示为不同浓度 Cl^- 对 RhB 降解速率的影响曲线图。向体系中添加 Cl^- 对 RhB 的降解效果有明显的抑制。未添加 Cl^- 时反应 60 min 后 RhB 降解率达 99.87%,添加 Cl^- 浓度分别为 1 mmol/L、2 mmol/L、5 mmol/L 和 10 mmol/L 后,对应的 RhB 降解率分别下降至 77.58%、49.79%、36.92% 和 34.80%。

根据相关文献表明[7-10],Cl^- 可以被硫酸根自由基氧化生成 $Cl \cdot$,该反应常数较大[$k = (5.2 \pm 0.2) \times 10^8$ mol/(L·s)],

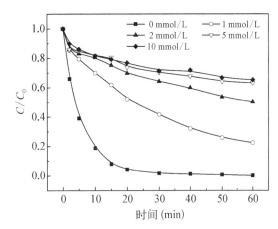

图 2-6　不同 Cl^- 浓度对 RhB 降解效果的影响

使得 Cl^- 在溶液中易成为硫酸根自由基的淬灭剂,抑制降解反应的进行。$Cl \cdot$ 又可发生系列连锁反应。反应产物如 $Cl \cdot$、Cl_2($E^0 = 1.36$ V)和 $HOCl$($E^0 = 1.36$ V),虽然都具有氧化性,但其氧化能力都低于硫酸根自由基,而不能将有机污染物有效降解。Laat 等[11]利用 Fe^{2+} 活化过硫酸盐产生硫酸根自由基降解四氯乙烯(Perchlorothylene, PCE)时,向体系中加入 Cl^- 时,PCE 降解率得到明显抑制。该研究发现当 Cl^- 浓度逐渐增大至大于 7 mmol/L,PCE 降解率降低的同时,过硫酸盐分解率也随之降低,表明体系中硫酸根自由基产生的量随着 Cl^- 浓度增大而减少。该研究认为 Cl^- 在体系中虽然抑制降解反应的进行,但并没有作为硫酸根自由基的淬灭剂而存在,而是与体系中的 Fe(Ⅱ)发生如下络合反应:

$$SO_4^- \cdot + Cl^- \longrightarrow SO_4^{2-} + Cl \cdot \qquad (2.13)$$

$$Cl \cdot + Cl^- \longrightarrow Cl_2^- \cdot \qquad (2.14)$$

$$Cl_2^- \cdot + Cl_2^- \cdot \longrightarrow Cl_2 + 2Cl^- \tag{2.15}$$

$$Cl_2(aq) + H_2O \longrightarrow HOCl + H^+ + Cl^- \tag{2.16}$$

综上所述,Cl^- 根据催化体系的不同而有不同的影响机制:① 与硫酸根自由基反应生成低氧化性的氯系物自由基而影响对有机污染物的降解;② 与过渡金属离子(如 Fe)反应生成络合物,从而降低体系中生成的硫酸根自由基的量而影响有机污染物的降解。在本实验体系中,随着 Cl^- 浓度增大时反应溶液出现明显的混浊现象,可能也是因为 Cl^- 与 Fe^{3+} 和转化生成的 Fe^{2+} 发生络合反应生成 $FeCl^{2+}$、$FeCl_2^+$、$FeCl_3$ 和 $FeCl^+$ 等络合物,导致可利用的 Fe^{3+} 和 Fe^{2+} 量减少[11],最终影响 RhB 降解率。

本实验利用 Cl^- 和过硫酸盐体系对 RhB 进行降解,结果如图 2 - 7 所示。结果表明,Cl^- 和过硫酸盐体系并不能对 RhB 进行有效的降解。当 Cl^- 浓度为 1 mmol/L 时降解率最高,也仅有 10.72%。随着 Cl^- 浓度增大,RhB 降解率随之降低。而实验中 RhB 较低的降解率可能是由于过硫酸盐单独的氧化作用造成的。由此可以说明,Cl^- 与过硫酸盐并不能发生反应生成 HOCl。

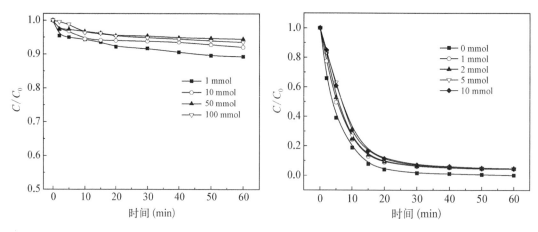

图 2 - 7 Cl^-/PS 体系对 RhB 的降解效果　　图 2 - 8 不同 NO_3^--N 浓度对 RhB 降解效果的影响

Wang[8]利用 Fe(Ⅱ)/PMS 体系对 RhB 进行降解时发现,体系中只有 PMS 和 Cl^- 时对 RhB 有很好的去除效果,且 RhB 降解率随着 Cl^- 浓度的增大而提高。当溶液中 PMS 含量为 0.2 mmol/L 及 Cl^- 浓度为 0.001 mol/L 时,初始浓度为 0.02 mmol/L 的 RhB 在反应 90 min 后降解率较低仅为 10%,而当 Cl^- 浓度增大至 0.1 mol/L 时,仅反应 20 min 后 RhB 降解率即可达 90% 以上。其研究认为主要原因是 Cl^- 与 HSO_5^- 发生反应生成 HOCl,利用其较高的氧化性对 RhB 实现降解。Rao[12]等认为从热力学角度出发,过硫酸盐($E^0 = 2.01$ V)可以氧化 Cl^- 生成 Cl_2(Cl_2/Cl^-,1.36 V)和 HOCl(HOCl/Cl^-,1.48 V)。

2. NO_3^--N

图 2 - 8 所示为不同浓度 NO_3^--N 对 RhB 降解率的影响。NO_3^--N 对 RhB 的降解率基本没有影响,当 NO_3^--N 添加浓度分别为 1 mmol/L、2 mmol/L、5 mmol/L 和

10 mmol/L时,RhB 降解率从未添加的 99.87％略微降至 95.52％、95.48％、95.30％和 95.26％。虽然 NO_3^--N 可以和硫酸根自由基发生反应生成活性较低的自由基,但该反应 的反应速率常数很小[13]。降解率略微下降主要是因为向溶液中添加 NO_3^--N 后增大体系 的离子强度,研究表明,当溶液的离子强度较大时将减慢过硫酸盐的分解速度[14],从而生 成硫酸根自由基的量较少。上述反应如下:

$$SO_4^- \cdot + NO_3^- \longrightarrow SO_4^{2-} + NO_3 \cdot \tag{2.17}$$

3. SO_4^{2-}

图 2-9 为不同浓度 SO_4^{2-} 对 RhB 降解率的影响曲线图。溶液中分别添加浓度为 1 mmol/L、2 mmol/L 和 5 mmol/L 的 SO_4^{2-} 时,RhB 降解率相对于未添加 SO_4^{2-} 的溶液 (99.87％)基本没有差距,都保持在 90％以上,分别为 99.35％、97.82％和 91.84％。当 SO_4^{2-} 浓度上升至 10 mmol/L,降解率出现显著下降(71.90％)。反应 20 min 时,未添加 SO_4^{2-} 的体系 RhB 基本完全降解,而添加的 SO_4^{2-} 降解率仅为 80.58％、71.79％、49.41％ 和 27.37％。其影响效果主要表现在反应速率常数 k,由最初的 0.159 min^{-1}分别降低至 0.081 min^{-1}、0.065 min^{-1}、0.041 min^{-1}和 0.020 min^{-1}。

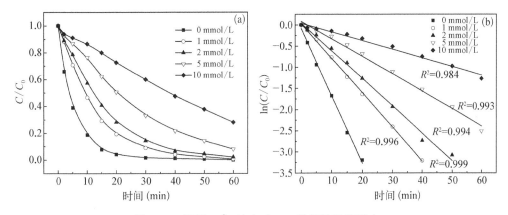

图 2-9　不同 SO_4^{2-} 浓度对 RhB 降解效果的影响

降解率(a),降解动力学(b)

上文中添加 NO_3^--N 时使溶液离子强度上升,降解率出现一定的下降。根据离子强度 计算溶液的离子强度。

$$I = \frac{1}{2} \sum_{i=1}^{n} C_i Z_i^2 \tag{2.18}$$

式中,C_i 为离子 i 的摩尔浓度(mol·dm^{-3}),Z_i 为离子 i 所带的电荷数,n 为溶液离子的 种类总数。

根据公式(2.18),添加 5 mmol/L $NaNO_3$ 后溶液离子强度为 5 mmol/L,大于添加 1 mmol/L Na_2SO_4 的离子强度(3 mmol/L),但后者对降解 RhB 的抑制效果更加明显。 因此,仅仅根据离子强度去评价添加阴离子对 RhB 降解率的影响是不足的。硫酸根自由基氧化降解有机物,其最终目的是得到一个电子而形成 SO_4^{2-},其理论的标准电势 E^0 可以根据下式计算:

$$E_{(SO_4^-·/SO_4^{2-})} = E^\theta_{(SO_4^-·/SO_4^{2-})} + \frac{RT}{zF}\ln\frac{[SO_4^-·]}{[SO_4^{2-}]} \tag{2.19}$$

式中,$E_{(SO_4^-·/SO_4^{2-})}$ 为半反应氧化还原电势;$E^\theta_{(SO_4^-·/SO_4^{2-})}$ 为标准半反应氧化还原电势;R 为气体常数 8.314 472 J/(mol·K);T 为绝对温度;F 为法拉第常数 9.648 5×10^4 C/mol;z 为半反应中电子转移数目。

硫酸根自由基得到一个电子转变成 SO_4^{2-} 的氧化还原电位受到溶液中 SO_4^{2-} 浓度大小影响。SO_4^{2-} 浓度越高时,半反应氧化还原电势 $E_{(SO_4^-·/SO_4^{2-})}$ 也就越小,因此,将直接影响 RhB 的降解效率。假设反应一开始过硫酸根全部转化生成硫酸根自由基和 SO_4^{2-},通过计算向溶液中添加 1 mmol/L SO_4^{2-} 后将导致硫酸根自由基氧化还原电位值减小0.016 3 V。

根据 Visual MINTEQ 软件计算出添加 SO_4^{2-} 后被络合的 Fe^{3+} 量(Fe^{3+} 总量为 1 mmol/L,pH=3.0),如图 2-10 所示。

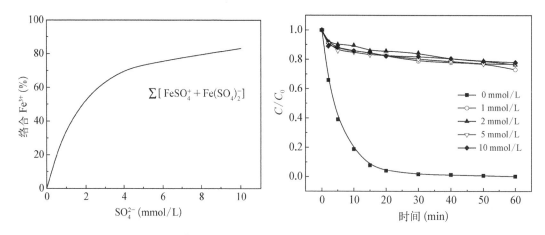

图 2-10 不同 SO_4^{2-} 浓度对 Fe^{3+} 络合的影响   图 2-11 不同 $H_2PO_4^-$ 浓度对 RhB 降解效果的影响

添加 1 mmol/L SO_4^{2-} 后,$FeSO_4^+$ 和 $Fe(SO_4)_2^-$ 两种络合物所占 Fe 的比例为 35.29%,反应速率常数 k 由此降低至 0.081 min^{-1}。结果表明,Fe^{3+} 被溶液中的 SO_4^{2-} 络合后使过硫酸盐分解生成硫酸根自由基的速率减慢,最终表现为 RhB 的降解率变小。Fe^{2+} 和过硫酸盐反应生成 SO_4^{2-} 和硫酸根自由基。向体系中额外加入 SO_4^{2-},体系中的 SO_4^{2-} 浓度升高将抑制反应的进行,即产生硫酸根自由基的量减少,这可能也是引起 RhB 降解率减小的一个原因。

4. $H_2PO_4^-$

加入 Fe^{3+} 和过硫酸盐后,25 mg/L RhB 溶液的 pH 显著下降至 3.0 左右。此时,磷酸根离子主要以 $H_2PO_4^-$ 形态存在。如图 2-11 所示,加入 $H_2PO_4^-$ 后,体系对 RhB 的降解率显著降低。

对于传统 Fenton 反应,引入 $H_2PO_4^-$ 会促进目标物的降解,研究表明,$H_2PO_4^-$ 可以和 H_2O_2 反应生成过氧磷酸盐($H_2PO_5^-$)活性物质[15]。基于硫酸根自由基的高级氧化技术中,将 $H_2PO_4^-$ 分别引入均相 Co/PMS[16] 及非均相 Co_3O_4/Go/PMS[17] 两种体系中,对目标物的降解均有促进作用。研究认为过氧单硫酸盐(PMS)是一种不对称的过氧化物,因此也可能与 $H_2PO_4^-$ 反应生成 $H_2PO_5^-$,且生成的 $H_2PO_5^-$ 还可能与 Co^{2+} 配位生成 $H_2PO_5^- - Co^{2+}$ 的络合物,形成新的活性中心,从而加速目标物的降解。在 Fe(Ⅱ)/PS 体系降解立痛定(Carbamazepine, CBZ)的研究中,加入 $H_2PO_4^-$ 会显著抑制 CBZ 的降解效果,其原因可能是 $H_2PO_4^-$ 和溶液中的 Fe(Ⅲ)/Fe(Ⅱ)反应生成 $H_2PO_4^- - Fe$ 的络合物,而该络合物对过硫酸盐并没有活化效果,导致能活化过硫酸盐生成自由基的 Fe(Ⅱ)量减少,RhB 降解得到抑制。Ouyang 等[18]研究表明,硫酸根自由基与 $H_2PO_4^-$ 反应不能生成其他活性较低的自由基而使反应体系失活,进一步证明了体系不是 Fe 先与过硫酸盐反应生成硫酸根自由基,而是被 $H_2PO_4^-$ 淬灭,从而抑制 RhB 的降解。

综上所述,添加的四种不同阴离子(Cl^-、NO_3^-、SO_4^{2-} 和 $H_2PO_4^-$)都在不同程度上抑制 RhB 的降解。在浓度相同的情况下(以 1 mmol/L 为例),四种离子的影响程度为:NO_3^--N $< SO_4^{2-} < Cl^- < H_2PO_4^-$。这也是本实验体系选用 $Fe(NO_3)_3$ 提供 Fe(Ⅲ)的主要原因。

2.1.4 Fe³⁺ 浓度变化及循环利用

1. Fe³⁺ 浓度变化

体系中加入的 Fe^{3+} 首先被还原生成 Fe^{2+},随后生成的 Fe^{2+} 活化过硫酸盐后又被氧化成 Fe^{3+},从而实现 Fe(Ⅲ)→Fe(Ⅱ)→Fe(Ⅲ)的循环,因此,理论上体系中的 Fe^{3+} 浓度不发生变化,且可以实现对过硫酸盐的持续活化。本实验体系利用分光光度法测定反应各时间段的 Fe^{3+} 浓度,实验结果如图 2-12 所示。

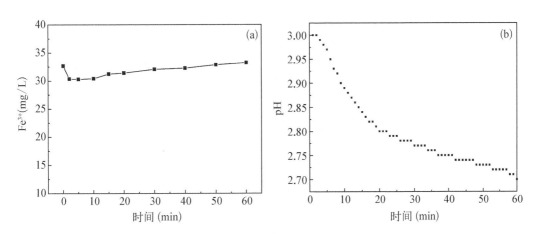

图 2-12 反应过程中 Fe³⁺ 浓度(a)及 pH(b)的变化

结果表明,反应过程中 Fe^{3+} 浓度变化幅度很小,最大值与最小值的差值仅占理论 Fe^{3+} 浓度的 5.24%。加入的 Fe^{3+} 浓度的理论值为 56 mg/L,在 0 min 处 Fe^{3+} 浓度为 32.67 mg/L,约有 41.66% 的 Fe^{3+} 发生水解作用生成 $Fe(OH)_3$。反应 2 min 后 Fe^{3+} 浓度为 30.36 mg/L,浓度降低可能是由于反应生成的 SO_4^{2-} 与 Fe^{3+} 发生络合。随着反应的进行,Fe^{3+} 浓度整体呈略微上升的趋势。降解反应过程中,生成多种小分子有机酸等中间产物,导致溶液 pH 发生变化,60 min 内体系 pH 由 3.00 降至 2.71 左右(图 2 - 12b)。溶液 pH 下降抑制了 Fe^{3+} 的水解作用,从而释放出更多的 Fe^{3+},使其浓度上升。

2. 循环利用实验

体系中 Fe^{3+} 浓度基本保持不变,其中 Fe(Ⅲ)/Fe(Ⅱ)循环为 Fe^{3+} 的循环利用提供了理论基础。设计循环利用实验如下:在初始浓度为 25 mg/L 的 RhB 溶液中加入浓度均为 1 mmol/L 的 Fe^{3+} 和过硫酸盐后反应 60 min,取 5 mL 水样用于测定降解率;向上述反应体系中加入浓度为 1 000 mg/L 的 RhB 溶液 5 mL(反应体系总体积保持 500 mL 不变),搅拌均匀后取出 2.5 mL 水样用于测定 RhB 浓度,加入过硫酸盐固体使其浓度为 1 mmol/L,反应 60 min 后取出 2.5 mL 水样用于测定 RhB 降解率,如此重复。实验结果如图 2 - 13 所示。

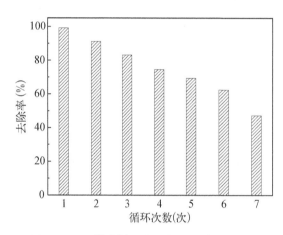

图 2 - 13　Fe^{3+} 在循环使用中 RhB 的去除效果

第一次使用时,体系对 RhB 有较高的降解率(99.17%)及显著的脱色效果。随着体系的重复利用,RhB 降解率逐渐降低,第二次反应后,降解率仍保持在 90% 以上(91.14%),说明体系中的 Fe^{3+} 是可以重复利用的。反应进行到第七次时,RhB 降解率仅为 47.18%,且脱色效果不明显。降解率降低,主要是因为随着降解反应的进行,大量中间产物生成,中间产物并没有完全被矿化成 CO_2 和 H_2O,而是残留在溶液中,降解中间产物可继续消耗硫酸根自由基使 RhB 降解率降低。

由于硫酸根自由基得到一个电子的最终产物是 SO_4^{2-},反应持续进行使溶液中的 SO_4^{2-} 浓度大幅升高,体系中 Fe(Ⅲ)/Fe(Ⅱ)与 SO_4^{2-} 发生络合生成 Fe-SO_4^{2-} 络合物的量增加,因此,溶液出现混浊现象,且随重复次数增加而愈加明显,体系中可利用的 Fe(Ⅲ)/Fe(Ⅱ)量减少,生成硫酸根自由基的量也随之减少,进一步降低了 RhB 降解率。

2.1.5　Fe(Ⅲ)/PS 体系产生硫酸根自由基对 RhB 脱色机理分析

1. Fe(Ⅲ)/PS 体系中自由基的鉴别

活化过硫酸盐生成强氧化性的硫酸根自由基是降解反应进行的关键。Fe^{2+} 活化过硫酸盐可产生硫酸根自由基,但在一定的 pH 条件下,溶液中的硫酸根自由基可以和 OH^-

发生反应生成羟基自由基。硫酸根自由基和羟基自由基都具有强氧化性，可以将有机污染物快速氧化降解。为鉴别 Fe(Ⅲ)/PS 体系降解 RhB 起作用的自由基种类，本实验利用广泛使用的分子探针方法来检验硫酸根自由基和羟基自由基在溶液中的存在情况[19,20]。

$$SO_4^- \cdot + OH^- \longrightarrow SO_4^{2-} + \cdot OH \qquad (2.20)$$

该法主要是利用含有 R—羟基的乙醇(EtOH)和不含 R—羟基的叔丁醇(TBA)作为自由基的淬灭剂。利用 EtOH 和 TBA 鉴定硫酸根自由基和羟基自由基的机理主要是淬灭剂与自由基的不同反应速率常数：EtOH 与硫酸根自由基和羟基自由基两种强氧化性自由基之间的反应速率常数分别为 $1.6\sim7.7\times10^7\ \text{mol}/(\text{L}\cdot\text{s})$ 和 $1.2\sim2.8\times10^9\ \text{mol}/(\text{L}\cdot\text{s})$，两者的反应速率常数相差并不大，因此，EtOH 可以同时淬灭体系中的硫酸根自由基和羟基自由基；而 TBA 与羟基自由基的反应速率常数($3.8\sim7.6\times10^8\ \text{mol}/(\text{L}\cdot\text{s})$)是 TBA 与硫酸根自由基的反应速率常数($4\sim9.1\times10^5\ \text{mol}/(\text{L}\cdot\text{s})$)的 $418\sim1\,900$ 倍，因此认为 TBA 主要是淬灭体系中的羟基自由基[21,22]。

为保证体系中自由基能够完全被淬灭，实验所用的淬灭剂与过硫酸盐的摩尔浓度之比为 50∶1。因本实验体系 pH 变化对 RhB 降解率有显著的影响，在 pH＞4 的条件下对 RhB 已基本没有降解效果，故不考虑 pH 在 4 以上时体系中自由基种类的鉴别。选用未调节 pH 的体系作为代表，实验条件为：Fe^{3+}、过硫酸盐浓度均为 1 mmol/L，RhB 初始浓度为 25 mg/L，反应温度为室温。不同抑制剂的加入对 RhB 降解率的影响，如图 2-14 所示。在未加入淬灭剂的体系中，反应 60 min 后 RhB 降解率达 100%。在反应溶液中加入 50 mmol/L TBA 作为羟基自由基淬灭剂，60 min 后 RhB 降解率为 92.57%；而同样加入 50 mmol/L EtOH 于反应溶液中作为硫酸根自由基和羟基自由基两种自由基淬灭剂时，RhB 最终降解率仅为 18.84%，两者的差值达到 73.73%，因此，自由基淬灭实验充分证明，在本实验体系中，在 pH 未调节(即 pH=3.0)的情况下，在降解的 RhB 的自由基中硫酸根自由基占绝对的主导地位。

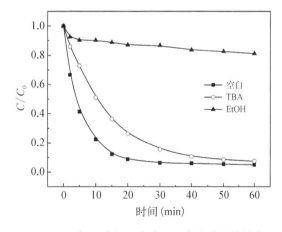

图 2-14　叔丁醇和乙醇对 RhB 去除效果的影响

2. Fe(Ⅲ)/PS 体系降解 RhB 过程中的 UV-vis 光谱图及矿化分析

RhB 的降解过程主要是通过两个相互竞争的过程实现的：N-位脱乙基作用和共轭结构的破坏[23,24]。从 Fe(Ⅲ)/PS 体系降解 RhB 过程中的 UV-vis 光谱吸收图(图 2-15)可知，样品在 554 nm 处有很强的吸收峰。随着氧化降解反应的进行，处理后的 RhB 溶液 UV-vis 光谱的吸收峰逐渐减弱直至消失。由此说明，在硫酸根自由基强氧化作用下，RhB 结构中的大共轭基团(即发色基团)的不饱和共轭键断裂，发色基团中的苯氨基和羰基逐渐被破坏，最终导致其特征吸收峰消失,从而达到较好的脱色效果。在特征峰逐渐减弱的同时,特征峰的位置发生微弱的蓝移。特征峰的蓝移可能是由 N-位脱乙基作用产生的中间产物引起的,RhB 共轭结构的破坏则导致其在 554 nm 处吸收峰逐渐减弱。由此可以推断,在 Fe(Ⅲ)/PS 体系降解 RhB 过程中 N-位脱乙基作用和共轭结构的破坏同时发生。

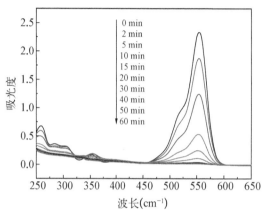

图 2-15 Fe(Ⅲ)/PS 体系对 RhB 降解
过程中的 UV-vis 光谱图

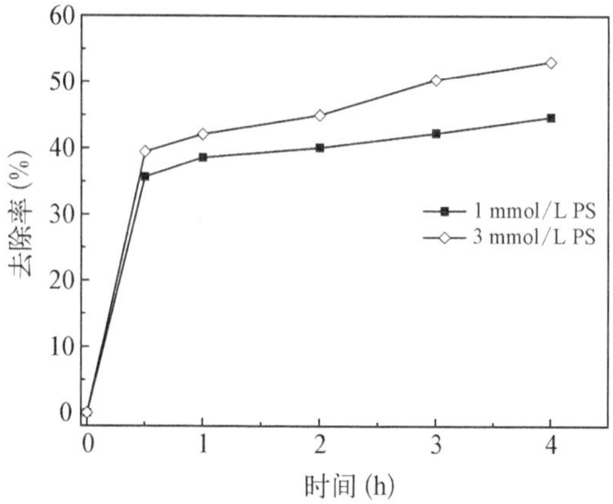

图 2-16 不同过硫酸盐浓度下 RhB 降解
过程中 TOC 的去除率

为评价该体系的矿化能力,测定体系中总有机碳(Total Organic Carbon,TOC)来反映 RhB 有机物的降解程度,结果如图 2-16 所示。在相同实验条件下,Fe(Ⅲ)/PS 体系中 RhB 降解速率明显大于其矿化速率。当过硫酸盐初始浓度为 1 mmol/L,反应30 min 后,Fe(Ⅲ)/PS 体系中 RhB 的降解率高达 98.40%,而其矿化率只有 35.68%,且在反应 4 h 后矿化率也只达到 44.70%。在此降解条件下,Fe(Ⅲ)/PS 体系对 RhB 的矿化率较低的原因可能是能氧化剂过硫酸盐量不够。将过硫酸盐浓度增加到 3 mmol/L,进一步考察该体系对 RhB 的矿化率,发现反应 4 h 后,RhB 的 TOC 去除率有所增加,达到了 53.09%。

3. Fe(Ⅲ)/PS 体系降解 RhB 中间产物分析

为分析鉴定 Fe(Ⅲ)/PS 体系降解 RhB 生成的中间产物,本实验中将二氯甲烷萃取反应 60 min 后的溶液,利用 GC-MS 对 RhB 的降解产物进行初步鉴定,其主要产物的气相色谱图如图 2-17 所示。

从降解 RhB 反应液的总离子色谱图可以看出,在 Fe(Ⅲ)/PS 体系降解 RhB 的过程中有大量中间产物生成。

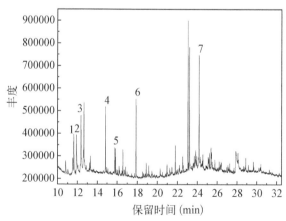

图 2-17 Fe(Ⅲ)/PS 体系降解 RhB 中间
产物的总离子色谱图

将中间产物与 NIST08 标准谱图库进行比对,确定 7 种中间产物,如表 2.1 所示。

表 2.1　Fe(Ⅲ)/PS 体系降解 RhB 生成的中间产物

中间产物	保留时间(min)	分子量	分子式	名　　称
1	11.623	90	$C_3H_6O_3$	2-羟基丙酸
2	11.905	120	C_8H_8O	苯乙酮
3	12.360	136	$C_9H_{12}O$	2-苯异丙醇
4	14.838	136	$C_8H_8O_2$	苯乙酸
5	15.775	92	$C_3H_8O_3$	丙三醇
6	17.869	118	$C_6H_{14}O_2$	4-甲基-1,2-戊二醇
7	24.175	278	$C_{16}H_{22}O_4$	邻苯二甲酸二丁酯

2.1.6　小结

利用 Fe(Ⅲ)/PS 体系降解 RhB,对影响 Fe(Ⅲ)/PS 体系氧化降解过程中的主要因素,如 RhB 初始浓度、Fe^{3+} 浓度、过硫酸盐浓度和初始 pH 等进行单因素实验和分析。在此基础上,考察无机阴离子对该体系的影响,并对 RhB 的脱色机理进行探讨。根据分析得出以下主要结论:

(1) 通过单因素影响实验发现,增加溶液中 Fe^{3+} 浓度或过硫酸盐浓度可加速 RhB 的降解。在初始 pH=3.0 左右时,Fe^{3+} 及过硫酸盐浓度均为 1 mmol/L 的反应条件下,反应 30 min 后,25 mg/L RhB 降解率达 98.39%。在此条件下,反应 4 h 后,RhB 矿化率可达 44.70%,当过硫酸盐浓度提高至 3 mmol/L 时,其矿化率可增至 53.09%。

(2) 实验结果显示,Fe(Ⅲ)/PS 体系降解 RhB 符合一级动力学模型,RhB 降解反应速率常数 k 与 RhB 初始浓度成反比,与 Fe^{3+} 浓度和过硫酸盐浓度分别成正比关系。

(3) Cl^-、SO_4^{2-} 和 $H_2PO_4^-$ 等阴离子可以和溶液中的 Fe^{3+} 发生络合反应,减少体系中可利用的 Fe^{3+} 而影响降解率,且 Cl^- 可以消耗体系中的硫酸根自由基,从而进一步降低 RhB 的降解率。而 NO_3^--N 与硫酸根自由基发生反应速率很低,且不与 Fe^{3+} 发生络合,因此,NO_3^--N 对 RhB 的降解率几乎没有影响。

(4) 利用 EtOH 和 TBA 作为淬灭剂对体系中起主要作用的自由基种类进行鉴别,结果显示,pH=3.0 左右时,体系主要是硫酸根自由基对 RhB 进行降解。

2.2　$Fe_2(MoO_4)_3$ 活化过硫酸盐降解染料 RhB

利用均相 Fe(Ⅲ)PS 体系对 RhB 进行降解,该反应体系对 pH 要求较为严格:体系 pH=3.0 左右时才能对 RhB 实现有效的降解,当 pH>4.0 时体系对 RhB 已基本无法去除。该体系中的 Fe(Ⅲ)虽可以重复利用，但却无法对其进行回收利用，处理后的溶液中 Fe(Ⅲ)浓度较高，直接排放会造成水体的二次污染。因此，设计利用零点电荷（point of zero charge，PZC）较低的 $Fe_2(MoO_4)_3$ 活化过硫酸盐，实现对 RhB 的降解，且该固体催化剂 $Fe_2(MoO_4)_3$ 易于回收从而避免二次污染。

2.2.1 非均相 $Fe_2(MoO_4)_3$/PS 体系降解 RhB

本实验建立一种新体系：利用 $Fe_2(MoO_4)_3$ 活化过硫酸盐产生硫酸根自由基降解 RhB。采用 $Fe_2(MoO_4)_3$ 单独体系、过硫酸盐单独体系与 $Fe_2(MoO_4)_3$/PS 体系，对 RhB 降解率进行对比实验。室温环境下，在 $Fe_2(MoO_4)_3$ 投加量为 0.4 g/L、过硫酸盐投加量为 4 mmol/L 和初始 pH 未调节的实验条件下，图 2-18 为三个体系对 RhB 的降解效果图。

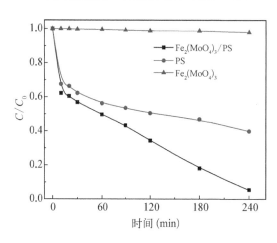

图 2-18 三种不同体系对 RhB 的降解效果

结果表明，$Fe_2(MoO_4)_3$ 单独体系对 RhB 几乎没有降解效果。过硫酸盐单独体系对 RhB 进行降解，反应 4 h 后降解率达 60.16%。过硫酸盐可作为氧化剂将 RhB 不完全降解，其对 RhB 虽有较高的降解率，但对溶液的褪色效果不显著。$Fe_2(MoO_4)_3$/PS 体系反应 4 h 后，RhB 降解率为 99.01%，且其色度可完全被去除。显然，相比于两个单独体系，$Fe_2(MoO_4)_3$ 作为催化剂活化过硫酸盐产生硫酸根自由基，对 RhB 的降解及色度的去除有着更显著的效果。因此，本章着重讨论非均相 $Fe_2(MoO_4)_3$/PS 体系降解 RhB 的实验中以下几个重要的影响因素：RhB 初始浓度、过硫酸盐浓度、$Fe_2(MoO_4)_3$ 投加量及溶液初始 pH。

1. RhB 初始浓度

实验考察初始浓度不同的 RhB 溶液对非均相 $Fe_2(MoO_4)_3$/PS 体系降解效率的影响。实验条件：室温，$Fe_2(MoO_4)_3$ 投加量为 0.4 g/L，过硫酸盐浓度为 4 mmol/L，溶液初始 pH 为 5.4（未调节），RhB 溶液初始浓度采用 10 mg/L、20 mg/L、30 mg/L 和 50 mg/L 进行对比研究，结果如图 2-19 所示。

非均相 $Fe_2(MoO_4)_3$/PS 体系中，随 RhB 初始浓度的降低，其降解率逐渐增大。当 RhB 初始浓度为 10 mg/L 时，降解率为 94.57%，而 RhB 初始浓度增至 50 mg/L 时，降解率降至 85.58%，对应的反应速率常数从 1.51×10^{-2} min^{-1} 减小到 0.75×10^{-2} min^{-1}。RhB 初始浓度越高，即单位反应溶液中 RhB 分子数量越多，从而需要消耗更多的自由基。不同的体系中 RhB 初始浓度、氧化剂及催化剂的投加浓度一致，能产生的硫酸根自由基量处于同一水平，从而导致初始浓度较高的 RhB 溶液降解率较低。RhB 最终降解率虽相差不大，但溶液的褪色情况截然不同。初始浓度为 10 mg/L 的 RhB 溶液颜色全部褪去，

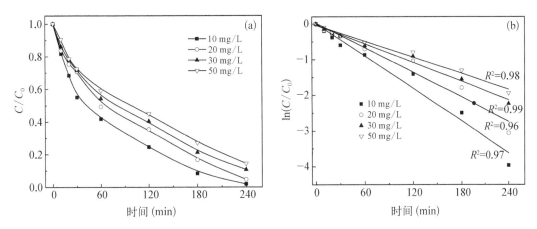

图 2 - 19　RhB 初始浓度对其降解效果的影响

降解率(a),降解动力学(b)

而高浓度溶液颜色褪色情况并不明显。这主要是因为体系对低浓度 RhB 溶液降解后,继续对体系中有颜色的中间产物进行氧化去除,从而进一步脱色。高浓度 RhB 溶液中,自由基产生量不足,无法继续对其进行降解及脱色。

2. 过硫酸盐浓度

在非均相 $Fe_2(MoO_4)_3$/PS 体系降解 RhB 的实验中,$Fe_2(MoO_4)_3$ 作为过硫酸盐的催化剂活化产生硫酸根自由基,从而实现对目标物的降解。硫酸根自由基的生成直接影响、控制着 RhB 降解效果,而体系中产生自由基的量取决于氧化剂和催化剂的投加浓度。

室温条件下,当催化剂 $Fe_2(MoO_4)_3$ 投加量为 0.4 g/L 和 pH 初始值未调节时,图 2 - 20 所示为考察不同过硫酸盐浓度对 RhB 降解效果的影响。当过硫酸盐浓度由 2 mmol/L 增加到 4 mmol/L 时,反应 4 h 后 RhB 降解率从 55.45% 增加到 94.57%,反应速率常数 k 也从 0.28×10^{-2} min^{-1} 增加到 1.00×10^{-2} min^{-1}。体系中产生硫酸根自由基

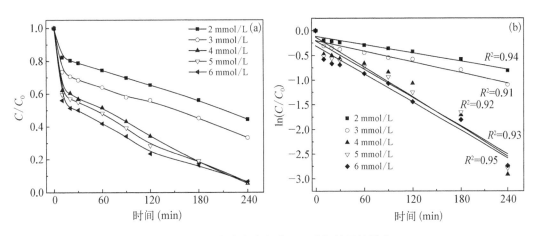

图 2 - 20　过硫酸盐浓度对 RhB 降解效果的影响

降解率(a),降解动力学(b)

是降解 RhB 的直接原因,过硫酸盐是产生硫酸根自由基的前驱体,增加过硫酸盐浓度显然可产生更多的自由基,使 RhB 降解率增大。

当过硫酸盐浓度由 4 mmol/L 增加到 6 mmol/L 时,RhB 的降解效果并没有显著增加,且反应速率常数反而有所降低,反应速率常数从 1.00×10^{-2} min^{-1} 减小到 0.95×10^{-2} min^{-1}。需要注意的是,在反应 4 h 后,6 mmol/L 体系的降解率略低于 4 mmol/L 体系的降解率。导致这一系列现象的原因主要有:当催化剂 $Fe_2(MoO_4)_3$ 投加量一定时,过硫酸盐浓度达到催化剂的催化饱和浓度,继续增加过硫酸盐的浓度对提高 RhB 降解率并没有显著效果;体系中没有及时到达 RhB 表面的硫酸根自由基可以和溶液中高浓度的过硫酸盐反应生成硫酸根,从而降低 RhB 降解率;体系中大量生成的自由基如果没有及时达到有机物表面,从而引起自身的淬灭反应,即两个硫酸根自由基生成一个过硫酸根。

3. $Fe_2(MoO_4)_3$ 投加量

在室温条件下,当过硫酸盐浓度为 4 mmol/L 和 pH 初始值未调节时,图 2-21 所示为不同催化剂投加量对 RhB 降解效果的影响。结果表明,当 $Fe_2(MoO_4)_3$ 浓度由 0.2 g/L 增加到 0.4 g/L,反应 4 h 后,RhB 降解率由 81.06% 提高到 96.31%,对应的反应速率常数从 0.49×10^{-2} min^{-1} 增大到 1.15×10^{-2} min^{-1}。这主要是因为增加催化剂浓度可以提供更多的活性位点来活化过硫酸盐产生硫酸根自由基,实现对 RhB 的降解。催化剂 $Fe_2(MoO_4)_3$ 浓度由 0.4 g/L 增加到 0.6 g/L,RhB 降解率并没有大幅上升。这主要是因为当过硫酸盐浓度一定时,催化剂 $Fe_2(MoO_4)_3$ 中 Fe(Ⅲ) 和 MoO_4^{2-} 存在对过硫酸盐的竞争作用,使过硫酸盐浓度在反应体系中成为首要影响因素,所以,继续增加催化剂投加量并不会显著提高 RhB 降解率。

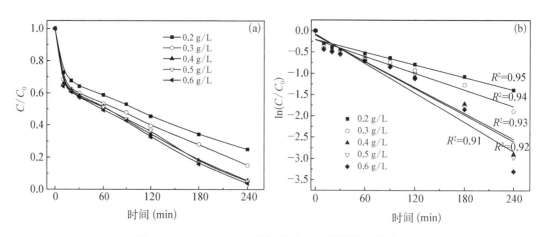

图 2-21 $Fe_2(MoO_4)_3$ 投加量对 RhB 降解效果的影响

降解率(a),降解动力学(b)

4. 初始 pH

溶液初始 pH 是影响 RhB 降解效果的另一个重要因素。大量文献研究结果表明,活化过硫酸盐产生自由基降解有机污染物的最佳反应 pH 为酸性至中性[25]。本实验体系考察在 RhB 初始浓度为 10 mg/L、过硫酸盐浓度为 4 mmol/L 及催化剂 $Fe_2(MoO_4)_3$ 为0.4 g/L 的条件下,反应体系溶液初始 pH 在 3.0～11.0 范围内,RhB 的降解情况如图 2-22 所示。酸性条件下 RhB 降解率高于中性条件和碱性条件下的降解率。当溶液初始 pH 为 3 和 5 时,反应 4 h 后,RhB 降解率分别为 97.67% 和90.03%,当溶液初始 pH 为中性条件时,降解率下降至 84.72%。当溶液初始 pH 升高至 9 和 11 的碱性环境时,RhB 降解率也分别达到了 71.90% 和 65.62%。

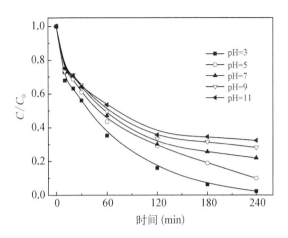

图 2-22　溶液初始 pH 对降解 RhB 的影响

由此可知,$Fe_2(MoO_4)_3$ 在较宽 pH 范围内对过硫酸盐都有较高的催化效果,从而实现对 RhB 高效降解去除,主要原因是 $Fe_2(MoO_4)_3$ 具有较低的 PZC 及其表面存在较多的酸性位点。催化剂 $Fe_2(MoO_4)_3$ 的 PZC 值为 2.94,远低于 α-Fe_2O_3(5.2～8.6)、FeOOH(6.5～6.9)和 Fe_3O_4(6.3～6.7)。相关文献表明,氧化物的 PZC 值与其表面酸/碱性有关,PZC 值低的氧化物表面酸性更显著,因此,$Fe_2(MoO_4)_3$ 较低的 PZC 表明其具有较强的酸性。当周围环境的 pH 大于 2.94 时,$Fe_2(MoO_4)_3$ 表面带负电荷,溶液中的 H^+ 容易聚集到其表面,因此,在 $Fe_2(MoO_4)_3$ 的表面附近形成局部的酸性环境,有利于碱性环境中催化剂对过硫酸盐的活化。此外,在氧化反应过程中过硫酸盐充当电子受体,在非均相催化过程中,由于过硫酸盐的亲电特性有利于表面带负电荷的 $Fe_2(MoO_4)_3$ 将其活化成硫酸根自由基。

$Fe_2(MoO_4)_3$ 由四个正八面体结构的 FeO_6 和六个四面体结构的 MoO_4 组合而成,因此,在催化剂 $Fe_2(MoO_4)_3$ 分子中的每个 O 都以 Fe—O—Mo 的形式连接着 Fe 和 Mo[26] 的。Mo(Ⅷ)和 Fe(Ⅲ)的 Pauling 电负度分别为 2.20 和 1.83,Fe—O—Mo 结构中的 Mo 有从 O—Fe 键吸引电子密度的能力,导致 Fe(Ⅲ)的电子不足,从而增加 Fe 的表面酸性,进一步有利于催化反应在碱性环境下进行。

碱性环境下 RhB 的降解率比酸性环境下的低,其主要原因可能是硫酸根自由基可以和环境中的 OH^- 发生反应生成羟基自由基,其存在寿命(小于 1 μs)远小于半衰期为 4 s 的硫酸根自由基,故反应生成的羟基自由基有可能不能完全到达 RhB 的表面使之降解;且羟基自由基又可以被碱性环境中可能存在的 CO_3^{2-} 和 HCO_3^- 所清除[27],从而导致碱性环境下 RhB 降解率有所降低。

2.2.2　催化剂 $Fe_2(MoO_4)_3$ 的稳定性及重复利用性

对于一个非均相体系,有必要评价催化剂的稳定性及重复利用性。基于此目的,实验设计关于催化剂 $Fe_2(MoO_4)_3$ 的稳定性及重复利用性的实验:不同初始 pH 反应后,测定

Fe(Ⅲ)浸出量;Fe₂(MoO₄)₃重复利用时,RhB降解率的测定及每次反应时Fe(Ⅲ)的浸出量测定。

图2-23所示为不同初始pH条件下,非均相Fe₂(MoO₄)₃/PS体系Fe(Ⅲ)的浸出量,Fe(Ⅲ)浸出浓度随着pH的增加而减小。溶液初始pH=3时,Fe(Ⅲ)浸出量最大为2.24 mg/L,占所投Fe₂(MoO₄)₃中Fe含量的2.9%。溶液初始pH等于5、7、9和11时,Fe(Ⅲ)浸出浓度分别下降至1.09 mg/L、0.39 mg/L、0.38 mg/L和0.34 mg/L。无论酸性环境还是碱性环境,浸出Fe(Ⅲ)浓度均较低,由此表明,催化剂Fe₂(MoO₄)₃在较广pH范围内都表现出良好的稳定性。Fe(Ⅲ)浸出浓度较低且过硫酸盐不能被Fe(Ⅲ)直接活化,进一步证明了该体系是以非均相催化形式为主体的。

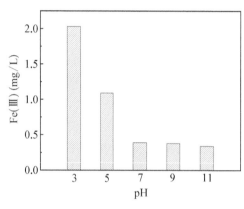

图2-23 不同初始pH下Fe(Ⅲ)的浸出量　　图2-24 催化Fe₂(MoO₄)₃重复使用对RhB的
　　　　　　　　　　　　　　　　　　　　　　　　降解效果及Fe(Ⅲ)的浸出量

在催化剂重复利用实验中,将0.4 g/L Fe₂(MoO₄)₃加入4 mmol/L过硫酸盐与10 mg/L RhB的混合溶液中,反应4 h后,利用过滤收集Fe₂(MoO₄)₃固体。用二次蒸馏水清洗收集的催化剂固体5次后,用乙醇溶液冲洗2次,清洗后的催化剂固体于105℃条件下干燥,过滤的滤液则用于测定浸出Fe(Ⅲ)浓度。将处理后的催化剂加入过硫酸盐和RhB的混合溶液中,进行第二次降解实验(反应4 h)。如此重复实验6次,结果如图2-24所示。

实验结果表明,催化剂重复使用第六次时,RhB降解率仍保持在90%以上,催化活性变化不大,浸出Fe(Ⅲ)浓度在0.54~0.86 mg/L范围内。RhB较高的降解率及微量的浸出Fe(Ⅲ)浓度均表明催化剂Fe₂(MoO₄)₃具有良好的重复利用性。Fe₂(MoO₄)₃良好的稳定性及重复利用性可能与其稳定的结构相关,通过反应前后催化剂的XRD(X-ray Diffraction)及FTIR(Fourier Transform Infrared Spectrometer)图谱进行对比发现(图2-25),使用6次后催化剂的晶型结构没有发生变化,这表明制备的催化剂比较稳定。

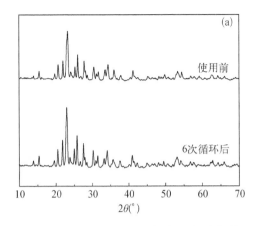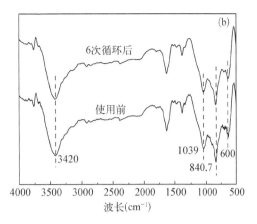

图 2-25 重复使用后,催化剂 Fe₂(MoO₄)₃(a) XRD 及(b) FTIR 图谱

2.2.3 Fe₂(MoO₄)₃/PS 体系产生硫酸根自由基对 RhB 脱色机理分析

1. Fe₂(MoO₄)₃/PS 体系中自由基的鉴别

Fe₂(MoO₄)₃ 可以活化过硫酸盐产生硫酸根自由基,溶液环境中存在的硫酸根自由基又可以发生一系列的转化反应生成羟基自由基。本实验体系利用分子探针方法来鉴别该体系中起作用的自由基种类,选用含有 R-羟基的乙醇(EtOH)和不含 R-羟基的叔丁醇(TBA)作为淬灭剂来检验硫酸根自由基和羟基自由基在溶液中的存在情况。淬灭实验条件:氧化剂 4 mmol/L、催化剂 0.4 g/L、pH 未调节(约为 5.4),淬灭剂与过硫酸盐的物质的量之比为 50∶1,淬灭剂为 0.20 mol/L,实验结果如图 2-26 所示。

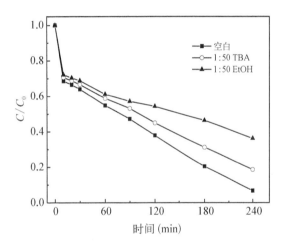

图 2-26 叔丁醇(TBA)和乙醇(EtOH)对 RhB 去除效果的影响

反应刚开始时由过硫酸盐对 RhB 进行降解,因此,刚开始反应三个体系的降解率并没有很大的差距。反应 4 h 后,添加乙醇的体系对 RhB 的降解明显受到抑制,降解率降低至 61.75%,与未添加任何淬灭剂的空白体系存在 36.34% 的差值。叔丁醇体系的降解率有所降低(86.36%),与未添加淬灭剂体系的差值仅为 11.73%。添加乙醇的抑制效果明显要高于添加叔丁醇的抑制效果,其结果表明:在 pH 未调节的情况下,非均相 Fe₂(MoO₄)₃/PS 体系在降解 RhB 过程中,硫酸根自由基占主导作用,而羟基自由基在降解过程中主要是辅助作用。

2. Fe₂(MoO₄)₃/PS 体系降解 RhB 过程中的 UV-vis 光谱图及矿化分析

图 2-27 为非均相 Fe₂(MoO₄)₃/PS 体系降解初始浓度 10 mg/L 的 RhB 溶液,各反

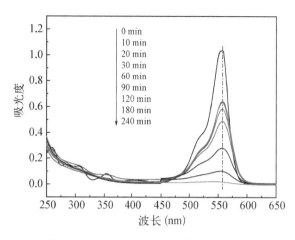

图 2 - 27　Fe$_2$(MoO$_4$)$_3$/PS 体系降解 RhB 过程中的 UV-vis 光谱图

应阶段的 UV-vis 光谱图,在可见光区 554 nm 处有 RhB 的最大特征峰,该吸收峰主要是由 RhB 分子存在的 4 个乙基基团引起的[28]。随着反应的进行,发色基团的减少使可见光区 554 nm 处的最大特征峰峰强逐渐减弱。在反应过程中 RhB 的最大吸收峰没有发生蓝移,说明 Fe$_2$(MoO$_4$)$_3$/PS 体系对 RhB 的降解主要是对其共轭结构的破坏。

非均相 Fe$_2$(MoO$_4$)$_3$/PS 体系对 RhB 溶液有较高的降解率,但这并不能表明 RhB 被完全矿化成 CO$_2$ 和 H$_2$O。

图 2 - 28 所示为初始浓度 10 mg/L 的 RhB 溶液,在氧化剂和催化剂投加量分别为 4 mmol/L 和 0.4 g/L 的情况下 TOC 的去除率。实验结果表明,当反应开始进行时,TOC 得到快速去除,反应 0.5 h 后,TOC 去除率达到 36.25%。刚开始反应时,体系中的过硫酸盐浓度较大,能产生较多的硫酸根自由基对其进行降解并矿化,随着反应的进行过硫酸盐的浓度减小,体系中产生硫酸根自由基的量不足,导致 TOC 去除率增加缓慢,反应 1 h、2 h、3 h 和 4 h 时的去除率分别为 46.66%、50.63%、56.00%、58% 和 59.88%。RhB 分子完全被破坏却没有完全矿化,可能是因为降解过程中生成的中间产物难以被矿化[29]。

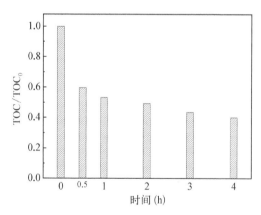

图 2 - 28　RhB 降解过程中 TOC 的去除率

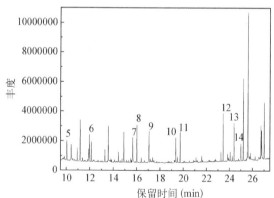

图 2 - 29　降解 RhB 中间产物的总离子色谱图

3. Fe$_2$(MoO$_4$)$_3$/PS 体系降解 RhB 中间产物分析

为进一步确定降解 RhB 生成的中间产物,本节实验对反应 4 h 后的溶液进行气相色谱-质谱分析,得出 RhB 发生降解反应后的氧化产物,结果如图 2 - 29 所示。

根据质谱图分析推断出 RhB 降解后可能的主要中间产物有 14 种,7 种含苯环有机物和 7 种小分子有机酸,如表 2.2 所示。

表 2.2　Fe₂(MoO₄)₃/PS 体系降解 RhB 生成的中间产物

中间产物	保留时间(min)	分子量	分子式	名　称
1	8.303	90	$C_4H_{10}O_2$	1,4-丁二醇
2	8.487	90	$C_2H_2O_4$	乙酸
3	8.875	76	$C_3H_8O_2$	1,2-丙二醇
4	9.249	136	$C_9H_{12}O$	1-(4-甲基苯基)乙醇
5	10.054	62	$C_2H_6O_2$	乙二醇
6	11.974	90	$C_3H_6O_3$	2-羟基丙酸
7	15.664	192	$C_{11}H_{12}O_3$	4,7-二甲氧基-1-茚酮
8	16.023	92	$C_3H_8O_3$	丙三醇
9	17.067	184	$C_8H_8O_5$	3,4-二羟基扁桃酸
10	19.352	138	$C_7H_6O_3$	3-羟基苯甲酸
11	19.730	122	$C_8H_{10}O$	2,6-二甲酚
12	23.442	166	$C_8H_6O_4$	邻苯二甲酸
13	24.411	278	$C_{16}H_{22}O_4$	邻苯二甲酸二丁酯
14	25.005	118	$C_4H_6O_4$	丁二酸

　　硫酸根自由基有一个孤对电子,得电子能力强,具有较强的氧化能力。一般通过以下三种方式降解有机污染物:① 与芳香类化合物发生电子转移;② 与醇类、烷烃类、醚及酯类化合物则是通过氢提取反应;③ 与不饱和烯烃类化合物主要是发生加成反应。

　　根据 GC/MS(Gas Chromatography/Mass Spectrometer)对中间产物的定性分析,非均相 Fe₂(MoO₄)₃/PS 体系对 RhB 的降解主要包括以下三个部分:共轭结构的破坏;苯环的打开;最后矿化成 CO_2 和 H_2O。根据实验结果及分析,非均相 Fe₂(MoO₄)₃/PS 体系降解 RhB 的可能途径,如图 2-30 所示。

　　非均相 Fe₂(MoO₄)₃/PS 体系主要通过生成的硫酸根自由基对 RhB 分子中的发色基团进行破坏,从而实现对其降解及脱色。从 UV-vis 吸收光谱图中,可以看出降解过程中并没有发生 N-位脱乙基作用,GC/MS 分析结果中也没有发现脱乙基的中间产物。硫酸根自由基直接对 RhB 的共轭结构进行破坏,分解成一些含有苯环的有机物。

　　共轭结构被破坏以后,随后降解过程主要发生两个反应:苯环的打开和直接矿化。硫酸根自由基从苯环类化合物中得到一个电子生成硫酸根,苯环类化合物失去电子后变成对应的不稳定自由基,含苯环有机物中的苯环被打开,其稳定结构被破坏。在硫酸根自由基的继续攻击下,小分子有机物中的不饱和碳碳双键被加成,最后矿化成 CO_2 和 H_2O。

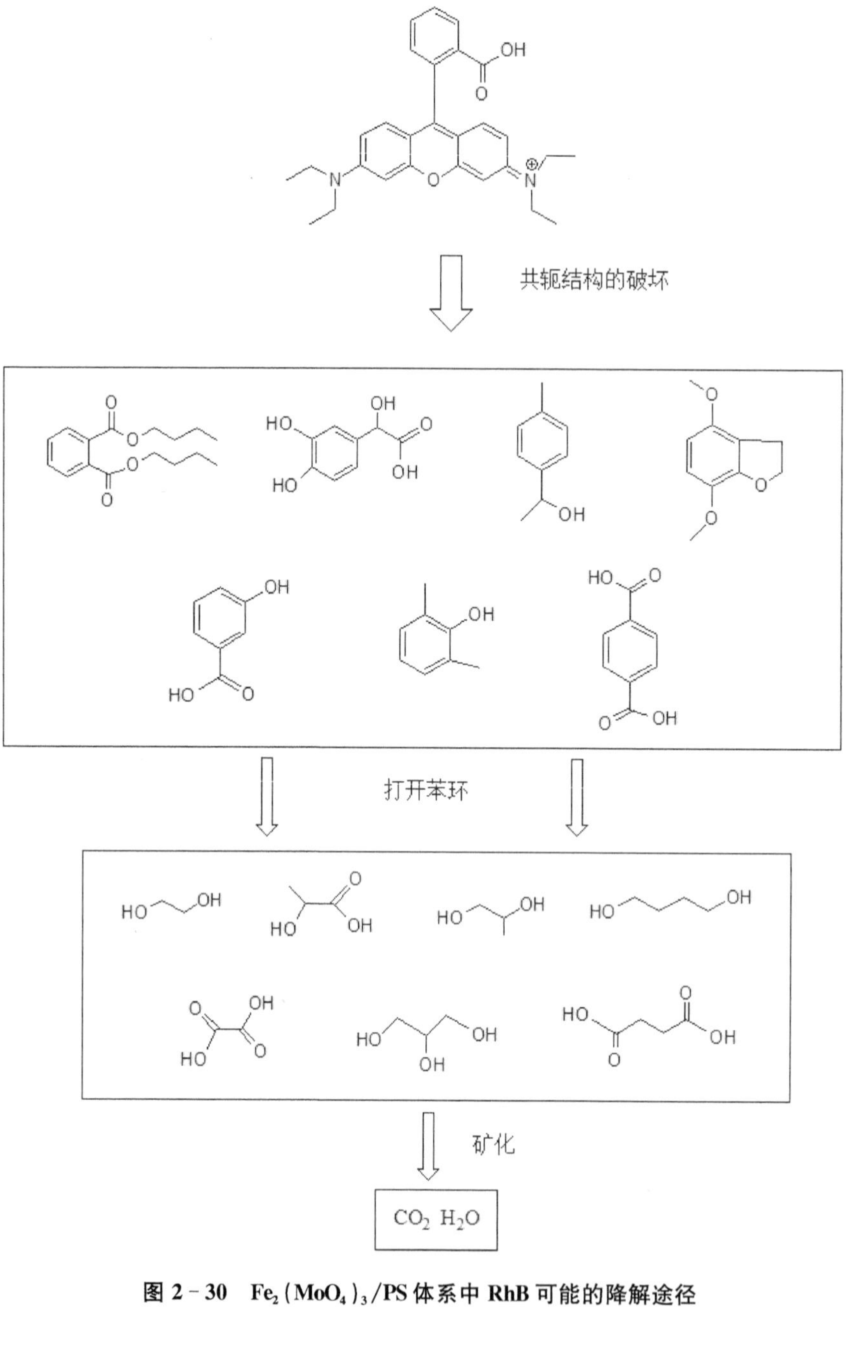

图 2-30 Fe₂(MoO₄)₃/PS 体系中 RhB 可能的降解途径

2.2.4 小结

（1）采用共沉淀后煅烧方法制备出催化剂 $Fe_2(MoO_4)_3$，采用 XRD、SEM(Scanning Electron Microscope)、FTIR 和 XPS(X-ray Photoelectron Spectroscopy)等多种表征手段对其进行表征，结果表明，煅烧过后的 $Fe_2(MoO_4)_3$ 样品中不含 MoO_3 和 Fe_2O_3 等其他物

质,且其表面存在羟基。

(2) $Fe_2(MoO_4)_3$ 对过硫酸盐表现出良好的催化能力,在过硫酸盐浓度为 4 mmol/L、催化剂投加浓度为 0.4 g/L 及反应溶液 pH 未调节的实验条件下,初始浓度为 10 mg/L 的 RhB 溶液在反应 4 h 后被全部去除。由于 $Fe_2(MoO_4)_3$ 具有较低的 PZC 值及较多的酸性位点,因此,在较广 pH 范围内催化剂都可高效地催化活化过硫酸盐。

(3) 在 pH = 3 的酸性环境下,Fe(Ⅲ)浸出量最大,约为 2.24 mg/L,占所投 $Fe_2(MoO_4)_3$ 中 Fe 含量的 2.9%,反应前后催化剂的 XRD 及 FTIR 谱图显示其结构没有发生明显改变。重复使用 6 次后,RhB 降解率仍保持在 90% 以上,且 Fe(Ⅲ)最大浸出量仅为 0.86 mg/L,因此,$Fe_2(MoO_4)_3$ 在催化降解过程中表现出良好的稳定性及可重复利用性。

(4) 淬灭实验表明,RhB 主要在硫酸根自由基的作用下被去除。根据硫酸根自由基的氧化机理,结合 RhB 在降解过程中的 UV-vis 光谱图及生成的中间产物,推测出硫酸根自由基降解 RhB 的反应历程主要为三个阶段:分子中共轭结构的破坏、苯环的打开和矿化。

2.3　Fe(Ⅲ)/过硫酸盐体系产生硫酸根自由基机理

众所周知,仅能利用 Fe^{2+} 活化过硫酸盐产生硫酸根自由基,而本实验在无需加入外源还原剂的条件下,利用 Fe(Ⅲ)/PS 体系对有机污染物进行降解去除。为明确整个反应体系的反应机理,本节主要对以下部分进行研究,包括过硫酸盐单独降解 RhB 的过程中 UV-vis 谱图分析,RhB 降解的中间产物分析及反应前后 $Fe_2(MoO_4)_3$ 的 XPS 对比分析。

2.3.1　Fe(Ⅲ)活化过硫酸盐机理分析

在 Fe(Ⅲ)/H_2O_2 类 Fenton 体系中,研究表明,Fe^{3+} 可以活化 H_2O_2 生成自由基和 Fe^{2+}。然而该反应的反应速率较慢,一般通过提高体系的反应温度来加速反应的进行;或向反应体系中引入光源,体系中的 $Fe(OH)^{2+}$ 可以分解成 Fe^{2+} 和羟基自由基,生成的 Fe^{2+} 又可和 H_2O_2 反应生成羟基自由基,进一步对目标物进行降解。上述反应的反应方程式如下:

$$Fe^{3+} + H_2O_2 \longrightarrow Fe^{2+} + HO_2 \cdot + H^+ \tag{2.21}$$

$$Fe(OH)^{2+} + hv \longrightarrow Fe^{2+} + \cdot OH \tag{2.22}$$

$$Fe^{2+} + H_2O_2 \longrightarrow Fe^{3+} + OH^- + \cdot OH \tag{2.23}$$

由于提高体系反应温度可直接将过硫酸盐分解成硫酸根自由基,因此,本实验不考虑提高温度对 Fe(Ⅲ)/PS 体系降解 RhB 效果的影响。为探究光源在 Fe(Ⅲ)/PS 体系对 RhB 降解中的作用,分别研究下列三种光环境下该反应体系降解 RhB 的情况:黑暗环境;自然光环境;500 W 氙灯照射环境。反应条件: RhB 溶液初始浓度为 25 mg/L,过硫酸盐和 Fe(Ⅲ)浓度均为 1 mmol/L,反应溶液的初始 pH=3.0。实验结果如图 2-31 所示。

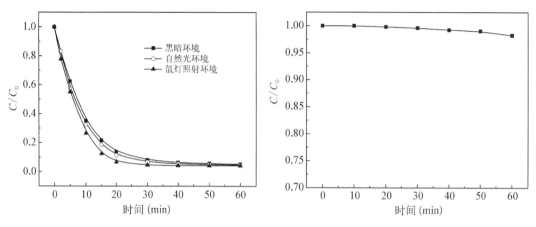

图 2-31 不同的光环境对 RhB 降解效果的影响   图 2-32 氙灯照射对 RhB 的去除效果

三种不同光源环境下,反应体系对于 RhB 的降解率及反应速率并无很大影响。在其他反应条件相同的情况下,反应 20 min 后,黑暗环境下 RhB 降解率为 86.44%,而引入自然光和氙灯照射的反应体系对 RhB 的降解率略有增加,分别达到 88.75% 和 93.37%。降解率的增加可能是由于光源的引进将染料分子变成激发态,激发态的染料分子与 Fe(Ⅲ)之间发生电子转移生成 Fe^{2+}[30],生成的 Fe^{2+} 可以与过硫酸盐发生反应生成硫酸根自由基,促进降解反应的进行。

$$D + Fe^{3+} \longrightarrow [D \cdots Fe^{3+}] + h\upsilon \rightarrow D^+ \cdot + Fe^{2+} \tag{2.24}$$

$$D + h\upsilon \rightarrow D^* + Fe^{3+} \longrightarrow [D^+ \cdot \cdots Fe^{3+}] \longrightarrow D^+ \cdot + Fe^{2+} \tag{2.25}$$

为验证 Fe(Ⅲ)可以和 RhB 在光环境下发生上述反应,实验考察 Fe(Ⅲ)与 RhB 溶液在黑暗和氙灯照射的环境下,搅拌过程中 UV-vis 光谱图的变化。图 2-32 所示为对比实验结果,即 RhB 溶液在氙灯照射下的降解率,从图中可以看出氙灯照射并不能实现对 RhB 的降解,照射 60 min 后,RhB 降解率仅为 1.76%,因此,在本实验中认为氙灯照射对 RhB 没有降解作用。

由图 2-33a 可知,黑暗环境下,RhB 在 554 nm 处的特征吸收峰强度基本没有发生变化,这表明 RhB 在黑暗条件下无法和 Fe(Ⅲ)直接发生络合反应。由此可知,该体系中 Fe^{2+} 并不是通过式(2.24)而生成的。图 2-33b 所示在氙灯照射的作用下,RhB 的特征吸收峰的强度随着反应进行逐渐变弱,这表明 RhB 溶液浓度逐渐减小。如式(2.25)所示,部分 RhB 分子在光照的作用下生成对应激发态分子,而激发态的 RhB 分子继续与溶液中的 Fe(Ⅲ)发生络合反应,最后分解生成 Fe^{2+}。为验证溶液中确实有 Fe^{2+} 生成,向氙灯照射后的体系中加入过硫酸盐,测定 RhB 降解率,与未在氙灯照射下的 Fe(Ⅱ)/PS、Fe(Ⅲ)/

PS 体系对 RhB 的降解率相对比。反应 2 min 后,氙灯照射 1 h 后的体系及 Fe(Ⅱ)/PS 体系对 RhB 的降解率分别为 71.31%、73.17%,两者相差并不大,而 Fe(Ⅲ)/PS 体系反应 2 min 后,对 RhB 的降解率仅为 24.00%,这表明前两个反应体系开始都是直接由体系中存在的 Fe(Ⅱ)对过硫酸盐进行活化,以产生自由基。由此说明,氙灯对 Fe(Ⅲ)/RhB 混合体系进行照射可以发生反应而生成 Fe^{2+}。

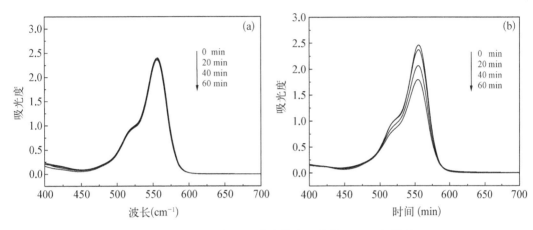

图 2-33　Fe(Ⅲ)与 RhB 发生络合反应的 UV-vis 光谱图
黑暗环境(a),氙灯照射环境(b)

通过对比黑暗环境和两种光环境下的 RhB 降解率不难看出,向体系中引入光源虽能促进降解反应的进行,但其促进效果并不明显。因此,在本实验中若无特殊说明,实验均是在自然光环境下进行的。在黑暗环境下,均相 Fe(Ⅲ)/PS 体系亦能对 RhB 实现高效地降解,这主要归功于降解过程中生成的具有还原性的中间产物[31]将 Fe(Ⅲ)还原生成 Fe^{2+}。有研究表明,某些有机物可作为电子转移体将 Fe(Ⅲ)还原成 Fe^{2+}[32],如在 pH 比较低的环境下,醌类物质中的对苯二酚和苯醌可将 Fe(Ⅲ)还原[33]。

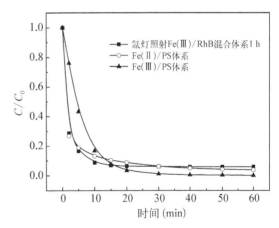

图 2-34　三种不同体系对 RhB 的降解效果

在均相 Fe(Ⅲ)/PS 体系中,额外加入对苯二酚降解 RhB,实验结果如图 2-35 所示。结果表明,向均相 Fe(Ⅲ)/PS 体系中加入对苯二酚可以明显加快降解反应的速率。当体系中无对苯二酚存在时,Fe(Ⅲ)/PS 体系降解 RhB 反应 2 min 时,降解率仅为 23.97%。当加入 0.1 mmol/L 对苯二酚后,2 min 后 RhB 的降解率达到 71.13%,与 Fe(Ⅱ)/PS 体系降解 RhB 在 2 min 处的降解率(73.17%)相差不大。由此表明,在均相 Fe(Ⅲ)/PS 体系中加入的对苯二酚可以将 Fe(Ⅲ)还原成 Fe^{2+},以增大降解反应速率。

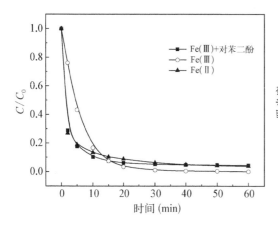

图 2-35　添加对苯二酚对 Fe(Ⅲ)/PS
体系降解 RhB 的影响

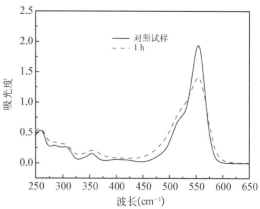

图 2-36　过硫酸盐单独体系降解
RhB 的 UV-vis 光谱图

过硫酸盐自身具有一定的氧化性,可将 RhB 不完全氧化降解。本实验体系利用过硫酸盐单独体系降解 RhB,反应 60 min 后,染料降解率达到 11.20%。从过硫酸盐单独体系降解 RhB 的 UV-vis 光谱图中可以看出(图 2-36),在 350～500 nm 这段区间的吸光度相对于原液有所增加,这可能由过硫酸盐不完全降解 RhB 产生的醌类物质引起的[34]。生成的醌类物质将 Fe(Ⅲ)还原成 Fe^{2+},因此,生成的 Fe^{2+} 可以和过硫酸盐反应产生硫酸根自由基,诱导降解反应开始进行。RhB 在硫酸根自由基攻击下生成大量中间产物,观察 Fe(Ⅲ)/PS 体系降解 RhB 的 UV-vis 光谱图发现,在 350～500 nm 区间吸光度明显增加,表明降解过程中生成的中间产物中含有大量的醌类物质。由此可以确保溶液中的 Fe(Ⅲ)被还原成 Fe^{2+},能将 RhB 完全降解。

此外,在降解过程中硫酸根自由基依靠其强氧化性从有机物中获得一个电子,而该有机物失去电子后生成相对应的有机物自由基。有研究表明,有机物自由基也具有一定的还原性,能将 Fe(Ⅲ)还原成 Fe^{2+}[35]。

综上所述,RhB 降解过程中产生具有还原性的中间产物将溶液中的 Fe(Ⅲ)还原成 Fe^{2+},Fe^{2+} 与过硫酸盐反应又生成 Fe(Ⅲ),在体系中形成一个 Fe(Ⅲ)/Fe(Ⅱ)循环,以确保 RhB 完全被降解。

2.3.2　$Fe_2(MoO_4)_3$ 活化过硫酸盐机理分析

如上所述,均相 Fe(Ⅲ)/PS 体系的催化机理主要是利用降解反应过程中生成的中间产物将 Fe(Ⅲ)还原成 Fe^{2+}。在非均相 $Fe_2(MoO_4)_3$/PS 体系中,反应机理与均相 Fe(Ⅲ)/PS 体系相似:过硫酸盐对 RhB 进行不完全降解产生醌类物质,将 $Fe_2(MoO_4)_3$ 中的 Fe(Ⅲ)还原成 Fe^{2+},硫酸根自由基降解 RhB 的中间产物继续对 Fe(Ⅲ)进行还原,还原后生成的 Fe^{2+} 与过硫酸根反应后被氧化成 Fe(Ⅲ),使在 $Fe_2(MoO_4)_3$ 表面形成一个 Fe(Ⅲ)/Fe(Ⅱ)氧化还原循环。

XPS 是表征固体样品表面元素组成和化学状态的分析测试技术,广泛利用于催化领域,主要用于反应前后催化剂表面元素价态与含量的分析,可用来考察反应前后 $Fe_2(MoO_4)_3$ 表面元素的结合能变化情况,以此确认催化剂中的 Fe 元素在降解反应过程中被还原。研究表明,Fe(Ⅲ)的 $2p_{3/2}$ 峰主要出现在 711.7 ± 0.5 eV 处,以及在 720.0 ± 0.5 eV 处的卫星峰,而 Fe^{2+} 的 $2p_{3/2}$ 峰主要位于 709.9 ± 0.5 eV 处,以及在 715.5 ± 0.5 eV 处的卫星峰[36]。图 2-37 所示为反应前后 $Fe_2(MoO_4)_3$ 中 Fe 2p 的 XPS 能谱图,反应前样品表面 Fe $2p_{3/2}$ 的结合能为 711.7 eV,与文献中报道的一致[37],归属于 $Fe_2(MoO_4)_3$ 中的 Fe(Ⅲ)[38]。但催化降解反应后催化剂表面 Fe $2p_{3/2}$ 的结合能略微降低,为 711.4 eV,峰的位置处于 Fe(Ⅲ)和 Fe^{2+} 的中间,推测可能是使用后的催化剂中 Fe 出现三价和二价的混合价态,这表明催化剂样品表面的部分 Fe(Ⅲ)转化为 Fe^{2+}。基于 Fe $2p_{3/2}$ 峰的积分面积,催化剂样品表面中含有 36% 的 Fe^{2+},由此可确认,反应后的催化剂表面上有部分 Fe(Ⅲ)转化成 Fe^{2+}。因此,可以说明在非均相 $Fe_2(MoO_4)_3$/PS 体系中同样存在 Fe(Ⅲ)/Fe(Ⅱ)氧化还原循环作用。

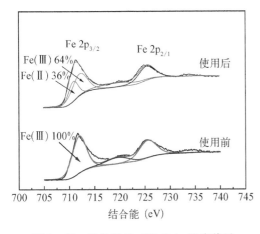

图 2-37　催化剂 $Fe_2(MoO_4)_3$ 反应前后
Fe 2p 区域的 XPS 能谱图

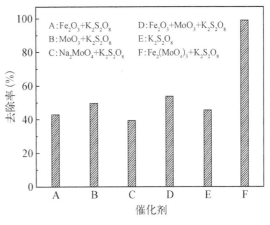

图 2-38　不同催化剂体系对
RhB 的降解效果

为验证催化剂 $Fe_2(MoO_4)_3$ 中的 Fe(Ⅲ)和 MoO_4^{2-} 之间是否存在协同作用,设计对比实验:利用 Na_2MoO_4、MoO_3 和 Fe_2O_3 作为催化剂和过硫酸盐反应降解 RhB(图 2-38)。实验条件为不同种类的催化剂投加量均为 0.4 g/L,过硫酸盐投加量为 4 mmol/L,RhB 初始浓度为 10 mg/L,溶液 pH 未调节。如图 2-38 所示,利用 Fe_2O_3 和 MoO_3 作催化剂时,反应 4 h 后 RhB 降解率分别为 42.86%、49.69%。将两者混合添加到体系中,RhB 降解率无明显增加,仅为 53.81%。利用均相的钼酸根和过硫酸盐反应降解 RhB,反应 4 h 后,降解率为 39.37%。在单独利用过硫酸盐降解 RhB 时,反应 4 h 后,降解率达到 45.49%。因此可以认为,Na_2MoO_4、MoO_3、Fe_2O_3 及 MoO_3 和 Fe_2O_3 混合物对过硫酸盐均没有催化作用,反应体系中 RhB 的去除可能是由过硫酸盐本身具有的氧化性引起的。由此可以说明,在催化剂 $Fe_2(MoO_4)_3$ 中 Fe(Ⅲ)和 MoO_4^{2-} 之间确实存在协同作用。

Fe$_2$(MoO$_4$)$_3$ 与过硫酸盐发生反应的主要机理是利用中间产物对 Fe$_2$(MoO$_4$)$_3$ 中的 Fe(Ⅲ)进行还原。Fe$_2$O$_3$ 对过硫酸盐并没有明显的催化作用,可能原因是 Fe$_2$O$_3$ 中的 Fe(Ⅲ)并没有被还原。利用 XPS 技术测定反应前后 Fe$_2$O$_3$ 表面 Fe 元素的结合能变化情况(图 2 - 39),结果表明,Fe$_2$O$_3$ 表面在反应前后 Fe 2p$_{3/2}$ 的结合能没有发生任何变化,结合能均为 711.7 eV,这表明反应后催化剂 Fe$_2$O$_3$ 表面不存在 Fe(Ⅱ)。

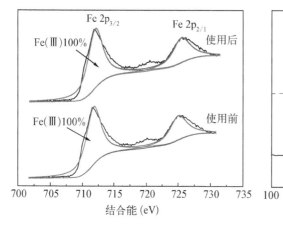
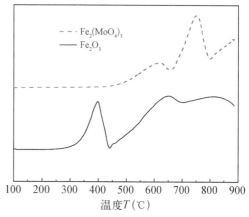

图 2 - 39　催化剂 Fe$_2$O$_3$ 反应前后 Fe 2p　　　图 2 - 40　催化剂 Fe$_2$(MoO$_4$)$_3$ 和 Fe$_2$O$_3$ 的
　　　区域的 XPS 能谱图　　　　　　　　　　　　　H$_2$ - TPR 谱图

利用氢气程序升温还原(Temperature Rammed,TPR)探究 Fe$_2$(MoO$_4$)$_3$ 和 Fe$_2$O$_3$ 两种催化剂的氧化还原特性,如图 2 - 40 所示。Fe$_2$(MoO$_4$)$_3$ 的 TPR 图谱中在 600～660℃和 660～800℃两个区间出现还原峰,表明在 600℃时,Fe$_2$(MoO$_4$)$_3$ 中有元素开始被还原,根据葛欣等的研究[39]可以推测是 Fe$_2$(MoO$_4$)$_3$ 中的 Fe(Ⅲ)少量被还原成 Fe^{2+},样品以 Fe$_2$(MoO$_4$)$_3$ 和 FeMoO$_4$ 混合物的形式存在。观察 Fe$_2$O$_3$ 的 TPR 图谱可以发现,在 330℃时 Fe$_2$O$_3$ 中的 Fe(Ⅲ)开始被还原成 Fe^{2+}[40],还原后的产物为 Fe$_2$O$_3$ 和 FeO 的混合物,即 Fe$_3$O$_4$。

综合这两种催化剂的 TPR 图谱不难发现,Fe$_2$O$_3$ 中 Fe 元素比 Fe$_2$(MoO$_4$)$_3$ 的 Fe 元素更容易被还原,却在反应体系中对过硫酸盐没有表现出催化活性。降解反应是在液相体系中进行的,比 TPR 气相还原系统相对复杂,影响因素较多。Fe(Ⅲ)被还原成 Fe^{2+} 的氧化还原电位(Oxidation Reduction Potential,ORP)为 0.77 eV,然而在固体催化剂中该 ORP 值可能更低。在本实验中利用苯酚和苯醌类物质作为电子转移体将固体催化剂中的 Fe(Ⅲ)还原成 Fe^{2+}。以对苯二酚为例,其失去电子的 ORP 值为 0.699 eV。通过对比苯酚和苯醌类物质的 ORP 值不难发现,利用对苯二酚对 Fe(Ⅲ)进行还原是很难发生的。从反应后 Fe$_2$(MoO$_4$)$_3$ 的 XPS 能谱图可以得出,催化剂表面有 Fe^{2+} 的生成,这表明催化剂 Fe$_2$(MoO$_4$)$_3$ 中的 Fe(Ⅲ)还原生成 Fe^{2+} 的 ORP 值可能增大,这可能是由于催化剂中 Mo 元素的存在。ORP 值的提高有利于 Fe$_2$(MoO$_4$)$_3$ 中 Fe(Ⅲ)与对苯二酚发生氧化还原反应,促进 Fe^{2+} 的生成以实现对

RhB 的有效降解。因此,不能单纯利用 TPR 技术表征催化剂 $Fe_2(MoO_4)_3$ 中的 Fe(Ⅲ)还原生成 Fe^{2+} 的难易程度。

Yang 等[29]利用活性炭表面的含氧官能团(如羟基和羧基)与过硫酸盐发生反应生成硫酸根自由基,研究表明,表面羟基可以作为过硫酸盐的活性位点。通过 $Fe_2(MoO_4)_3$ 的 FTIR 光谱图不难发现,在催化剂表面存在羟基。Zhang 等[41]的研究表明,Na_3PO_4 和表面羟基之间有很强的结合作用,因此,在实验体系中加入 Na_3PO_4 结合催化剂的表面羟基,取代其作为活性位点的作用。实验条件为:催化剂投加量为 0.4 g/L,过硫酸盐浓度为 4 mmol/L,加入 0.03 mol/L Na_3PO_4,RhB 初始浓度为 10 mg/L,溶液 pH 未调节。由图 2-41 可知,非均相 $Fe_2(MoO_4)_3$/PS 体系对 RhB 的降解率可达到 94.57%,而加入 Na_3PO_4 后 RhB 降解率降至 65.94%,由此说明,催化剂的表面羟基可以作为过硫酸盐的活性位点而存在。

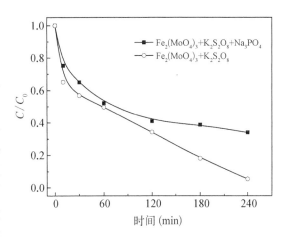

图 2-41　$Fe_2(MoO_4)_3$/PS 体系中添加 Na_3PO_4 对 RhB 降解效果的影响

MoO_4^{2-}/H_2O_2 体系已被广泛应用于对叔胺、烯烃和醇类等物质的降解。其机理如下:MoO_4^{2-} 和 H_2O_2 反应生成 Mo 的过氧化合物,如 $MoO_3(O_2)^{2-}$、$MoO_2(O_2)^{2-}$ 等,利用过氧化合物的强氧化性将有机物直接氧化降解。Tian 等[42]的研究表明,在非均相 $Fe_2(MoO_4)_3$/H_2O_2 体系中能生成 $MoO_2(O_2)_2^{2-}$,将目标物直接氧化降解。由于过硫酸根和 H_2O_2 含有类似结构,即在其结构中都含有—O—O—键,由此推测,在非均相 $Fe_2(MoO_4)_3$/PS 体系中也可能生成 Mo 的过氧化合物,将 RhB 直接氧化降解。

2.3.3　小结

在均相 Fe(Ⅲ)/PS 体系中,RhB 被过硫酸盐不完全降解产生醌类物质,将 Fe(Ⅲ)还原成 Fe^{2+},由此引发降解反应的开始。由 Fe(Ⅱ)活化过硫酸盐产生硫酸根自由基降解 RhB 的中间产物继续对 Fe(Ⅲ)进行还原,使在体系中形成一个 Fe(Ⅲ)→Fe(Ⅱ)→Fe(Ⅲ)氧化还原循环。

XPS 结果表明,反应后催化剂 $Fe_2(MoO_4)_3$ 样品表面存在 Fe^{2+},占总 Fe 含量的 36%,因此推测,非均相 $Fe_2(MoO_4)_3$/PS 体系的活化机理与均相 Fe(Ⅲ)/PS 体系相似:利用中间产物对 Fe(Ⅲ)进行还原,在催化剂的表面形成 Fe(Ⅲ)→Fe(Ⅱ)→Fe(Ⅲ)氧化还原循环。

将 Na_2MoO_4、MoO_3 和 Fe_2O_3 作为催化剂对 RhB 的去除效果进行对比,结合 XPS 及 TPR 结果分析表明,在催化剂 $Fe_2(MoO_4)_3$ 中的 Fe(Ⅲ)和 MoO_4^{2-} 对过硫酸盐的活化存在协同作用。

在非均相 $Fe_2(MoO_4)_3/PS$ 体系中加入 Na_3PO_4，实验结果表明，催化剂 $Fe_2(MoO_4)_3$ 的表面羟基亦可以作为过硫酸盐的活性位点对其进行活化。

主要参考文献

［1］宴井春. 含铁化合物活化过硫酸盐及其在有机污染物修复中的应用[D]. 武汉：华中科技大学. 2012.

［2］Yu X, Bao Z, Barker J R. Free radical reactions involving Cl·, Cl_2^-·, and SO_4^-· in the 248 nm photolysis of aqueous solutions containing $S_2O_8^{2-}$ and Cl^-[J]. The Journal of Physical Chemistry A. 2004, 108: 295－308.

［3］Masomboon N, Ratanatamskul C, Lu M. Chemical oxidation of 2,6－dimethyl aniline in the Fenton process[J]. Environmental Science & Technology, 2009, 43: 8629－8634.

［4］Liang C, Huang C, Chen Y. Potential for activated persulfate degradation of BTEX contamination[J]. Water Research, 2008, 42: 4091－4100.

［5］Xu X, Zhao Z, Li X, et al. Chemical oxidative degradation of methyl tertbutyl ether in aqueous solution by Fenton's reagent[J]. Chemosphere, 2004, 55: 73－79.

［6］Stefánsson A. Iron (Ⅲ) hydrolysis and solubility at 25℃ [J]. Environmental Science & Technology, 2007, 41: 6117－6123.

［7］Wu X, Gu X, Lu S, et al. Degradation of trichloroethylene in aqueous solution by persulfate activated with citric acid chelated ferrous ion[J]. Chemical Engineering Journal, 2014, 255: 585－592.

［8］Wang Y. Degradation of a xanthene dye by Fe(Ⅱ)-mediated activation of Oxone process[J]. Journal of Hazardous Materials, 2011, 186: 1455－1461.

［9］Anipsitakis G P, Dionysiou D D, Gonzalez M A. Cobalt-mediated activation of peroxymobo-sulfate and sulfate radical attack on phenolic compounds. Implications of chloride ions[J]. Environmental Science & Technology, 2006, 40: 1000－1007.

［10］Bennedsen R L, Muff J, Soaard E G. Influence of chloride and carbonates on the reactivity of activated persulfate[J]. Chemosphere, 2012, 86: 1092－1097.

［11］Laat D J, Truong L G, Legube B. A comparative study of the effects of chloride, sulfate and nitrate ions on the rates of decomposition of H_2O_2 and organic compounds by Fe(Ⅱ)/H_2O_2 and Fe(Ⅲ)[J]. Chemosphere, 2004, 55: 715－723.

［12］Rao Y, Qu L, Yang H, et al. Degradation of carbamzaepine by Fe(Ⅱ)-activated persulfate process[J]. Journal of Hazardous Materials, 2014, 268: 23－32.

［13］Huie R E, Clifton CL. Temperature dependence of the rate constants for reactions of the sulfate radical, SO_4^-·, with anions[J]. The Journal of Chemical Physics, 1990, 94(23): 8561－8567.

［14］Huang K, Richard A C, George E H. Kinetics of heat-assisted persulfate oxidation of methytert-butyl ether(MTBE)[J]. Chemsophere, 2002, 49: 413－420.

［15］Sanchez M, Hedaseh A, Fell R T, et al. Role of the phosphate buffer in the H_2O_2 oxidation of aromatic pollutants catalyzed by iron tetrasulfophthalocyanine[J]. Journal of.Catalysis, 2001, 202(1): 177－186.

[16] 陈晓旸. 基于硫酸自由基的高级氧化技术降解水中典型有机污染物研究[D]. 大连：大连理工大学. 2007.

[17] 时鹏辉. 非均相 Co_3O_4/GO/PMS 体系催化氧化降解染料废水的研究[D]. 上海：东华大学. 2013.

[18] Ouyang B,. Fang H, Zhu C, et al. Reactions between the SO_4^- • radical and some common anions in atmospheric aqueous droplets[J]. Journal of Environmental Science, 2005, 17(5): 786 - 788.

[19] Su H, Liang C. Identification of sulfate and hydroxyl radicals in thermally activated persulfate [J]. Industrial & Engineering Chemistry Research, 2009, 48: 5558 - 5562.

[20] Chu W, Wang Y, Leung H F. Synergy of sulfate and hydroxyl radicals in $UV/S_2O_8^{2-}/H_2O_2$ oxidation of iodinated X-ray contrast medium iopromide[J]. Chemical Engineering Journal, 2011, 178: 154 - 160.

[21] Huie R E, Neta P, Ross A B. Rate constants for reactions of inorganic radicals in aqueous solution[J]. Journal of Physical and Chemical Reference Data, 1988, 17: 1027 - 1284.

[22] Wang Y, Indrawirawan S, Duan X, et al. New insights into heterogeneous genration and evolution processes of sulfate radicals for phenol degradation over one-dimensioal $\alpha - MnO_2$ nanostructures[J]. Chemical Engineering Journal, 2015, 266: 12 - 20.

[23] Wu T, Liu G, Zhao J, et al. Photoassisted degradation of dye pollutants. V. self-photosensitized oxidative transformation of rhodamine B under visible light irradiation in aqueous TiO_2 dispersions[J]. Journal of Physical Chemsitry B, 1988, 102(30): 5845 - 5851.

[24] He Z, Yang S, Sun C. Microwave photocatalytic degradation of Rhodamine B using TiO_2 supported on activated carbon: Mechanism implication[J]. Journal of Environmental Sciences, 2009, 21(2): 268 - 272.

[25] Zhao Y, Sun C, Sun J, et al. Kinetic modeling and efficiency of sulfate radical-based oxidation to remove p-nitroaniline from wastewater by persulfate/Fe_3O_4 nanoparticles process[J]. Separation and Purification Technology, 2015, 142: 182 - 188.

[26] Zapf P J, Hammond R P, Haushalter R C, et al. Variations on a one-dimensional theme: the hydrothermal syntheses of inorganic/organic composite solids of the iron molybdate family[J]. Chemistry of Materials, 1998, 10: 1366 - 1373.

[27] Deng Y, Ezyske C M. Sulfate radical-advanced oxidation process (SR - AOP) for simultaneous removal of refractory organic contaminants and ammonia in landfill leachate[J]. Water Research, 2011, 45: 6189 - 6194.

[28] Martínez-de la Cruz A, Pérez U M G. Photocatalytic properties of $BiVO_4$ prepared by the co-precipitation method: Degradation of rhodamine B and possible reaction mechanisms under visible irradiation[J]. Materials Research Bulletin, 2010, 45: 135 - 141.

[29] Yang S, Yang X, Shao X, et al. Activated carbon catalyzed persulfate oxidation of Azo dye acid orange 7 at ambient temperature[J]. Journal of Hazardous Materials, 2011, 186: 659 - 666.

[30] Herrera F, Kiwi T, Lopez A, et al. Photochemical decoloration of remazol brilliant blue and Uniblue A in the prensence of Fe^{3+} and H_2O_2[J]. Environmental Science & Technology, 1999, 33: 3145 - 3151.

[31] Rodriguez S, Vasquez L, Costa D, et al. Oxidation of orange G by persulfate activated by

Fe(Ⅱ), Fe(Ⅲ) and zero valent iron (ZVI)[J]. Chemosphere, 2014, 101: 86 - 92.

[32] Duesterberg C, Cooper W, Waite T. Fenton-mediated oxidation in the presence and absence of oxygen[J]. Environmental Science & Technology, 2005, 39: 5052 - 5058.

[33] Chen R, Pignatello J. Role of quinone intermediates as electron shuttles in fenton and photoassisted fenton oxidations of aromatic compounds [J]. Environmental Science & Technology, 1997, 31: 2399 - 2406.

[34] Aguiar A, Ferraz A. Fe^{3+}- and Cu^{2+}- reduction by phenol derivatives associated with Azure B degradation in Fenton-like reactions[J]. Chemosphere, 2007, 66: 47 - 954.

[35] Citterio A, Minisci F, Giordano C. Electron-transfer processes-peroxydisulfate, a useful and versatile reagent in organic chemistry[J]. Accounts of Chemical Research, 1983, 16(1): 27 - 32.

[36] Liang X, Zhong Y, He H, et al. The application of chromium substituted magnetite as heterogeneous Fenton catalyst for the degradation of aqueous cationtic and anionic dyes[J]. Chemical Engineering Journal, 2012, 19: 177 - 184.

[37] Wang Y, Zhao H, Li M, et al. Magnetic ordered mesoporous copper ferrite as a heterogeneous Fenton catalyst for the degradation of imidacloprid[J]. Applied Catalysis B: Environmental, 2014, 147: 534 - 545.

[38] Nedkov I, Vandenberghe R E, Marinova Ts, et al. Magnetic structure and collective Jahn teller distortions in nanostructured particles of $CuFe_2O_4$[J]. Applied Surface Science, 2006, 253: 2589 - 2596.

[39] 葛欣, 沈俭一, 张惠良. 程序升温还原及原位 Mossbauer 谱联用技术对 $Fe_2(MoO_4)_3$ 的还原过程研究[J]. 中国科学(B辑).1995, 25(8): 785 - 793.

[40] 李春忠, 洪智富, 朱以华, 等. 程序升温还原技术研究针形超微粒 $\alpha - Fe_2O_3$ 还原过程动力学[J]. 化工学报. 1995, 46(6)734 - 741.

[41] Zhang T, Li C, Ma J, et al. Surface hydroxyl groups of synthetic $\alpha - FeOOH$ in promoting OH generation from aqueous ozone: Property and activity relationship[J]. Applied Catalysis B: Environmental, 2008, 82: 131 - 137.

[42] Tian S, Tu Y, Chen D, et al. Degradation of acid orange II at neutral pH using $Fe_2(MoO_4)_3$ as a heterogeneous Fenton-like catalyst[J]. Chemical Engineering Journal, 2011, 169: 31 - 37.

第 3 章
绿锈 Fe(Ⅱ)/Fe(Ⅲ)-LDH 的脱氮效能

3.1 不同类型绿锈作用下硝酸盐的去除效果

Fe(Ⅱ)具有得失电子的能力,绿锈中 Fe(Ⅱ)的含量较高,具有强大的供电子能力,由于其特殊的层状结构特征和中性或弱碱性的生成环境,其在去除硝态氮 NO_3^--N 方面具有重要的潜在作用,可将 NO_3^--N 完全还原为 NH_4^+-N[1]。

本章以不同类型的绿锈为实验载体,以 NO_3^--N 作为处理对象,研究其在弱碱性条件下对 NO_3^--N 的还原去除效果,通过掺杂不同类型的 Cu(Ⅱ)、Al(Ⅲ),改变层间阴离子,调节反应体系 pH 等因素,考察体系的反应速率、NO_3^--N 去除率和对 TN 的去除影响,寻找最优的 NO_3^--N 去除操作参数。

3.1.1 Fe(Ⅱ)作用下硝态氮的去除

绝氧条件下,将 100 mL 含 Fe^{2+} 浓度 0.2 mol/L $FeSO_4$ 溶液与 100 mL KNO_3 溶液混合,该混合溶液中 NO_3^--N 初始浓度约为 40 mg/L,此时溶液 pH 约为 4,每隔一段时间取样,测定其中 NO_3^--N 浓度,考察游离 Fe^{2+} 对 NO_3^--N 的还原作用。

在无氧条件下,向 100 mL $FeSO_4$ 溶液(Fe^{2+} 浓度为 0.2 mol/L)中滴加 NaOH 溶液至 pH=9,以确保 Fe^{2+} 完全沉淀。向所得悬浮液中倒入 100 mL KNO_3 溶液,该混合溶液中 NO_3^--N 初始浓度约为 40 mg/L,反应过程中不控制 pH。考察 $Fe(OH)_2$ 对 NO_3^--N 的还原作用。

$FeSO_4$ 和 $Fe(OH)_2$ 与 NO_3^--N 反应中,NO_3^--N 浓度随时间的变化如图 3-1 所示。与 $FeSO_4$ 反应,NO_3^--N 浓度 24 h 内没有降低,可见离子态 Fe^{2+} 对 NO_3^--N 还原作用很小。

作为原电池反应,正极和负极可能发生的反应如下:

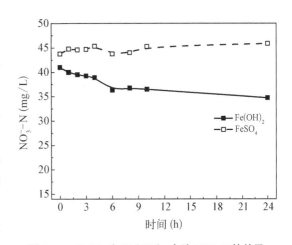

图 3-1 $FeSO_4$ 和 $Fe(OH)_2$ 去除 NO_3^--N 的效果

负极：　　　$Fe^{2+} \longrightarrow Fe^{3+} + e^-$　　　　　　　$E^0 = 0.771$ V　　(3.1)

正极：　　　$NO_3^- + 2e^- + 2H^+ \longrightarrow NO_2^- + H_2O$　　　$E^0 = 0.936\,5$ V　　(3.2)

$$NO_3^- + 5e^- + 6H^+ \longrightarrow \frac{1}{2}N_2 + 3H_2O \qquad E^0 = 1.246 \text{ V} \qquad (3.3)$$

$$NO_3^- + 8e^- + 10H^+ \longrightarrow NH_4^+ + 3H_2O \qquad E^0 = 0.875 \text{ V} \qquad (3.4)$$

根据 Nernst 方程可知,溶液 H^+ 浓度对反应电势产生影响,假设正极半反应可以将反应物完全转化为还原产物,方程可以改写成:

$$E = E^0 + 0.059\,2/z \cdot \lg[H^+]^n = E^0 - 0.059\,2n \cdot pH/z \qquad (3.5)$$

式中,z 为反应电荷数;n 为反应中 H^+ 的化学计量数。

可以计算出当前 $pH=4$ 时正极反应的电势:

$$E_{NO_3^--N/NO_2^--N} = 0.699 \text{ V},$$
$$E_{NO_3^--N/NH_4^+-N} = 0.579 \text{ V}$$

两者均小于负极反应的电势 $E_{Fe^{2+}/Fe^{3+}} = 0.771$ V。

根据电动势与摩尔反应吉布斯函数的关系式 $\Delta G^\theta = -zFE^\theta = -zF(E_{正极} - E_{负极})$（$F$ 为法拉第常数)可知,$\Delta G^\theta > 0$ 时,反应不能自发向正方向进行。因此,在此条件下,Fe^{2+} 不能与 NO_3^--N 反应或反应非常缓慢。

在碱性条件下,$Fe(OH)_2$ 与 NO_3^--N 反应缓慢,由图 3-1 可知,6 h 内 NO_3^--N 浓度由 41 mg/L 下降到 36.3 mg/L,去除率仅为 11.4%,并且从 6 h 开始到 24 h 中,NO_3^--N 浓度几乎不变,最终浓度 34.7 mg/L,去除率 15.3%。在制备 $Fe(OH)_2$ 的过程中,被溶液中少量 O_2 氧化,生成灰绿色絮状沉淀。$Fe(OH)_2$ 在碱性条件下极易被氧化,极低的 O_2 浓度就可以使其氧化,反应方程式如下:

$$4Fe(OH)_2 + O_2 + 2H_2O \longrightarrow 4Fe(OH)_3 \qquad (3.6)$$

在 $Fe(OH)_2$ 与 KNO_3 的反应中,沉淀逐渐由绿色转变为黑色,这是因部分 Fe^{2+} 被氧化为 Fe^{3+} 形成 Fe_3O_4 而引起的。由于少量 O_2 的影响与 Fe_3O_4 的形成等因素的影响,导致 $Fe(OH)_2$ 与 NO_3^--N 的反应效果不好。

3.1.2　不同 $GR2(SO_4^{2-})$ 对硝态氮的去除效果分析

本节分析不同硫酸盐绿锈对 NO_3^--N 的处理。

1. $GR2(SO_4^{2-})$ 与 $GR2(SO_4^{2-})$-Cu 对硝态氮的去除效果

（1）比较 $GR2(SO_4^{2-})$ 掺杂 Cu(Ⅱ)与否对硝态氮的去除效果

实验采取静态操作法,分别取 150 mL 硫酸盐绿锈 $GR2(SO_4^{2-})$ 和 $GR2(SO_4^{2-})$-Cu 的悬浊液投加至 100 mL KNO_3 溶液中,该混合溶液中 NO_3^--N 初始浓度约为 40 mg/L,通过滴加沉淀剂 NaOH 溶液控制反应将 pH 稳定在 9 左右,对 $GR2(SO_4^{2-})$ 掺杂 Cu(Ⅱ)

与否的反应活性进行对比考察,整个还
原反应过程在氢气保护下进行。实验
结果如图 3-2 所示。

由图 3-2 可见,随着反应的进行,
$NO_3^- $-N 逐渐被去除。GR2($SO_4^{2-}$)对
NO_3^--N 的还原去除是一个相对缓慢
的过程,经过 24 h 反应,GR2(SO_4^{2-})
对 NO_3^--N 的去除率达 60% 左右。
Hansen 等[1]利用氧化法合成的 GR2
(SO_4^{2-})与 10 mg/L $NaNO_3$ 溶液反应
4 000 min 后,将所有的 NO_3^--N 转化为
NH_4^+-N,反应速率很小。此结论与本
实验所得结果基本一致。

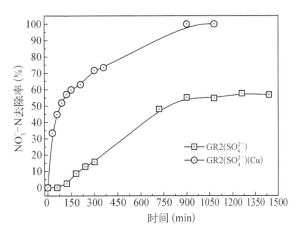

图 3-2　GR2(SO_4^{2-})及 GR2(SO_4^{2-})-Cu 去除
NO_3^--N 的效果比较

掺杂 Cu(Ⅱ)的 GR2(SO_4^{2-})-Cu 在最开始的 60 min 内,反应速率最大,反应 150 min
时 NO_3^--N 去除率可达 60% 以上。随着反应的进行,反应速率逐渐降低,最终 NO_3^--N 去
除率在 99% 左右。

通过对 GR2(SO_4^{2-})掺杂 Cu(Ⅱ)与否对 NO_3^--N 的去除效果的分析,发现
GR2(SO_4^{2-})-Cu 对 NO_3^--N 的最终去除率相比 GR2(SO_4^{2-})提高了约 40%。同时,
Cu(Ⅱ)的引入提高了其与 NO_3^--N 的反应活性,从而使反应速率得到有效提升。

(2) GR2(SO_4^{2-})-Cu 在不同 pH 条件下对硝态氮的去除效果

与 Fe^0 酸驱动的反应机制不同,GR2(SO_4^{2-})因为 Fe(Ⅱ)的限制,仅能存在于中性或弱碱
性的环境中,并在碱性条件下表现出良好的还原性能。为了确定 pH 对 GR2(SO_4^{2-})-Cu 还
原 NO_3^--N 动力学的影响,比较在不同 pH 情况下 GR2(SO_4^{2-})-Cu 的 NO_3^--N 还原效果。

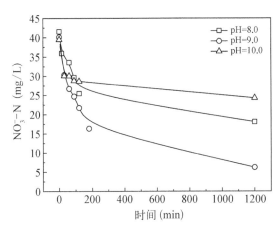

取合成的 GR2(SO_4^{2-})-Cu 悬浊液
150 mL 投加至 100 mL KNO_3 溶液中,该
混合溶液中 NO_3^--N 初始浓度为
40 mg/L,调节溶液 pH 将其控制在 8、9
和 10,并在反应过程中用 NaOH 溶液控
制 pH 恒定不变,考察溶液 pH 对 NO_3^--N
去除效果的影响,结果如图 3-3 所示。

由图 3-3 可知,不同 pH 条件下
NO_3^--N 浓度变化均呈快速下降的趋势,约
100 min 后其浓度变化趋势逐渐平缓,实验
结果再次印证 Cu(Ⅱ)的掺杂对绿锈还原
NO_3^--N 具有促进作用。不同 pH 条件下,

图 3-3　溶液 pH 对 GR2(SO_4^{2-})-Cu
去除 NO_3^--N 的影响

NO_3^--N均在最初的 3 h 内得到快速去除，呈现出较大的反应速率，其浓度快速减少约 30%～50%；同时 $GR2(SO_4^{2-})$ 中 Fe(II) 逐渐被消耗，其产物形成其他形式的铁氧化物或铁氢氧化物（图 3-4）。NO_3^--N 与绿锈中 Fe(II) 接触碰撞的几率降低，使其反应活性降低，因而随着反应的进行，反应速率降低。根据下列 $GR2(SO_4^{2-})$ 与 NO_3^--N 的反应方程式[1]：

$$Fe_4^{II}Fe_2^{III}(OH)_{12}SO_4 + \frac{1}{4}NO_3^- + \frac{3}{2}OH^- \longrightarrow$$

$$SO_4^{2-} + \frac{1}{4}NH_4^+ + 2Fe_3O_4 + \frac{25}{4}H_2O \tag{3.7}$$

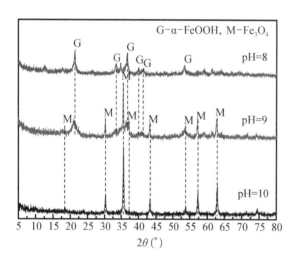

图 3-4 不同 pH 条件下固体相的 XRD 图谱

可知，$GR2(SO_4^{2-})$ 与 NO_3^--N 的反应是碱性驱动的。因此，溶液中大量 OH^- 的存在，有利于反应向正方向进行。然而，$GR2(SO_4^{2-})$ 作为环境中公认的一种普通矿物，与其他铁氧化物或氢氧化物一样，存在负荷和可变电荷的可能，溶液 pH 对 $GR2(SO_4^{2-})$ 表面电荷性产生影响。Guilbaud 等[2]首次测定了 $GR2(SO_4^{2-})$ 和 $GR1(CO_3^{2-})$ 的零电荷点。当溶液 pH 大于绿锈表面净电荷零点的 pH_{pzc} 时，绿锈表面负电荷数量增加，减缓了 NO_3^--N、NO_2^--N 等阴离子与绿锈表面的接触碰撞几率，导致在高 pH 情况下 NO_3^--N 还原去除速率较为缓慢。

当 pH＝10 时，NO_3^--N 的最终去除率约为 40%，此时反应产物主要为磁铁矿，此条件下绿锈结构中仅有一半的 Fe(II) 实际参与反应。随着 pH 的降低，磁铁矿所占固体相的比例减少，产物中针铁矿含量增多，Fe(II) 利用率升高，与高 pH 时相比最终 NO_3^--N 的去除率有所提高。有学者在研究绿锈氧化产物时发现，随着 pH 的增加，其氧化产物由纤铁矿向针铁矿再向磁铁矿变化[3]。

（3）Cu(II) 掺杂量对硝酸盐的去除效果

上述实验结果表明：Cu(II) 掺杂对 $GR2(SO_4^{2-})$ 还原去除 NO_3^--N 具有明显的促进作用，因此设计不同 Cu(II) 掺杂量（1%、3% 和 5%）的 $GR2(SO_4^{2-})$-Cu 对 NO_3^--N 的去除实验，其中 Cu(II) 的掺杂量表示 $Cu(II)/M_{total}$ 的物质的量百分比，借此考察不同 Cu(II) 掺杂量可能对 NO_3^--N 去除速率产生的影响，及 Cu(II) 含量对 $GR2(SO_4^{2-})$-Cu 反应活性的影响。实验条件与图 3-2 中相同，同时以 $GR2(SO_4^{2-})$ 处理结果作为参照，实验结果如图 3-5 所示。

由图 3-5 可见，$GR2(SO_4^{2-})$-Cu 的反应活性远高于 $GR2(SO_4^{2-})$，掺杂一定量的

Cu(Ⅱ)可以明显地提高其还原活性。反应 150 min 内,GR2(SO$_4^{2-}$)仅去除 10% 左右的 NO$_3^-$-N。Cu(Ⅱ)掺杂比例在 0~3%范围内时,随着 Cu(Ⅱ)掺杂量的增加,GR2(SO$_4^{2-}$)-Cu 的反应活性逐渐增大;当 Cu(Ⅱ)掺杂量为 3%时,其反应活性最大,反应 150 min 时,NO$_3^-$-N 约被还原 80%。然而,随着 Cu(Ⅱ)掺杂量的继续增加,GR2(SO$_4^{2-}$)-Cu 的反应活性却有所降低。基于现有的结论和之前的相关研究[4,5],Cu(Ⅱ)很可能被转化为 Cu(0)而起到了促进电子转移的作用,如下列反应方程式所示,使电子更快速地从 GR2(SO$_4^{2-}$)表面被传递到处理对象 NO$_3^-$-N 上。

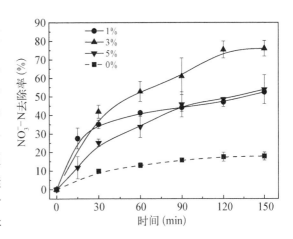

图 3-5　GR2(SO$_4^{2-}$)-Cu 不同 Cu(Ⅱ)掺杂量对 NO$_3^-$-N 还原去除速率的影响

$$Fe_4^{II}Fe_2^{III}(OH)_{12} \cdot SO_4 + Cu^{2+} \longrightarrow 2Fe_3O_4 + Cu^0 + SO_4^{2-} + 4H^+ + 4H_2O \quad (3.8)$$

掺杂 5%Cu(Ⅱ)的 GR2(SO$_4^{2-}$)的反应速率和去除率比掺杂 3%的要低,这可能是由于 Cu(Ⅱ)消耗了过多的 Fe(Ⅱ),导致没有足够的 Fe(Ⅱ)可用于还原 NO$_3^-$-N。

2. GR2(SO$_4^{2-}$)-Cu 处理硝态氮还原产物分析

根据上述实验结果,确定最佳反应条件为掺杂 3%Cu(Ⅱ),溶液 pH 控制在 9 左右。制备掺杂 3%Cu(Ⅱ)的 GR2(SO$_4^{2-}$)-Cu,取悬浊液 150 mL,投加至 100 mL KNO$_3$ 溶液中,该混合溶液中 NO$_3^-$-N 初始浓度约为 40 mg/L,通过滴加 NaOH 溶液使反应溶液 pH 控制在 9 左右,每隔 30 min 抽取水样,用 0.22 μm 的水膜过滤去除固体颗粒,测定水溶液中含氮化合物的含量。

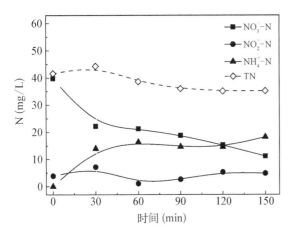

图 3-6　GR2(SO$_4^{2-}$)-Cu 与 NO$_3^-$-N 反应的氮平衡图

图 3-6 所示为 GR2(SO$_4^{2-}$)-Cu 与 NO$_3^-$-N 的反应过程中,溶液中 NO$_3^-$-N、NO$_2^-$-N 和 NH$_4^+$-N 的浓度变化趋势。从图中不难发现,0~2.5 h 的反应时间内,NO$_3^-$-N 浓度从 40 mg/L 下降到约 10 mg/L,去除率达 72%左右。随着 NO$_3^-$-N 浓度的降低,NH$_4^+$-N 浓度快速升高,2.5 h 内溶液中 NH$_4^+$-N 浓度升高至 20 mg/L,而 NO$_2^-$-N 浓度始终保持在较低水平,在 1~7 mg/L 范围内变化。反应过程中,溶液中 TN 浓度略有所降低。

由此可见,随着反应的进行,NO$_3^-$-N

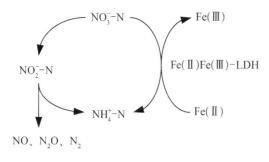

图3-7 绿锈参与下 NO_3^--N 还原转化的可能途径

逐渐被还原,大部分 NO_3^--N 迅速转化为 NH_4^+-N,少量以中间产物 NO_2^--N 形式存在,溶液中 TN 浓度降低较小。如图3-7所示,当 $GR2(SO_4^{2-})$ 中的 Fe(Ⅱ)被氧化为 Fe(Ⅲ)时,NO_3^--N 被直接快速转化为 NH_4^+-N,仅有部分 NO_3^--N 经 NO_2^--N 最终转化为气体形态或继续转化为 NH_4^+-N。该反应体系中,NO_3^--N 转化为 NH_4^+-N 是快速反应,因此反应过程中随着 NO_3^--N 浓度的快速降低,产生了大量的 NH_4^+-N,而 TN 浓度降低较小,过程中 NO_2^--N 浓度始终处于相对较低的水平。

3. $GR2(SO_4^{2-})$-Al 掺杂 Cu(Ⅱ)对硝态氮的去除效果

据文献报道,在水铁矿上吸附 Al(Ⅲ),减少其他铁氧化物如纤铁矿、磁铁矿的成核,对其起到了保护作用[6]。Jentzsch 等[7]研究了 Al(Ⅲ)部分取代磁铁矿对磁铁矿纳米粒子反应活性的影响,结果表明,随着 Al 取代量的增加,磁铁矿纳米粒子的反应活性降低。

制备 $GR2(SO_4^{2-})$-Al,r=Al(Ⅲ)/[Fe(Ⅲ)+Al(Ⅲ)]=20%,取悬浊液 150 mL 投加到 100 mL 的 KNO_3 溶液中,该混合溶液中 NO_3^--N 初始浓度约为 40 mg/L,用 NaOH 溶液将反应溶液的 pH 稳定在 9 左右,每隔一段时间抽取水样,用 0.22 μm 的水膜过滤去除固体颗粒物,测定水溶液中 NO_3^--N 的浓度变化。图3-8所示为 $GR2(SO_4^{2-})$-Al 与 NO_3^--N 反应过程中,溶液中 NO_3^--N 浓度随时间的变化情况。

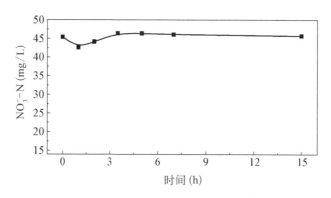

图3-8 $GR2(SO_4^{2-})$-Al 去除 NO_3^--N 的效果

由图3-8可知,NO_3^--N 浓度呈现出先降低后升高的趋势,15 h 后浓度与初始浓度几乎保持不变,这说明整个过程中 $GR2(SO_4^{2-})$-Al 与 NO_3^--N 未发生反应,与 $GR2(SO_4^{2-})$ 与 NO_3^--N 的反应比较,$GR2(SO_4^{2-})$-Al 的还原活性更低,因此设计考察 $GR2(SO_4^{2-})$-Al 掺杂 Cu(Ⅱ)对 NO_3^--N 的去除效果。实验方法与 $GR2(SO_4^{2-})$-Al 相同,制备掺杂 3% Cu(Ⅱ)的 $GR2(SO_4^{2-})$-CuAl,r=Al(Ⅲ)/[Fe(Ⅲ)+Al(Ⅲ)]=20%,取悬浊液 150 mL 投加至 100 mL KNO_3 溶液中,该混合溶液中 NO_3^--N 初始浓度约为 40 mg/L,每隔 30 min 抽取

水样,用 0.22 μm 的水膜过滤后测定溶液中各含氮化合物浓度变化。

图 3-9 所示为 GR2(SO$_4^{2-}$)-CuAl 与 NO$_3^-$-N 反应的氮平衡图。150 min 内,溶液中 NO$_3^-$-N 浓度从 41 mg/L 降至 18 mg/L,去除率约为 56%。随着 NO$_3^-$-N 浓度的降低,NH$_4^+$-N 浓度缓慢上升,150 min 内溶液中产生 NH$_4^+$-N 的浓度约 11.4 mg/L,而在最初的 60 min 内 NO$_2^-$-N 浓度最高可达 10.4 mg/L,随后缓慢降低。溶液中约 25% 的 TN 被去除,TN 去除率远高于 GR2(SO$_4^{2-}$)-Cu 与 NO$_3^-$-N 反应时 TN 的去除率。

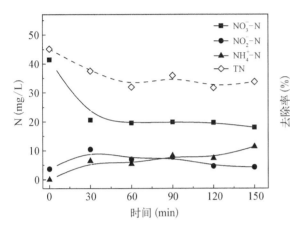

图 3-9　GR2(SO$_4^{2-}$)-CuAl 与 NO$_3^-$-N 反应的氮平衡图

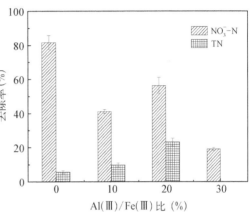

图 3-10　不同 Al(Ⅲ)/Fe(Ⅲ) 比例对 NO$_3^-$-N 和 TN 去除率的影响

结合图 3-6 和图 3-9 的实验结果,可以发现,在 NO$_3^-$-N 与 GR2(SO$_4^{2-}$)-CuAl 的反应过程中,NO$_3^-$-N 的去除率略低于其与 GR2(SO$_4^{2-}$)-Cu 反应时 NO$_3^-$-N 的去除率;但 NH$_4^+$-N 的产生量远低于 NO$_3^-$-N 与 GR2(SO$_4^{2-}$)-Cu 反应时 NH$_4^+$-N 的产生量,且反应过程中 NO$_2^-$-N 有所累积。研究表明[8],反硝化过程为 NO$_3^-$-N 被还原为 NO$_2^-$-N,最终被还原成 NH$_4^+$-N,这一过程中可能会有 NO、N$_2$O 等气体产生,由此推测,NO$_3^-$-N 的还原通过 NO$_3^-$-N → NO$_2^-$-N → NO → N$_2$O → N$_2$ → NH$_4^+$-N 的步骤发生[9]。

NO$_2^-$-N 向 NH$_4^+$-N 转化的转化速率降低,可以提高其向其他中间产物转变的可能性,而 Al(Ⅲ) 的引入,使水溶液中 NO$_2^-$-N 发生累积,从而降低 NH$_4^+$-N 产生的速率,由此推断,减少的 TN 可能是以气体的形式从水体中去除了。

4. Al(Ⅲ) 不同取代比例的脱氮效果

(1) 不同 Al(Ⅲ)/Fe(Ⅲ) 比例对硝态氮和总氮去除率的影响

Al(Ⅲ) 部分等晶取代 GR2(SO$_4^{2-}$) 中的 Fe(Ⅲ),可能会影响 NO$_3^-$-N 和 TN 的去除率,设计实验:分别制备掺杂 3%Cu(Ⅱ),不同 Al(Ⅲ) 取代比例(r=10%、20%、30%)的 GR2(SO$_4^{2-}$)-CuAl,用于 NO$_3^-$-N 还原反应,考察 Al(Ⅲ) 含量对 GR2(SO$_4^{2-}$) 反应活性和选择性的影响;利用 NaOH 溶液保持反应 pH 稳定在 9,反应时间为 150 min;以 GR2(SO$_4^{2-}$) 处理效果作为参照。Al(Ⅲ) 不同取代比例时 GR2(SO$_4^{2-}$) 脱氮实验的结果如图 3-10 所示。

由图 3-10 可知，Al(Ⅲ)取代比例 $r=0$ 的情况即为单纯 $GR2(SO_4^{2-})$ 掺杂 Cu(Ⅱ)，反应 150 min 内，NO_3^--N 去除率可达 80% 左右；随着 Al(Ⅲ)取代比例的增大，NO_3^--N 去除率逐渐降低；当 Al(Ⅲ)取代比例 $r=30\%$ 时，NO_3^--N 去除率仅有 20% 左右，由此可见，Al(Ⅲ)的取代对 $GR2(SO_4^{2-})$ 还原 NO_3^--N 存在抑制作用。

但是，TN 去除率的变化趋势有所不同，随着 Al(Ⅲ)取代量的增大，TN 的浓度呈现先上升后下降的趋势，在 $r=20\%$ 时，达到峰值，最多去除 23% 左右的 TN。当 $r=30\%$ 时，溶液中 TN 的浓度几乎没有降低，溶液中 NO_3^--N、NO_2^--N 和 NH_4^+-N 浓度如表3.1 所示。随着反应的进行，NO_3^--N 浓度下降缓慢，150 min 内仅降低了 7 mg/L，因此，溶液的 pH 变化也相对缓慢，伴随着 NO_3^--N 浓度的降低，NO_2^--N 浓度上升，且在较长一段时间保持在 5 mg/L 左右，而 NH_4^+-N 产生则较少。结果表明，Al(Ⅲ)取代 $GR2(SO_4^{2-})$ 中的 Fe(Ⅲ)，可以有效地降低 $GR2(SO_4^{2-})$ 的反应活性，减缓 NO_3^--N 向 NH_4^+-N 转化的速率，溶液中 NO_2^--N 不断累积，有利于 NO_2^--N 向中间价态的 NO_x 或 N_2 转化，从而达到去除 TN 的目的。Luo 等[10]利用零价铁负载 Pd/Cu 双金属处理 NO_3^--N 的过程中，在 N_2 选择率比较高的情况下，反应过程中均存在 NO_2^--N 累积的现象，同时反应速率相对 N_2 选择率偏低的条件也有所降低。此结论与本实验所述现象基本一致。

表 3.1　$GR2(SO_4^{2-})$-CuAl 对 NO_3^--N 的去除效果

时间(min)	pH	浓度(mg/L)		
		NO_3^--N	NO_2^--N	NH_4^+-N
0	9.18	39.72	ND	ND
30	9.16	34.28	5.094	1.006
60	9.20	33.46	5.406	1.169
90	9.13	34.08	5.250	1.332
120	9.04	33.25	5.250	1.604
150	8.96	32.13	5.094	2.582

注：3%Cu(Ⅱ)，Al(Ⅲ)/[Fe(Ⅲ)+Al(Ⅲ)]=30%，pH=9

图 3-11 所示为 $GR2(SO_4^{2-})$-CuAl 与 NO_3^--N 反应后的产物的 XRD 图谱，Cu(Ⅱ)的掺杂比例为 3%，Al(Ⅲ)/[Fe(Ⅲ)+Al(Ⅲ)]=20%，反应中 pH 控制在 9 左右。

通过 Jade 软件分析，产物中除存在针铁矿和磁铁矿外(图 3-11)，在 2θ 为 8.1°、16.1° 和 24.3°附近出现微弱的绿锈层状结构的特征衍射峰，由此表明 $GR2(SO_4^{2-})$-CuAl 仍有一部分长时间没有参与反应，与仅掺杂 Cu(Ⅱ)的 $GR2(SO_4^{2-})$ 反应后产物结果不同，推测这部分绿锈类物质为 FeAl-LDH 化合物。研究表明[11]，Al(Ⅲ)部分取代 $GR2(SO_4^{2-})$ 中的 Fe(Ⅲ)可能会随 Al(Ⅲ)含量的增加，影响绿锈的结晶度，导致 $GR2(SO_4^{2-})$-CuAl 的还原性降低。

（2）不同 GR2（SO_4^{2-}）与硝态氮反应过程中的氮平衡

图 3-12 所示为 GR2（SO_4^{2-}），GR2（SO_4^{2-}）-Cu 和 GR2（SO_4^{2-}）-CuAl 分别与 NO_3^--N 反应的氮平衡变化图。Cu(Ⅱ)掺杂量为 3%，Al(Ⅲ)取代比例为 $r=20\%$，反应过程中用 NaOH 溶液将 pH 稳定在 9 左右。在实验装置出气口处连接氨气收集瓶，用 0.01 mol/L 的稀硫酸作为吸收液，检测碱性条件下可能造成的氨气溢出。

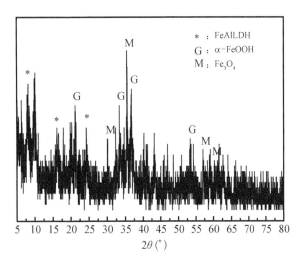

图 3-11　GR2(SO_4^{2-})-CuAl 反应产物的 XRD 图谱

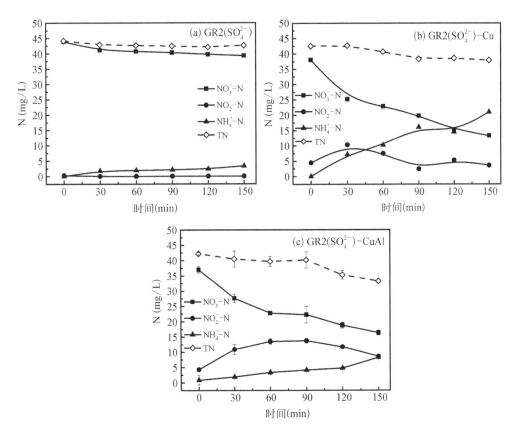

图 3-12　不同 GR2(SO_4^{2-})与 NO_3^--N 反应过程中的氮平衡图

从图 3-12 中看出，GR2（SO_4^{2-}）掺杂金属与否，对其还原去除 NO_3^--N 的效果具有很大的影响。图 3-12(a)所示为 GR2（SO_4^{2-}）与 NO_3^--N 反应的氮平衡图，150 min 内，仅约 10% 的 NO_3^--N 被去除，在反应过程中未检测到 NO_2^--N，NH_4^+-N 产生量为 5 mg/L，溶液

中的 TN 浓度没有降低。从图 3-12（b）和（c）中可以看出，在反应 2.5 h 内，GR2(SO_4^{2-})-Cu 和 GR2(SO_4^{2-})-CuAl 对 NO_3^--N 去除率都达到了 70％左右，远大于单纯的 GR2(SO_4^{2-})对 NO_3^--N 的去除率，这主要是因为 Cu(Ⅱ)的掺杂提高了绿锈的还原活性。NO_3^--N 与 GR2(SO_4^{2-})-Cu 反应产生 NO_2^--N，反应开始后的 30 min 内又迅速消失；而 NO_3^--N 与 GR2(SO_4^{2-})-CuAl 反应产生的 NO_2^--N 却能存在相当长的一段时间；利用 GR2(SO_4^{2-})-Cu 去除 NO_3^--N 的过程中，NH_4^+-N 产生速率明显高于利用 GR2(SO_4^{2-})-CuAl 去除 NO_3^--N。GR2(SO_4^{2-})-Cu 和 GR2(SO_4^{2-})-CuAl 分别去除了溶液中 10.8％和 23.4％的 TN。氨气收集瓶中没有检出 NH_4^+-N，TN 浓度降低可能是 NO_3^--N 被还原转化为其他氮氧化物或氮气以气体形式从溶液中去除，实验结果再次显示了 GR2(SO_4^{2-})-CuAl 在脱氮过程中的良好性能。

利用 Al(Ⅲ)部分取代磁铁矿中的 Fe(Ⅲ)，对其反应活性进行研究发现：随着 Al(Ⅲ)取代量的增大，磁铁矿的结晶度下降，反应活性也不及纯净的 Fe_3O_4。Al(Ⅲ)的存在使绿锈对 NO_3^--N 去除率略有降低，反应速率下降。

（3）GR2(SO_4^{2-})去除硝态氮的动力学分析

目前，大多数学者认为，绿锈去除 NO_3^--N 为一级或准一级动力学模型。对 NO_3^--N 与 GR2(SO_4^{2-})，GR2(SO_4^{2-})-Cu 和 GR2(SO_4^{2-})-CuAl 反应过程中 NO_3^--N 的去除率进行一级动力学拟合，拟合公式如下：

$$k = (1/t) \cdot \ln(C_0/C) \tag{3.9}$$

式中，k 为速率常数；C_0 为 NO_3^--N 初始浓度；C_t 为 t 时刻 NO_3^--N 浓度。

在其他反应条件固定的情况下（pH＝9，NO_3^--N 浓度 40 mg/L），不同 GR2(SO_4^{2-})处理 NO_3^--N 的过程中，NO_3^--N 浓度变化的 $\ln(C_t/C_0)$—t 拟合曲线如图 3-13 所示。

由图 3-13 计算得出不同 GR2(SO_4^{2-})处理 NO_3^--N 过程中的表观速率常数 k_{obs}，如表 3.2 所示。与掺杂金属的 GR2(SO_4^{2-})反应时，NO_3^--N 浓度与反应时间的曲线 $\ln(C/C_0)$—t 线性关系良好，不同类型的绿锈相对应的表观速率常数 k_{obs} 分别为 0.001 6 min^{-1}、0.054 9 min^{-1}、0.020 3 min^{-1}，由此说明 GR2(SO_4^{2-})-Cu 与 NO_3^--N 的反应速率比 GR2(SO_4^{2-})与 NO_3^--N 的反应速率提高了近 40 倍，GR2(SO_4^{2-})-CuAl 与 NO_3^--N 的反应速率比 GR2(SO_4^{2-})与 NO_3^--N 的反应速率提高了 15 倍。Cu(Ⅱ)的掺杂极大地提高了 GR2(SO_4^{2-})对 NO_3^--N 的反应活

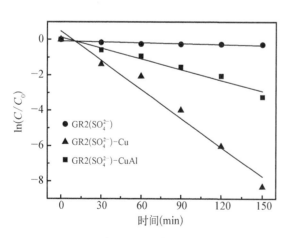

图 3-13 GR2(SO_4^{2-})，GR2(SO_4^{2-})-Cu 和 GR2(SO_4^{2-})-CuAl 与 NO_3^--N 的一级动力学拟合

性,而 Al(Ⅲ)部分取代 Fe(Ⅲ)使绿锈的还原性有所降低,但由于 Cu(Ⅱ)的存在,反应速率仍远远高于单纯的 GR2(SO$_4^{2-}$)。

表 3.2 GR2(SO$_4^{2-}$),GR2(SO$_4^{2-}$)-Cu 和 GR2(SO$_4^{2-}$)-CuAl 处理 NO$_3^-$-N 时的表观速率常数

材　　料	表观速率常数 k_{obs}(min^{-1})	相关系数 R^2
GR2(SO$_4^{2-}$)	0.001 6	0.662 1
GR2(SO$_4^{2-}$)-Cu	0.054 9	0.964 4
GR2(SO$_4^{2-}$)-CuAl	0.020 3	0.954 1

在碱性溶液中,Fe(Ⅱ)易被氧化成高价态的 Fe(Ⅲ),其半反应为:

$$Fe^{2+} \longrightarrow Fe^{3+} + e^-, \ E^0 = -0.56 \text{ V} \tag{3.10}$$

NO$_3^-$-N 中氮元素为 +5 价,处于最高价态,具有较强的氧化性,其可以被还原为低价态化合物,NO$_3^-$-N 被还原为 NH$_4^+$-N 和 N$_2$ 的半反应为:

$$\frac{1}{8}NO_3^- + e^- + \frac{7}{8}H_2O \longrightarrow \frac{1}{8}NH_4^+ + 10OH^-, \ E^0 = -0.01 \text{ V} \tag{3.11}$$

$$\frac{1}{5}NO_3^- + e^- + \frac{3}{5}H_2O \longrightarrow \frac{1}{10}N_2 + \frac{6}{5}OH^-, \ E^0 = 0.43 \text{ V} \tag{3.12}$$

结合方程式 $\Delta G^\theta = -zFE^\theta = -zF(E_{正极} - E_{负极})$,计算出 $\Delta G^\theta < 0$ 时,反应可自发进行,所以理论上绿锈还原 NO$_3^-$-N 是可行的。

实验考察了 GR2(SO$_4^{2-}$)、GR2(SO$_4^{2-}$)-Cu 和 GR2(SO$_4^{2-}$)-CuAl 分别与 NO$_3^-$-N 反应的过程中 pH 及氧化还原电位 ORP(Oxidation Reduction Potential)的变化。整个反应过程是在无氧环境下进行的,溶解氧(DO)对 ORP 的影响较小。从表 3.3 中可以看出,反应过程中因为 NaOH 溶液的滴加控制,溶液 pH 在 9 左右小范围内波动,而不同类型 GR2(SO$_4^{2-}$)所对应的 ORP 变化范围有所不同,随着 Al(Ⅲ)取代量的提高,溶液 ORP 波动范围增大,表明该体系的还原氛围有所降低,这组数据与之前实验的现象一致。Yang 等[12]测定了用纳米零价铁(NZVI)还原 NO$_3^-$-N 反应过程中的 ORP,ORP 在 $-450 \sim -720$ mV 间变化,实验所得产物均是 NH$_4^+$-N。

表 3.3 不同 GR2(SO$_4^{2-}$)与 NO$_3^-$-N 反应过程中 ORP 的实时监测统计

	pH	ORP(mV)
GR2(SO$_4^{2-}$)	9.22～9.43	$-626 \sim -595$
GR2(SO$_4^{2-}$)-Cu	8.70～9.49	$-515 \sim -442$

续 表

	pH	ORP(mV)
GR2(SO_4^{2-})-CuAl, Al/M^{3+}=10%	8.69～9.29	-493～-436
GR2(SO_4^{2-})-CuAl, Al/M^{3+}=20%	9.06～9.56	-488～-409
GR2(SO_4^{2-})-CuAl, Al/M^{3+}=30%	8.99～9.20	-425～-407

3.1.3 GR1(CO_3^{2-})对硝态氮的去除效果分析

设计实验考察不同 GR1(CO_3^{2-})对 NO_3^--N 的处理效果。制备三份 GR1(CO_3^{2-})溶液,并对其中两份溶液进行 Cu(Ⅱ)掺杂,形成混浊液。分别取悬浊液 150 mL 投加至 100 mL KNO_3 溶液中,该混合溶液中 NO_3^--N 初始浓度约为 40 mg/L,反应前将溶液的初始 pH 调至 9,反应过程中利用酸度计监测溶液 pH 变化,每隔一段时间抽取水样,用 0.22 μm 的水膜滤去固体颗粒物后,测定水溶液中含氮化合物的含量。图 3-14 为三种 GR1(CO_3^{2-})还原 NO_3^--N 的效果,不掺杂 Cu(Ⅱ)的 GR1(CO_3^{2-})与 NO_3^--N 反应缓慢,溶液中 NO_3^--N 含量基本不变,反应 18 h 其含量仅降低了 4%;而掺杂 Cu(Ⅱ)的 GR1(CO_3^{2-})也并没有达到利用 GR2(SO_4^{2-})-Cu 处理 NO_3^--N 所达到的效果,反应 18 h NO_3^--N 的最大去除率为 13%。究其原因,与 GR1(CO_3^{2-})本身的性质有关,GR1(CO_3^{2-})的结构比 GR2(SO_4^{2-})的结构更加紧凑,性质更加稳定,所以其与 NO_3^--N 的反应速率和去除率均不及 GR2(SO_4^{2-})。Choi 等[13]研究掺杂不同微量金属对不同阴离子插层绿锈反应速率时,也得出类似结论。掺杂 Cu(Ⅱ)后,结构中的 Fe(Ⅱ)不能快速地将 Cu(Ⅱ)转化为 Cu(0),Cu(Ⅱ)掺入起不到很好的催化效果。因此,GR1(CO_3^{2-})对 NO_3^--N 的还原活性很低。

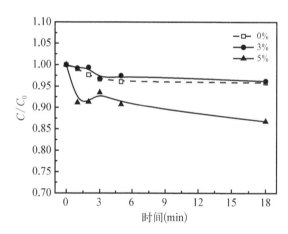

图 3-14 GR1(CO_3^{2-})去除 NO_3^--N 的效果比较

根据实验结果,引入 Al(Ⅲ)可能会降低绿锈的还原活性,由于掺杂 Cu(Ⅱ)后 GR1(CO_3^{2-})的 NO_3^--N 去除效果较差,因此,Al(Ⅲ)取代实验不再进行讨论。

3.1.4 小结

以绿锈为实验载体,以 NO_3^--N 为处理对象,在弱碱性条件下研究绿锈对 NO_3^--N 的还原去除效果。掺杂 Cu(Ⅱ)、Al(Ⅲ)等制备出三种不同的硫酸盐绿锈 GR2(SO_4^{2-}),GR2(SO_4^{2-})-Cu 和 GR2(SO_4^{2-})-CuAl,分别对其与 NO_3^--N 的反应进行具体分析,探讨了实验条件、掺杂比例对脱氮效果的影响。改变层间阴离子,制备 GR1(CO_3^{2-})与 GR2(SO_4^{2-})作对比,研究 GR1(CO_3^{2-})与 NO_3^--N 反应的效果。根据分析结果得出以下结论:

Cu(Ⅱ)的掺杂加速了 GR2(SO_4^{2-})与 NO_3^--N 的反应速率,当 Cu(Ⅱ)掺杂量为 3%,pH=9 时,反应速率比单纯地利用 GR2(SO_4^{2-})反应提高了 40 倍,反应 2.5 h NO_3^--N 去除率最高可达 80%。大部分的 NO_3^--N 转化为 NH_4^+-N,TN 含量无明显降低。

Al(Ⅲ)部分取代 Fe(Ⅲ)所得的 GR2(SO_4^{2-})(Al)与 NO_3^--N 反应的反应效果不明显,进一步掺杂 Cu(Ⅱ)后反应速率增大,约为单纯利用 GR2(SO_4^{2-})反应的 15 倍,反应2.5 h 对 NO_3^--N 的去除率可达 70% 左右。在最佳取代比例 r=Al(Ⅲ)/[Fe(Ⅲ)+Al(Ⅲ)]=20% 时,TN 含量最多降低 25%。反应过程中,NO_3^--N 较少转化为 NH_4^+-N,而液相中出现少量 NO_2^--N 累积的现象。

GR1(CO_3^{2-})与 NO_3^--N 反应的速率较低,反应 18 h,GR1(CO_3^{2-})仅去除 4% 的 NO_3^--N,通过掺杂 Cu(Ⅱ)以期增强化学活性,但增强效果不明显,实验结果表明,反应 18 h 最多去除 13% 的 NO_3^--N。

3.2 不同类型绿锈作用下亚硝态氮的去除效果

据报道,亚硝态氮 NO_2^--N 在酸性和碱性条件下均可被 Fe(Ⅱ)还原[14],通常情况下,结构态 Fe(Ⅱ)比溶解态 Fe^{2+} 有更好的还原效果[15]。本节对硫酸盐绿锈和碳酸盐绿锈处理 NO_2^--N 分别进行分析,讨论反应产物及反应速率等方面的影响。

3.2.1 Fe(Ⅱ)作用下亚硝态氮的去除

绝氧条件下,将 100 mL,Fe^{2+} 浓度为 0.2 mol/L 的 $FeSO_4$ 溶液与 100 mL $NaNO_2$ 溶液混合,该混合溶液中 NO_2^--N 初始浓度约为 200 mg/L,此时溶液 pH 约为 4,每隔一段时间取样,测定其中 NO_2^--N 的浓度,考察游离 Fe^{2+} 对 NO_2^--N 的还原作用。

绝氧条件下,向 100 mL,Fe^{2+} 浓度为 0.2 mol/L 的 $FeSO_4$ 溶液中滴加 NaOH 溶液至溶液 pH=9,以确保 Fe^{2+} 完全沉淀。向所得悬浮液中倒入 100 mL 的 $NaNO_3$ 溶液,该混合溶液中 NO_2^--N 初始浓度约为 200 mg/L,反应过程中不控制 pH。考察 $Fe(OH)_2$ 对 NO_2^--N 的还原作用。

$FeSO_4$ 和 $Fe(OH)_2$ 与 NO_2^--N 反应的过程中,NO_2^--N 浓度随时间的变化趋势如图 3-15 所示。$FeSO_4$ 和 $Fe(OH)_2$ 均可与

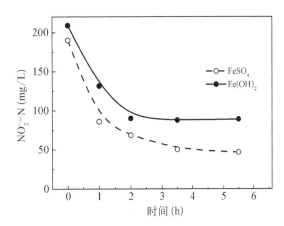

图 3-15 $FeSO_4$ 和 $Fe(OH)_2$ 去除 NO_2^--N 的效果

NO_2^--N快速发生反应。

酸性条件下的原电池反应,正极和负极可能发生的反应如下:

负极:　$Fe^{2+} \longrightarrow Fe^{3+} + e^-$ 　　　　　　　$E^0 = 0.771 \text{ V}$ 　　(3.13)

正极:　$NO_2^- + e^- + 2H^+ \longrightarrow NO + H_2O$ 　　$E^0 = 0.996 \text{ V}$ 　　(3.14)

$NO_2^- + 2e^- + 3H^+ \longrightarrow \frac{1}{2}N_2O + \frac{3}{2}H_2O$ 　　$E^0 = 1.293 \text{ V}$ 　　(3.15)

$NO_2^- + 3e^- + 4H^+ \longrightarrow \frac{1}{2}N_2 + 2H_2O$ 　　$E^0 = 1.452 \text{ V}$ 　　(3.16)

$NO_2^- + 6e^- + 8H^+ \longrightarrow NH_4^+ + 2H_2O$ 　　$E^0 = 0.862 \text{ V}$ 　　(3.17)

根据反应方程式(3.17)可以计算出 pH=4 时正极反应的电势:$E_{NO_2^-/NO} = 0.522 \text{ V}$,$E_{NO_2^-/N_2O} = 0.938 \text{ V}$,$E_{NO_2^-/N_2} = 1.136 \text{ V}$,$E_{NO_2^-/NH_4^+} = 0.546 \text{ V}$。反应产生 N_2O 和 N_2 的电势均大于负极反应电势,$\Delta G^\theta < 0$,反应可自发进行。

碱性条件下的原电池反应,正极和负极可能发生的反应如下:

负极:　$Fe(OH)_2 + OH^- \longrightarrow FeOOH + H_2O + e^-$ 　$E^0 = -0.56 \text{ V}$ 　(3.18)

正极:　$NO_2^- + e^- + H_2O \longrightarrow NO + 2OH^-$ 　　$E^0 = 0.46 \text{ V}$ 　　(3.19)

$NO_2^- + 2e^- + \frac{3}{2}H_2O \longrightarrow \frac{1}{2}N_2O + 3OH^-$ 　$E^0 = 0.61 \text{ V}$ 　　(3.20)

$NO_2^- + 3e^- + 2H_2O \longrightarrow \frac{1}{2}N_2 + 4OH^-$ 　　$E^0 = 0.72 \text{ V}$ 　　(3.21)

$NO_2^- + 6e^- + 2H_2O \longrightarrow NH_4^+ + 8OH^-$ 　　$E^0 = -0.008\ 3 \text{ V}$ 　(3.22)

根据 Nernst 方程可以计算在 pH=9 的条件下,负极反应的电势为:

$$E = E^0 + 0.059\ 2/z \cdot \lg(1/[OH^-]) = E^0 + 0.059\ 2 \cdot pOH/z = -0.264 \text{ V}。$$

正极反应的电势为:

$$E = E^0 + 0.059\ 2/z \cdot \lg(1/[OH^-]^n) = E^0 + 0.059\ 2n \cdot pOH/z。$$

式中,z 为反应电荷数;n 为反应中 OH^- 的化学计量数。

由此可以计算出正极反应的电势:$E_{NO_2^-/NO} = 1.052 \text{ V}$,$E_{NO_2^-/N_2O} = 1.054 \text{ V}$,$E_{NO_2^-/N_2} = 1.114 \text{ V}$,$E_{NO_2^-/NH_4^+} = 0.386 \text{ V}$ 均大于正极反应电势 $E = -0.264 \text{ V}$,因此 $\Delta G^\theta < 0$,反应可自发进行。

3.2.2　不同 $GR2(SO_4^{2-})$ 对亚硝态氮的去除效果分析

考察不同硫酸盐绿锈 $GR2(SO_4^{2-})$ 对 NO_2^--N 的还原效果,设计实验:分别制备不同类型的硫酸盐绿锈 $GR2(SO_4^{2-})$、$GR2(SO_4^{2-})$-Cu 和 $GR2(SO_4^{2-})$-CuAl,选取处理 NO_3^--N 时的最佳条件,其中 Cu(Ⅱ)掺杂量为 3%,Al(Ⅲ)取代比例为 20%。取 200 mL

悬浊液投加至 100 mL 的 NaNO$_2$ 溶液中,该混合溶液中 NO$_2^-$-N 初始浓度约为 200 mg/L,通过滴加少量 NaOH 溶液,溶液 pH 恒定在 9。

图 3 - 16 所示为 GR2(SO$_4^{2-}$)、GR2(SO$_4^{2-}$)- Cu 和 GR2(SO$_4^{2-}$)- CuAl 分别与浓度为 200 mg/L 的 NO$_2^-$-N 反应的氮平衡图。图 3 - 16(a)中,单纯的 GR2(SO$_4^{2-}$)处理 NO$_2^-$-N 时,反应 6 h 左右被去除,混合液中 NO$_2^-$-N 浓度为 20 mg/L;随着 NO$_2^-$-N 浓度的降低,NH$_4^+$-N 逐渐产生,反应 24 h 时,浓液中 NH$_4^+$-N 浓度达到 86 mg/L,这说明约 50% 的 NO$_2^-$-N 被还原转化为 NH$_4^+$-N。另外部分 NO$_2^-$-N 可能被还原为 N$_2$O 或 N$_2$,以气体形式释放到大气中。根据 Hansen 等[1] 的研究,GR2(SO$_4^{2-}$)将 NO$_2^-$-N 还原为 N$_2$O、N$_2$ 和 NH$_4^+$-N 都是可以热力学自发进行的,并给出了 GR2(SO$_4^{2-}$)将 NO$_2^-$-N 还原为 N$_2$O、N$_2$ 和 NH$_4^+$ 的公式如下:

$$\text{Fe}_4^{2+}\text{Fe}_2^{3+}(\text{OH})_{12}\text{SO}_4 \cdot 3\text{H}_2\text{O} + 2\text{NO}_2^- \longrightarrow$$
$$6\alpha\text{FeOOH} + \text{N}_2\text{O} + \text{SO}_4^{2-} + 6\text{H}_2\text{O} \tag{3.23}$$

$$3\text{Fe}_4^{2+}\text{Fe}_2^{3+}(\text{OH})_{12}\text{SO}_4 \cdot 3\text{H}_2\text{O} + 4\text{NO}_2^- + 2\text{OH}^- \longrightarrow$$
$$18\alpha\text{FeOOH} + 2\text{N}_2 + 3\text{SO}_4^{2-} + 6\text{H}_2\text{O} \tag{3.24}$$

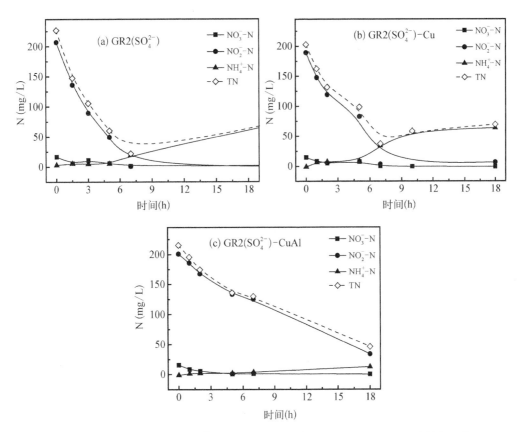

图 3 - 16　GR2(SO$_4^{2-}$)、GR2(SO$_4^{2-}$)- Cu 和 GR2(SO$_4^{2-}$)- CuAl 与 NO$_2^-$-N 反应的氮平衡图

$$3Fe_4^{2+}Fe_2^{3+}(OH)_{12}SO_4 \cdot 3H_2O + 2NO_2^- + 2OH^- \longrightarrow$$
$$18\alpha FeOOH + 2NH_4^+ + 3SO_4^{2-} + 15H_2O \tag{3.25}$$

由公式(3.23)~式(3.25)可以看出,在 $GR2(SO_4^{2-})$ 和 NO_2^--N 的反应过程中需要消耗 OH^-,这解释了反应过程中 pH 不断降低的原因,因此在反应过程中需要滴加 NaOH 溶液以保持溶液 pH 恒定。

图 3-16(b)与图 3-16(a)所示氮元素浓度变化基本一致,表明 Cu(Ⅱ)掺杂对 NO_2^--N 的还原没有明显的促进作用。

在 $GR2(SO_4^{2-})$-CuAl 和 NO_2^--N 的反应过程中,NO_2^--N 浓度随反应时间逐渐降低,但其去除率明显小于 $GR2(SO_4^{2-})$ 和 $GR2(SO_4^{2-})$-Cu 与 NO_2^--N 反应时 NO_2^--N 的去除率,这可能是由于 Al(Ⅲ)的引入使 $GR2(SO_4^{2-})$ 结晶度降低,从而降低了 $GR2(SO_4^{2-})$ 的还原活性,影响了反应速率。反应 18 h 后仅有 6% 的 NO_2^--N 被转化为 NH_4^+-N,NH_4^+-N 浓度约 12 mg/L,与没有 Al(Ⅲ)存在的两种 $GR2(SO_4^{2-})$ 比较,18 h 内,产生的 NH_4^+-N 的浓度降低约 60 mg/L,Al(Ⅲ)的引入减缓了 NH_4^+-N 的产生速率。与 NO_2^--N 反应过程中,$GR2(SO_4^{2-})$-CuAl 对 NO_2^--N 去除率与没有 Al(Ⅲ)取代时相近,但 TN 的去除率远高于没有 Al(Ⅲ)存在的情况,达 80% 左右。

3.2.3 $GR1(CO_3^{2-})$ 对亚硝态氮的去除效果分析

基于不同 $GR2(SO_4^{2-})$ 对 NO_2^--N 去除的效果,设计实验考察碳酸盐绿锈 $GR1(CO_3^{2-})$ 对 NO_2^--N 的处理效果。制备 $GR1(CO_3^{2-})$,取悬浊液 200 mL 投加至 100 mL $NaNO_2$ 溶液中,该溶液中 NO_2^--N 的初始浓度约为 200 mg/L,用稀盐酸和 NaOH 溶液调节溶液 pH 到 9 左右,反应过程中利用酸度计监测溶液 pH 变化,每隔一段时间抽取水样,用 0.22 μm 的水膜滤去固体颗粒物,测定水溶液中含氮化合物的含量。表 3.4 所示为 $GR1(CO_3^{2-})$ 与 NO_2^--N 反应过程中,NO_2^--N、NO_3^--N 和 NH_4^+-N 浓度随时间的变化,及反应过程中 pH 的变化。

表 3.4 $GR1(CO_3^{2-})$ 对 NO_2^--N 的去除效果

时间(h)	pH	浓度(mg/L)		
		NO_3^--N	NO_2^--N	NH_4^+-N
0	8.95	18.82	198.9	0.290 6
0.5	8.92	17.99	193.0	0.872 1
1	8.92	17.05	193.3	0.726 7
2	8.95	15.06	194.3	2.034
3	8.97	14.95	185.5	3.052
18	9.32	0.941 4	0.930 6	4.215

由表 3.4 可知,GR1(CO$_3^{2-}$)对 NO$_2^-$-N 的还原是一个缓慢的过程,最初的 3 h 内,溶液中 NO$_2^-$-N 的浓度从 198.9 mg/L 降至 185.5 mg/L,仅去除 6% 左右的 NO$_2^-$-N,但经过 18 h 后,溶液中 NO$_3^-$-N 的浓度降至 0.941 4 mg/L,NO$_2^-$-N 浓度也降至 0.930 6 mg/L,去除率达 99.5%,溶液中 TN 的浓度低于 10 mg/L,最终溶液中 TN 减少了约 97%。

对固体相进行元素分析发现,扣除背景值后,固体组分中 N 元素含量未检出,这表明液相和固相中均不含有氮元素。由此推断,GR1(CO$_3^{2-}$)与 NO$_2^-$-N 反应除产生少量 NH$_4^+$-N 外,剩下的氮元素均以气体形式释放到大气中。

由于反应过程中 GR2(SO$_4^{2-}$)消耗 OH$^-$,溶液 pH 不断降低。为了使溶液 pH 恒定,需要在反应过程中滴加一定浓度的 NaOH 溶液恒定溶液 pH,使反应顺利进行。与 GR2(SO$_4^{2-}$)不同的是,GR1(CO$_3^{2-}$)中的层间阴离子为 CO$_3^{2-}$,随着反应进行,GR1(CO$_3^{2-}$)结构发生变化,逐渐转化为针铁矿,CO$_3^{2-}$ 逐渐从绿锈结构中释放出来,可起到缓冲作用,可以使溶液 pH 相对稳定在 9 左右。CO$_3^{2-}$ 在反应过程中存在如下式的解离平衡:

$$CO_3^{2-} + H^+ \longleftrightarrow HCO_3^- \tag{3.26}$$

$$HCO_3^- + H^+ \longleftrightarrow H_2CO_3 \tag{3.27}$$

图 3-17 所示为 GR1(CO$_3^{2-}$)与 NO$_2^-$-N 反应的氮平衡图。取样时间点较为分散以确定反应过程中 NO$_2^-$-N 浓度的变化规律。由图 3-17 可知,GR1(CO$_3^{2-}$)与 NO$_2^-$-N 的反应最开始较为缓慢,但随着反应的进行,12 h 时 NO$_2^-$-N 的浓度从 227 mg/L 降低至 177.2 mg/L。在 12 h 处出现一个拐点,12～24 h 之间,NO$_2^-$-N 的浓度从 177.2 mg/L 至全部被去除,整个反应过程中,NO$_3^-$-N(20 mg/L)全部被还原,而仅产生了少量 NH$_4^+$-N(3.78 mg/L)。溶液中 TN 浓度降低了 98%。反应过程中溶液的 pH 起始为 8.86,最终为 9.39,变化不大。溶液中同时存在的 HCO$_3^-$ 和 CO$_3^{2-}$,起到了缓冲作用。

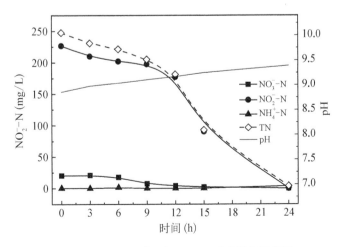

图 3-17　GR1(CO$_3^{2-}$)与 NO$_2^-$-N 反应的氮平衡图

3.2.4 氧化产物对 GR1(CO$_3^{2-}$) 还原亚硝态氮的作用

根据上述实验结果发现,GR1(CO$_3^{2-}$) 与 NO$_2^-$-N 的反应起初速率较慢,12 h 内 NO$_2^-$-N 浓度仅降低约 20%,当反应到达一定程度,反应速率突然加快,短时间内直接将 NO$_2^-$-N 全部去除。推测可能是因为在反应过程中 GR1(CO$_3^{2-}$) 逐渐被氧化,其氧化产物对 GR1(CO$_3^{2-}$) 还原去除 NO$_2^-$-N 起到了促进作用。图 3-18 所示为 GR1(CO$_3^{2-}$) 在 pH=9 时被氧化后所得固体样品的 XRD 分析图谱。通过 Jade 软件分析,图 3-18 所示产物的 3 强峰出现在 2θ 为 21.2°、36.6° 和 33.2° 处,与标准针铁矿的 XRD 图谱(Goethite, PDF29-0713)相吻合。说明碳酸盐绿锈在 pH=9 处被氧化后的产物主要为针铁矿。

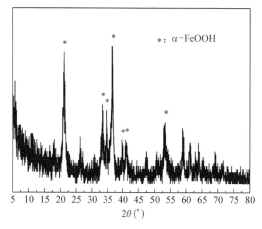

图 3-18　GR1(CO$_3^{2-}$) 氧化产物的 XRD 图谱

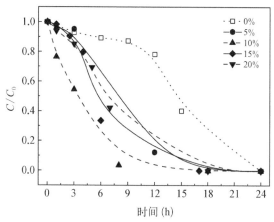

图 3-19　投加不同量氧化产物对 NO$_2^-$-N 去除率的影响

为验证 GR1(CO$_3^{2-}$) 中含有的少量的固体氧化产物可能会提升其还原活性。因此,向新制备的 GR1(CO$_3^{2-}$) 体系中加入不同比例的氧化产物——针铁矿,其中 $n(\alpha\text{-FeOOH})/n(Fe_{total})=5\%$、10%、15%、20%,将悬浊液磁力搅拌均匀,用以模拟 GR1(CO$_3^{2-}$) 在反应中被氧化的过程,并与新制备的 GR1(CO$_3^{2-}$) 作比较分析。考察氧化产物的投加量对 GR1(CO$_3^{2-}$) 与 NO$_2^-$-N 还原去除活性的影响。图 3-18 所示为投加不同量氧化产物的 GR1(CO$_3^{2-}$) 与 NO$_2^-$-N 反应的效果分析图,其中 C/C_0 为不同反应时间溶液中 NO$_2^-$-N 浓度和初始 NO$_2^-$-N 浓度的比值。

由图 3-19 可知,GR1(CO$_3^{2-}$) 中掺入一定量的氧化产物对 GR1(CO$_3^{2-}$) 与 NO$_2^-$-N 的反应有促进作用。反应初期,NO$_2^-$-N 浓度持续快速降低,与新制备的 GR1(CO$_3^{2-}$) 与 NO$_2^-$-N 反应效果比较,NO$_2^-$-N 浓度开始明显降低时刻提前了 12 h。这间接说明了,GR1(CO$_3^{2-}$) 在被部分氧化的情况下,反应活性增强。在 Antony[16] 对绿锈氧化还原机制的研究中发现,绿锈在氧化过程中能形成 exGRc-Fe(Ⅲ)* 的铁中间产物,这种产物能继续被氧化成稳定的铁氧化物或铁氢氧化物,或者再次被还原成绿锈,本实验中向新制备的绿锈中投加氧化产物,很可能使溶液体系处于这种亚稳定状态,从而提高了 GR1(CO$_3^{2-}$) 中 Fe(Ⅱ)的活性,促进了氧化还原反应的进行。Sørensen[9]认为一些 Fe(Ⅲ)化合物可以催化 Fe(Ⅱ)还原 NO$_2^-$-N,在有 γ-FeOOH 催化的情况下,NO$_2^-$-N 被迅速还原,而在没有 γ-FeOOH 的情况下即使在 10 h 内还原效果十分有限。

　　如图 3-19 所示随着氧化产物投加量的不断增加,NO$_2^-$-N 被更快速地去除。当 α-FeOOH/Fe$_{total}$=10% 时,反应速率最高,9 h 内去除率近 97%。当氧化产物投加量继续增大时,NO$_2^-$-N 还原速率有所降低,这可能是由于过多的氧化产物覆盖在 GR1(CO$_3^{2-}$)表面,从而降低了 NO$_2^-$-N 与 GR1(CO$_3^{2-}$)中 Fe(Ⅱ)接触碰撞的几率而引起的。

　　根据数据拟合,GR1(CO$_3^{2-}$)还原 NO$_2^-$-N 的反应符合零级动力学模型。不掺杂氧化产物的 GR1(CO$_3^{2-}$)与 NO$_2^-$-N 的反应从 12 h 起反应明显,而在掺杂氧化产物的 GR1(CO$_3^{2-}$)还原 NO$_2^-$-N 的反应中,一开始 NO$_2^-$-N 浓度即出现明显降低,针对氧化产物投加比例不同的 GR1(CO$_3^{2-}$)与 NO$_2^-$-N 的反应,对 NO$_2^-$-N 浓度变化进行动力学拟合,反应速率如下式所示:

$$k = (C_0 - C)/t \tag{3.28}$$

式中,k 为速率常数;C_0 为 NO$_2^-$-N 初始浓度;C_t 为 t 时刻 NO$_2^-$-N 的浓度。

　　在其他反应条件不变的情况下,掺杂不同比例氧化产物的 GR1(CO$_3^{2-}$)与 NO$_2^-$-N 反应的过程中,NO$_2^-$-N 浓度变化 $(C_t - C_0)$ 与时间 t 的拟合曲线如图 3-20 所示。此外,从不掺杂氧化产物的 GR1(CO$_3^{2-}$)的浓度明显开始变化的时刻 (12 h) 作为反应起始点,对其进行零级动力学拟合。

　　由图 3-20 可求出投加不同比例氧化产物的 GR1(CO$_3^{2-}$)处理 NO$_2^-$-N 过程中的表观速率常数 k_{obs},如表 3.5 所示。由表 3.5 可以看出,投加不同比例氧化产物的 GR1(CO$_3^{2-}$)对 NO$_2^-$-N 还

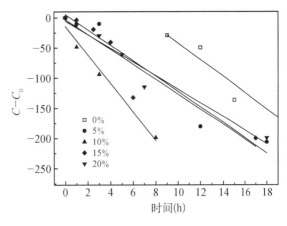

图 3-20　氧化产物投加比例不同的 GR1(CO$_3^{2-}$)与 NO$_2^-$-N 反应过程的动力学拟合

原处理时对应的 $(C_t - C_0)$-t 曲线线性关系良好,氧化产物投加比例分别为 5%、10%、15%、20% 时对应的表观速率常数分别为 12.77 mg/(L·min)、23.63 mg/(L·min)、12.40 mg/(L·min)、11.31 mg/(L·min)。可见,氧化产物投加量的不同对表观速率常数有一定的影响,随着投加量的增大,速率加快,在投加比例为 10% 时达到最大值,表观速率常数为 23.63 mg/(L·min),但随着投加量的继续增加,反应速率减慢。不投加氧化产物时,以 12 h 时作为反应零点,所得表观速率常数为 13.68 mg/(L·min),与投加氧化产物后所对应的表观速率常数差别不大,可以推断,氧化产物确实对 NO$_2^-$-N 还原起到了促进作用。

表 3.5　投加不同比例氧化产物的 GR1(CO_3^{2-})处理 NO_2^--N 时的表观速率常数

氧化产物投加比例	表观速率常数 k_{obs}(mg/(L·min))	相关系数 R^2
0	13.68	0.933 2
5%	12.77	0.938 1
10%	23.63	0.971 5
15%	12.40	0.860 0
20%	11.31	0.949 7

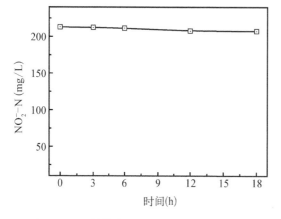

图 3-21　针铁矿对 NO_2^--N 的去除效果图

为了证明 NO_2^--N 的快速减少不是由于 GR1(CO_3^{2-})氧化产物的吸附作用,用 0.03 mol FeOOH 吸附浓度为 200 mg/L 的 NO_2^--N 溶液,将溶液 pH 调节到 9 左右。图 3-21 所示为针铁矿对 NO_2^--N 的吸附效果图。

如图 3-21 所示,反应 18 h 内 NO_2^--N 浓度从 212.9 mg/L 降低到 207.3 mg/L,只降低了约 2.6%,由此可知,在 GR1(CO_3^{2-})与 NO_2^--N 的反应中,NO_2^--N 的降低并不是主要由吸附作用引起的。有研究表明[17],通过生物还原得到的 GR1(CO_3^{2-})在处理 NO_2^--N 的过程中会形成一种新的 NO_2^--N 插层绿锈,NO_2^--N 可能以层间阴离子形式进入绿锈插层进而导致水溶液中 NO_2^--N 的浓度降低。为了确定本研究中固体中氮元素的含量,对固体相进行元素分析测试,确定样品中的 C、H、N 和 S 的质量百分比,各元素出峰结果如图 3-22 所示。

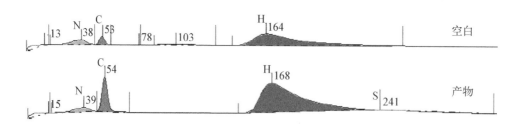

图 3-22　GR1(CO_3^{2-})与 NO_2^--N 反应中固体相的元素分析

如图 3-22 所示固体相中,C 含量为 0.247%,H 含量为 1.57%,S 含量为 0.382%,N 元素扣除空白后含量小于 0。由此可知,反应 18 h 后,固体相和液相中均不含有氮元素,由此推测，氮元素只可能是以气态形式被去除了。根据 Guerbois 等[17]的研究，NO_2^--N 主要以 N_2O 的形态被从水中除去，可能的反应方程式如下：

$$Fe_4Fe_2(OH)_{12}CO_3 + 2NO_2^- \longrightarrow 6FeOOH + N_2O + CO_3^{2-} + 3H_2O \qquad (3.29)$$

$$Fe_4Fe_2(OH)_{12}CO_3 + 4NO_2^- \longrightarrow$$
$$6FeOOH + 4NO + CO_3^{2-} + 2OH^- + 2H_2O \qquad (3.30)$$

$$Fe_4Fe_2(OH)_{12}CO_3 + \frac{4}{3}NO_2^- + \frac{2}{3}OH^- \longrightarrow$$
$$6FeOOH + \frac{2}{3}N_2 + CO_3^{2-} + \frac{10}{3}H_2O \qquad (3.31)$$

利用 $GR1(CO_3^{2-})$ 与 NO_2^--N 反应，随着反应的进行，NO_2^--N 和少量 NO_3^--N 的浓度逐渐降低，反应过程中几乎没有 NH_4^+-N 产生，反应 18 h 左右，NO_2^--N 几乎全部被去除，且液相中没有检出 NO_3^--N 和 NH_4^+-N，溶液中 TN 浓度降低至 10 mg/L 以下。对固体样品进行分析，也没有检出氮元素。有研究表明[18]，$FeCO_3$ 能将 NO_2^--N 还原成 N_2O，并无 NH_4^+-N 生成。在超盐性条件下，部分含铁矿物和 NO_2^--N 也能发生氧化还原反应，^{15}N 标记的同位素表明反应主要产物为 N_2O 而不是 N_2[19]。由此可见，氮元素极可能以 N_2O 的气体形式被去除。

3.2.5　小结

以绿锈为实验载体，以 NO_2^--N 为处理对象，在弱碱性条件下研究绿锈对 NO_2^--N 的还原去除效果。对比讨论了三种硫酸盐绿锈 $GR2(SO_4^{2-})$，$GR2(SO_4^{2-})$-Cu 和 $GR2(SO_4^{2-})$-CuAl 处理 NO_2^--N 时的反应速率和还原产物。探讨影响 $GR1(CO_3^{2-})$ 对 NO_2^--N 反应速率的因素，以及对还原产物进行讨论。根据分析结果得出以下结论：

(1) 三种不同 $GR2(SO_4^{2-})$ 对 NO_2^--N 的去除速率相对较低，反应 18 h 内，可以全部去除水相中的 NO_2^--N。$GR2$-SO_4^{2-}、$GR2$-SO_4^{2-}-Cu 与 NO_2^--N 反应会产生 50% 左右的 NH_4^+-N，而 NO_2^--N 被 $GR2$-SO_4^{2-}-CuAl 还原去除，仅有少量 NH_4^+-N 产生。

(2) $GR1(CO_3^{2-})$ 与 NO_2^--N 反应缓慢，反应 18 h 内，NO_2^--N 可以被完全去除，并且没有 NH_4^+-N 和 NO_3^--N 产生，溶液中 TN 的浓度从初始的 200 mg/L 降至 5 mg/L。固体相中没有氮元素存在。

(3) $GR1(CO_3^{2-})$ 的氧化产物可以促进 $GR1(CO_3^{2-})$ 与 NO_2^--N 反应的反应速率，相关分析表明反应的氧化产物为针铁矿。混合 10% 针铁矿时 $GR1(CO_3^{2-})$ 处理 NO_2^--N 效果最佳，反应 8 h 可以完全去除溶液中的 NO_2^--N。

综上所述，$GR2(SO_4^{2-})$、$GR1(CO_3^{2-})$ 与 NO_2^--N 反应时反应速率普遍较慢，从反应产物来看，$GR1(CO_3^{2-})$ 与 NO_2^--N 反应可以减少 NH_4^+-N 的产生，这对 TN 的去除起着关键性的作用。针铁矿可以促进 $GR1(CO_3^{2-})$ 与 NO_2^--N 的反应速率，混合 10% 针铁矿时，8 h 内可以完全去除水中的 NO_2^--N，同时，没有 NH_4^+-N 产生，氮元素极可能以 N_2O 的气体形式释放到空气中。

3.3 绿锈作用下调控 E_h 对脱氮还原产物的影响

通过调控 $GR1(CO_3^{2-})/NO_2^- -N$ 体系中 E_h 完成溶液氮向气态氮的转化,着重讨论脱氮过程中的 $NO_2^- -N$ 去除效率、还原产物、E_h 变化以及 E_h 与还原产物之间的关系。

3.3.1 $GR1(CO_3^{2-})/NO_2^- -N$ 体系的 E_h 变化对还原产物种类的影响

1. 还原产物组分的测定

在室温、氮气保护条件下,取 150 mL $GR1(CO_3^{2-})$ 悬浊液投加至 100 mL $NaNO_2$ 溶液中,该混合溶液中 $NO_2^- -N$ 初始浓度约为 150 mg/L,用 6 mol HCl 调节反应 pH 将其控制在 9.5 左右,检测溶液、固体颗粒及尾气中的氮含量,实验结果如图 3-23 所示。

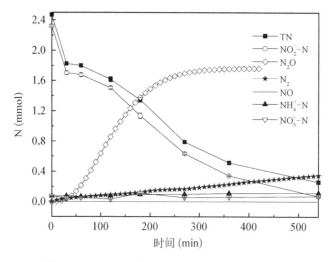

图 3-23 $GR1(CO_3^{2-})$ 处理 $NO_2^- -N$ 的产物变化图

正如菱铁矿[20]、水合氧化铁的 $Fe(II)$[21]、硫酸盐体系的 $Fe(II)$[22]等含铁物质能将 $NO_2^- -N$ 还原为气态氮,在 $GR1(CO_3^{2-})$ 还原 $NO_2^- -N$ 的过程中,随着反应的进行,$NO_2^- -N$、TN 浓度逐渐降低,逐渐生成还原产物 N_2O 和 N_2,N_2O 的生成量远大于 N_2 的量,在反应过程中通过 $NO-NO_2-NO_x$ 分析仪没有检测到 NO 的存在,在反应溶液中仅含有微量的 $NH_4^+ -N$ 和 $NO_3^- -N$。这说明 $NO_2^- -N$ 能被成功地还原为气态氮,还原产物由传统的 $NH_4^+ -N$ 向 N_2O、N_2 转化,从而达到高效脱氮的目的。反应完成后通过元素分析仪测定 $GR1(CO_3^{2-})$ 氧化产物中氮元素的含量,结果显示氧化产物对氮元素无吸附作用,这可能是因为绿锈的零电荷点为 8.3 ± 0.1[23],在 pH=9.5 环境下不能发生吸附作用。

为验证体系中氮平衡,计算各类型氮的含量,结果如表 3.6 所示。当反应时间为 9 h 时,TN 去除率为 89.55%,97.1% 的 $NO_2^- -N$ 被去除,产物为 $N_2O(71.34\%)$、N_2 (14.06%)、

NH_4^+-N（4.68%）和 NO_3^--N（2.97%），满足体系中氮平衡。与 Scherson 等[24]的研究结果类似，NO_2^--N 几乎被 GR1(CO_3^{2-})结构中的 Fe(Ⅱ)还原，产物以 N_2O 为主。

表 3.6　各种类型氮含量(%)

	TN	NO_2^--N	NH_4^+-N	NO_3^--N	NO	N_2O	N_2	N_s	其他
C_t/C_0	10.45	2.90	4.68	2.97	0	71.34	14.06	0	4.05

2. GR1(CO_3^{2-})去除 NO_2^--N 的机理分析

（1）NO_2^--N 的 UV-vis 光谱分析

图 3-24 所示为 GR1(CO_3^{2-})去除 NO_2^--N 过程中的 UV-vis 光谱图。当投加的 GR1(CO_3^{2-})悬浊液为 150 mL 且已陈化 20 h、NO_2^--N 反应初始浓度为 150 mg/L，初始 pH 为 9.5 时，溶液中 NO_2^--N 与 N-(1-萘基)-乙二胺络合后随时间的增加，其在 540 nm 处的峰强逐渐减弱，9 h 后峰强消失，说明 NO_2^--N 被 GR1(CO_3^{2-})完全还原。

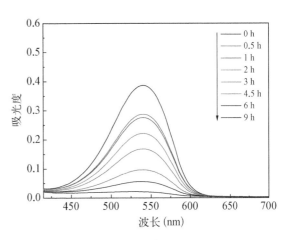

图 3-24　GR1(CO_3^{2-})去除 NO_2^--N
过程中的 UV-vis 光谱图

（2）光照环境的影响

为探究 GR1(CO_3^{2-})/NO_2^--N 体系的反应机理，分别研究了黑暗、自然光及 500 W 氙灯照射三种不同光环境下该反应体系的脱氮情况。在投加的 GR1-CO_3^{2-} 悬浊液为 150 mL 且已陈化 20 h、NO_2^--N 反应初始浓度为 150 mg/L，初始 pH 为 9.5 条件下，不同光照处理后反应体系脱氮情况的实验结果如图 3-25 所示。在黑暗和自然光条件下，NO_2^--N 和 TN 能在 9 h 内被快速去除。反应体系中仅有微量的 NO_3^--N 和 NH_4^+-N 产生，大部分 NO_2^--N 被转化为气态氮排入空气中。在 500 W 氙灯照射的条件下，NO_2^--N 和 TN 去除时间缩短，在 2 h 内 NO_2^--N 去除率达 85% 以上。但随着反应时间的增加，反应体系中有大量的 NH_4^+-N 生成。这可能是因为光照强度的过度增加，促使反应速率剧增，溶液中 E_h 值降低过多，使体系还原性增强过大。因此，GR1(CO_3^{2-})去除 NO_2^--N 的体系不属于光催化反应，在自然光和黑暗条件下绿锈脱氮属于氧化还原反应。

（3）O_2 的竞争作用

为验证 GR1(CO_3^{2-})脱氮为氧化还原反应，本实验利用好氧体系，促使 GR1(CO_3^{2-})缓慢氧化，并完成脱氮过程，其脱氮效果如图 3-26 所示。NO_2^--N 和 TN 在 9 h 内去除率分别为 87% 和 78%，反应体系中有少量 NO_3^--N 和 NH_4^+-N 产生。图 3-27 所示为不同气

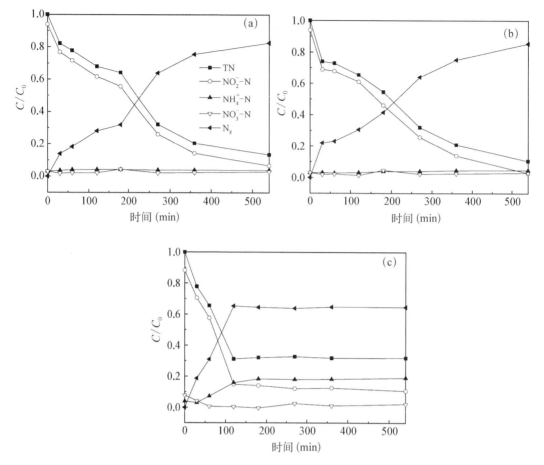

图 3 - 25 不同光照条件对 NO$_2^-$-N 和 TN 去除和产物生成的影响

黑暗(a),自然光(b),500 W 氙灯照射(c)

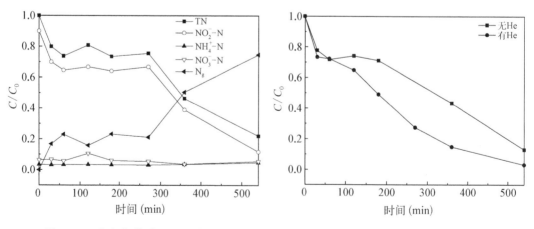

图 3 - 26 好氧条件对 NO$_2^-$-N 和 TN 去除和产物生成的影响

图 3 - 27 不同气氛条件对 NO$_2^-$-N 去除率变化的影响

氮条件对 NO_2^--N 去除率变化的影响。在相同实验条件下,与好氧条件相比,厌氧条件下 NO_2^--N 去除率升高,为 97.1%;在反应过程中,厌氧条件下 NO_2^--N 各时段去除率均比好氧条件下高。这说明相对于 NO_2^--N, O_2 对 $GR1(CO_3^{2-})$ 的氧化能力更强。在好氧状态下 $GR1(CO_3^{2-})$ 被 O_2 快速氧化,其对 NO_2^--N 的还原能力减弱,不能达到更高的去除效率。根据 Ruby 等[25]的研究,氮气状态下的慢速氧化可能是因为 CO_3^{2-} 水解,体系中 pH 上升,使体系 E_h 下降。O_2 的引入在一定程度上阻碍了 $GR1(CO_3^{2-})$ 对 NO_2^--N 的还原,充分证明了 $GR1(CO_3^{2-})$ 脱氮为氧化还原反应。

(4) 反应方程式的推导

在 $GR1(CO_3^{2-})$ / NO_2^--N 体系中,对反应完成后 $GR1(CO_3^{2-})$ 的氧化产物的表征是推导反应方程式必不可少的步骤。基于此,实验采用 XRD、FTIR、XPS 及测定溶液中总铁和 CO_3^{2-} 等方法,定性定量分析氧化产物。

图 3-28 所示为反应前后 $GR1(CO_3^{2-})$ 的 XRD 和 FTIR 图谱。通过 Jade 软件分析可知,图 3-28(a) 中反应后产物的三个强峰对应的 2θ 角分别为 35.4°、56.9° 和 62.5°,与标准磁铁矿的 XRD 图谱相吻合[26]。与控制样品相比,通过 FTIR 表征反应后产物中无 CO_3^{2-}

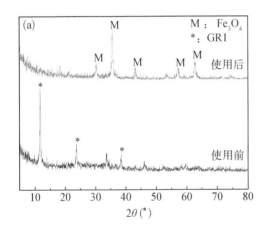
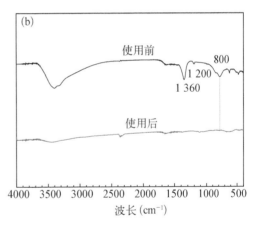
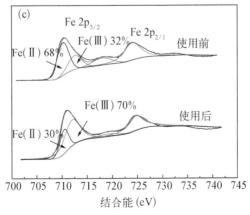

图 3-28　反应前后 $GR1(CO_3^{2-})$ 的 XRD(a)、FTIR(b) 和 XPS(c) 图谱

特征峰 1 350 cm^{-1} 出现,绿锈特征峰消失[如图 3-28(b)中虚线表示]。这说明在反应过程中 GR1(CO_3^{2-})被 NO_2^--N 完全氧化为磁铁矿[Fe(Ⅱ)Fe(Ⅲ)$_2$O$_4$]。通过 XPS 测定反应前后固体样品发现,铁元素 2p 电子层激发谱中的 Fe 2p$_{3/2}$ 束缚能由 709.5 eV 转移为 711.5 eV,Fe(Ⅱ)减少,Fe(Ⅲ)含量由 32% 增加至 70%,Fe(Ⅱ)与 Fe(Ⅲ)比例满足 1∶2 [图 3-28(c)][27]。这证明在反应过程中发生了 Fe(Ⅱ)到 Fe(Ⅲ)的转换,产物中 Fe(Ⅱ)与 Fe(Ⅲ)的比例满足 Fe$_3$O$_4$ 中铁元素价态分布。

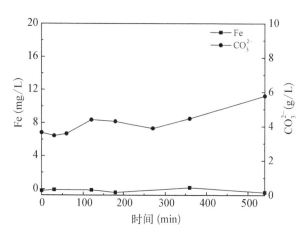

图 3-29 反应过程中 Fe 及 CO$_3^{2-}$ 浓度变化

为判定 GR1(CO_3^{2-})氧化产物是否以离子形式析出,实验测定反应过程中溶液总铁变化,结果如图 3-29 所示。反应过程中溶液总铁含量无变化,无铁离子生成。同时,溶液中 CO_3^{2-} 含量逐渐增多,有大量 CO_3^{2-} 生成。这表明随着反应的进行,GR1(CO_3^{2-})结构逐渐被破坏,插层 CO_3^{2-} 逐渐溶出,GR1(CO_3^{2-})全部被转化为固体型氧化产物 Fe$_3$O$_4$。

因此,根据反应过程中各物质变化、反应方程得失电子守恒等条件推测 GR1(CO_3^{2-})去除 NO_2^--N 过程中反应方程式如下:

$$2Fe_6(OH)_{12}CO_3 + 2NO_2^- \Longrightarrow 4Fe_3O_4 + N_2O(g) + 2HCO_3^- + 11H_2O \qquad (3.32)$$

$$3Fe_6(OH)_{12}CO_3 + 2NO_2^- \Longrightarrow 6Fe_3O_4 + N_2(g) + 3HCO_3^- + H^+ + 16H_2O \qquad (3.33)$$

$$3Fe_6(OH)_{12}CO_3 + NO_2^- \Longrightarrow 6Fe_3O_4 + NH_4^+ + 3HCO_3^- + H^+ + 14H_2O \qquad (3.34)$$

$$4NO_2^- + H_2O \Longrightarrow N_2O(g) + 2NO_3^- + 2OH^- \qquad (3.35)$$

其中,由于有大量的还原产物 N$_2$O 生成,方程式(3.32)为主要反应。

正如 Génin[28] 计算方程 E_h 所示,为了验证上述方程式的正确性,通过根据如下所示的吉普斯自由能(ΔG)与 E_h 的联系[29,30],计算式(3.32)至式(3.34)的 ΔG:

$$\Delta G = -nF(E_{h+} - E_{h-}) \qquad (3.36)$$

式中,ΔG 为吉布斯自由能(J/mol);n 为氧化还原反应中电子数;F 为法拉第常数($F = 96\,485$ C/mol);E_{h+} 和 E_{h-} 分别为正极和负极的氧化还原电位(V)。

根据平衡方程的标准电极电势,通过 Nernst 方程可计算 E_{h+} 和 E_{h-}。

正极:

$$NO_2^- + 2e^- + \frac{3}{2}H_2O \longrightarrow \frac{1}{2}N_2O + 3OH^- \qquad E^0 = 0.61 \text{ V} \qquad (3.37)$$

$$E_{h+(\text{I})} = E^0 - 0.059\,2\log\{[p_{N_2O}/p_{N_2O}^\theta]^{1/2} \cdot [OH^-]^3/[NO_2^-]\}/2 \tag{3.38}$$

$$= 1.853 - 0.014\,8\log[p_{N_2O}/p_{N_2O}^\theta] - 0.088\,8pH + 0.029\,6\log[NO_2^-]$$

$$NO_2^- + 3e^- + 2H_2O \longrightarrow 1/2N_2 + 4OH^- \qquad E^0 = 0.72\ \text{V} \tag{3.39}$$

$$E_{h+(\text{II})} = E^0 - 0.059\,2\log\{[p_{N_2}/p_{N_2}^\theta]^{1/2} \cdot [OH^-]^4/[NO_2^-]\}/3 \tag{3.40}$$

$$= 1.825 - 0.009\,87\log[p_{N_2}/p_{N_2}^\theta] - 0.078\,9pH + 0.019\,7\log[NO_2^-]$$

$$NO_2^- + 6e^- + 6H_2O \longrightarrow NH_4^+ + 8OH^- \qquad E^0 = -0.008\,3\ \text{V} \tag{3.41}$$

$$E_{h+(\text{III})} = E^0 - 0.059\,2\log\{[NH_4^+] \cdot [OH^-]^8/[NO_2^-]\}/6 \tag{3.42}$$

$$= 1.097 - 0.009\,87\log[NH_4^+] - 0.078\,9pH + 0.009\,87\log[NO_2^-]$$

负极：

$$Fe_6(OH)_{12}CO_3 \longrightarrow 2Fe_3O_4 + HCO_3^- + 3H^+ + 2e^- + 4H_2O \tag{3.43}$$

$$E_{h-} = E^0 - 0.059\,2\log\{1/[HCO_3^-] \cdot [H^+]^3\}/2 \tag{3.44}$$

$$= E^0 + 0.029\,6\log[HCO_3^-] - 0.088\,8pH$$

其中，

$$A \xrightarrow{\Delta_r G_1^\theta,\ E_1^\theta,\ n_1} B \xrightarrow{\Delta_r G_2^\theta,\ E_2^\theta,\ n_2} C$$

$$\underbrace{\hspace{6cm}}_{\Delta_r G_3^\theta,\ E_3^\theta,\ n_3}$$

由盖斯定律得，

$$\Delta_r G_3^\theta = \Delta_r G_1^\theta + \Delta_r G_2^\theta \tag{3.45}$$

因为，

$$\Delta_r G_1^\theta = -n_3 F E_1^\theta,\ \Delta_r G_2^\theta = -n_3 F E_2^\theta,\ \Delta_r G_3^\theta = -n_3 F E_3^\theta \tag{3.46}$$

则

$$-n_3 F E_3^\theta = -n_1 F E_1^\theta + (-n_2 F E_2^\theta),\ n_3 = n_1 + n_2 \tag{3.47}$$

因此，

$$Fe_3O_4 \xrightarrow{e^-\ E_1^\theta} Fe_6(OH)_{12}CO_3 \xrightarrow{e^-\ 2.03\ \text{V}} Fe^{2+}$$

$$\underbrace{\hspace{6cm}}_{1.23\ \text{V}}$$

由盖斯定律得：

$$-n_3 F E_3^\theta = -n_1 F E_1^\theta + (-n_2 F E_2^\theta),\ n_3 = n_1 + n_2 \tag{3.48}$$

$$E_3^\theta = (E_1^\theta + 2.03)/2 = 1.23 \tag{3.49}$$

$$E_1^\theta = 0.43\ (\text{V}) \tag{3.50}$$

所以，负极半反应方程中平衡方程电势为：

$$E_{h-} = 0.43 + 0.029\,6\log[HCO_3^-] - 0.088\,8pH \tag{3.51}$$

还原产物与 E_h 的关系如表 3.7 所示。当 pH=9.5 时，通过计算可得 $E_{h+} > E_{h-}$，并且满足 $E_{h+(\text{I})} > E_{h+(\text{II})} > E_{h+(\text{III})}$ 的关系。基于式(3.36)，计算可得式(3.32)~式(3.34)的 ΔG 均小

于 0。表明 3 个反应方程式表达正确,反应均能自发进行。同时,基于 $E_{h+(I)} > E_{h+(II)} > E_{h+(III)}$ 的关系,推测在 GR1(CO_3^{2-})/NO_2^--N 体系中还原产物生成的先后关系为 N_2O、N_2 及 NH_4^+-N。因此,还原产物的形成种类取决于反应系统中 E_h 的变化。

表 3.7 GR1(CO_3^{2-})的平衡方程

电 极	平衡方程和 E_h(V)	
正 极	$NO_2^- + 2e^- + \dfrac{3}{2}H_2O \longrightarrow \dfrac{1}{2}N_2O(g) + 3OH^-$	(3.52)
	$E_{h+(I)} = 1.853 - 0.0148\log[p_{N_2O}/p_{N_2O}^\theta] - 0.0888pH + 0.0296\log[NO_2^-]$	
	$NO_2^- + 3e^- + 2H_2O \longrightarrow \dfrac{1}{2}N_2(g) + 4OH^-$	(3.53)
	$E_{h+(II)} = 1.825 - 0.00987\log[p_{N_2}/p_{N_2}^\theta] - 0.0789pH + 0.0197\log[NO_2^-]$	
	$NO_2^- + 6e^- + 6H_2O \longrightarrow NH_4^+ + 8OH^-$	(3.54)
	$E_{h+(III)} = 1.097 - 0.00987\log[NH_4^+] - 0.0789pH + 0.00987\log[NO_2^-]$	
负 极	$Fe_6(OH)_{12}CO_3 \longrightarrow 2Fe_3O_4 + HCO_3^- + 3H^+ + 2e^- + 4H_2O$	(3.55)
	$E_{h-} = 0.43 + 0.0296\log[HCO_3^-] - 0.0888pH$	

3. E_h 与还原产物的关系

为进一步研究 E_h 与还原产物之间的关系[31],本节将主要研究不同时段的 E_h 与还原产物变化。在实验条件为投加陈化 20 h 的 GR1(CO_3^{2-})悬浊液 150 mL,NO_2^--N 反应初始浓度为 150 mg/L,反应体系溶液初始 pH 为 9.5 的情况下,讨论反应过程中 E_h 与还原产物的变化,实验结果如图 3-30 所示。随着反应时间的增加,E_h 和 N_2O 呈现先增加后减少的趋势,微量 N_2 逐渐生成。与 GR2(SO_4^{2-})[32] 和 GR1(Cl^-)[33] 结构中插层的阴离子

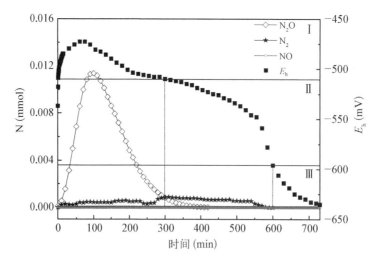

图 3-30 在还原 NO_2^--N 过程中还原产物和 E_h 对时间的变化关系图(Ⅰ:N_2O、Ⅱ:N_2、Ⅲ:NH_4^+-N)

性质不同,GR1(CO_3^{2-})中的 CO_3^{2-} 随着结构的破坏,逐渐水解产生 HCO_3^-,使反应体系中 E_h 逐渐降低,GR1(CO_3^{2-})还原性增强,有利于对 NO_2^--N 的还原。在脱氮过程中,前 300 min 内,N_2O 作为主要的还原产物。当反应时间到达 100 min 时,N_2O 产量达到最大,为 0.011 4 mmol。反应 420 min 后,体系中无 N_2O 生成。当反应时间为 300 min 时,N_2 产量从 3.83×10^{-4} mmol 增加至 8.03×10^{-4} mmol,为主要还原产物;同时,E_h 从 -473 mV 降至 -510 mV,GR1(CO_3^{2-})还原性增加。在反应 600 min 后,停止生成 N_2,E_h 从 -590 mV 变为 -635 mV,其他形成的氮(如 NH_4^+-N)作为主要还原产物出现在系统中。Yang 等[12]用纳米零价铁还原 NO_3^--N 时测定了反应过程中的 E_h,E_h 变化范围为 $-450 \sim -720$ mV,实验所得产物都是 NH_4^+-N。

根据 E_h 与还原产物之间的变化,其两者之间的联系可归纳为如图 3-31 所示的模型。该原理图表明 NO_2^--N 的还原可分为三个阶段,分别为:

(1) 当 E_h 从 -473 mV 降至 -510 mV 时,NO_2^--N 主要被还原为 N_2O;

(2) 当 E_h 在 -510 mV 到 -590 mV 范围内时,N_2 大量生成,其替代 N_2O 成为主要还原产物;

(3) 当 E_h 从 -590 mV 变化为 -635 mV 时,反应体系中有 NH_4^+-N 形成,气体产物消失。

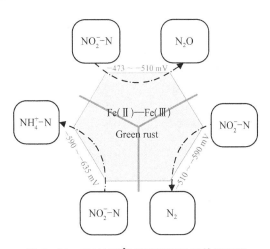

图 3-31　GR1(CO_3^{2-})还原 NO_2^--N 的原理图

由此可见,在 GR1(CO_3^{2-})/ NO_2^--N 体系中,还原产物的形成顺序为 N_2O、N_2 及 NH_4^+-N,在实验条件下的还原产物形成顺序与 E_h 的关系和理论计算结果一致。这说明式 (3.52)~式(3.54)所表示的反应分别发生在阶段(1)~阶段(3)中。由此推断,在 GR1(CO_3^{2-})/ NO_2^--N 系统中还原产物 N_2O、N_2 或 NH_4^+-N 的形成可通过调控 E_h 实现。

图 3-32 所示进一步阐述了气态还原产物(N_2O 和 N_2)与 E_h 的关系。由图可知,随着反应的进行,NO_2^--N 的去除效率逐渐增加。在投加陈化 20 h 的 GR1(CO_3^{2-})悬浊液 150 mL、NO_2^--N 反应初始浓度为 150 mg/L 和反应体系初始 pH 为 8.3 的条件下,图 3-32(a)表示 E_h 从 -329 mV 减至 -501 mV 的过程中 NO_2^--N 只被还原为 N_2O,无 N_2 形成。随着还原时间的增加,N_2O 浓度呈现先增加后减少的趋势,当反应时间到达 100 min 时,体系中 N_2O 浓度达到最大。这是因为在反应初始阶段,体系的 E_h 较高,GR1(CO_3^{2-})的还原能力较弱,不能大量还原 NO_2^--N 为 N_2O;随着反应时间的增加,体系 E_h 逐渐降低,GR1(CO_3^{2-})的还原能力增强,N_2O 大量产生;随着体系中 NO_2^--N 逐渐被还原,其剩余浓度减少,N_2O 的产量逐渐下降。

当反应体系初始 pH 为 10 时,体系中 E_h 的变化范围变为 $-506 \sim -521$ mV,还原产

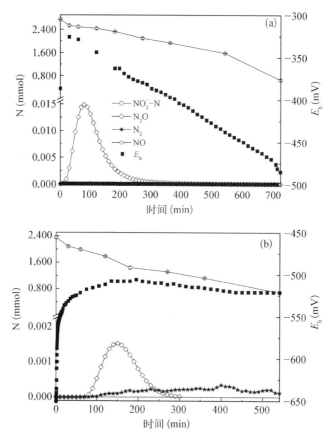

图 3-32 不同 E_h 下 GR1(CO_3^{2-})还原 NO_2^--N 生成气态产物变化图

pH=8.3 (a), pH=10 (b)

物出现由 N_2O 到 N_2 的转变。由图 3-32(b)可知,E_h 在 $-506\sim-510$ mV 的范围内变化时,还原产物主要为 N_2O。然而,当 E_h 低于 -510 mV 时,体系中只有气态还原产物 N_2 存在。Christian 等[34]根据 Nernst 方程研究表明绿锈的还原能力随着 E_h 的降低而增加。根据表 3.7 所示,在反应过程中,随着体系 E_h 逐渐降低,GR1(CO_3^{2-})的还原能力逐渐增加,当体系中的 E_h 变化到与 E_{h-} 和 $E_{h+(I)}$ 或 E_{h-} 和 $E_{h+(II)}$ 间的电位差相近时,则有利于其所表示的对应方程的发生。因此,随着 E_h 的变化,出现了实验中还原产物由 N_2O 向 N_2 转变的现象。值得注意的是,在反应时间达 300 min 时,体系 E_h 变为 -510 mV,还原产物无 N_2O,这一实验现象与图 3-30 所表示的 E_h 和气态还原产物变化关系一致。由此表明在 GR1(CO_3^{2-})/NO_2^--N 体系中,调控 E_h 在 $-473\sim-510$ mV 范围内时,还原产物以 N_2O 为主;调控 E_h 低于 -510 mV 时,还原产物以除 N_2O 外的其他氮存在形式为主。通过调控 E_h,可以实现绿锈脱氮过程中气态还原产物形成类型的控制。

在脱氮过程中,当 E_h 值过低,GR1(CO_3^{2-})还原性太强,NH_4^+-N 也可作为主要的还原产物。为证实还原产物(N_2O、N_2 和 NH_4^+-N)与 E_h 的关系,实现通过调控 E_h 来控制还原产物的形成,实验通过改变反应体系初始 E_h,测定反应系统中各还原产物的含量,计算其占体系 TN 的比例,计算结果如表 3.8 所示。由表 3.8 可知,随着初始 E_h 的变化,各还原产物呈现出不同的变化趋势。随着初始 E_h 的降低,气态氮产物出现先增加后减少的变化;N_2O 在气态氮产物中的比例随着初始 E_h 的降低而逐渐下降;随着初始 E_h 的降低,N_2 在气态氮产物中的比例和 NH_4^+-N 含量却呈现出逐渐增加的趋势。虽然 N_2O 和 NH_4^+-N 的产率在初始 E_h 为 -329 mV 时分别达到了 100% 和 4.33%,还原产物几乎为 N_2O,溶解性 NH_4^+-N 生产率低,但气态氮的产率只有 32.40%。这表明在初始 E_h 为 -329 mV 的 $GR1(CO_3^{2-})/NO_2^-$-N 体系中,NO_2^--N 的去除效率极低,不能满足 N_2O 高产率,从而实现高效脱氮的目的。当初始 E_h 降为 -473 mV 时,气态氮的生成率达到 85.41%,N_2O 和 NH_4^+-N 的产率分别变为 83.54% 和 5.33%,由表 3.8 可知,气态氮和 N_2O 的产率逐渐增加,并在此时达到最大,且 NH_4^+-N 产率变化不大,仅出现略微增加,说明当初始 E_h 低为 -473 mV 时,NO_2^--N 去除率增加,并达到最大。同时,气态氮实现高产率,TN 去除率最高。随着 E_h 由 -473 mV 持续降低至 -590 mV,伴随着 N_2 由 16.46% 增加至 100% 及 N_2O 在反应体系的消失,气态氮的产率由 85.41% 降至 16.78%。虽然反应体系中 N_2 成为主要的气态还原产物,但 NO_2^--N 的去除率却逐渐降低。值得注意的是,此时 NH_4^+-N 的生成率由 5.33% 变为 60%,溶液中溶解性氮含量增加,这不利于 TN 的去除。通过改变 $GR1(CO_3^{2-})/NO_2^-$ 体系中初始 E_h 而呈现的实验现象解释了反应体系中的 E_h 可以极大地影响不同还原产物形成的事实;且证实了通过调控 $GR1(CO_3^{2-})$ 还原 NO_2^--N 反应体系中的 E_h 可以实现溶液氮向气态氮的转化,使气态还原产物产率达到最大,从而实现高效脱氮的目的。

表 3.8 不同 E_h 条件下的各类氮含量变化(%)

E_h(mV)	$C(N_g)$	$C(N_2O)$	$C(N_2)$	$C(NH_4^+$-N)
$-329 \sim -501$	32.40	100	0	4.33
$-473 \sim -635$	85.41	83.54	16.46	5.33
$-506 \sim -651$	63.79	61.80	38.20	5.42
$-590 \sim -697$	16.78	0	100	60

注:$C(N_g) = N_g/TN$;$C(N_2O) = N_2O/(N_2O+N_2)$;$C(N_2) = N_2/(N_2O+N_2)$;$C(NH_4^+$-N$) = NH_4^+$-N$/([NO_2^-$-N$]_0 - [NO_2^-$-N$]_t)$

3.3.2 单因素对 E_h 和还原产物的影响

研究表明,在 $GR1(CO_3^{2-})$ 脱氮过程中 E_h 变化和还原产物生成效率取决于多个参数的水平。其中,影响 $GR1(CO_3^{2-})$ 结晶度的陈化时间、NO_2^--N 初始浓度和反应体系初始 pH 的每个单因素对 $GR1(CO_3^{2-})/NO_2^-$-N 体系中 E_h 变化和还原产物生成的影响为本节着重考察对象。图 3-33 表示了不同陈化时间、不同 NO_2^--N 初始浓度和不同初始 pH 对反应体系中 E_h 的影响。由图 3-33 可知,不同的实验条件变化对 E_h 的影响并不一致。

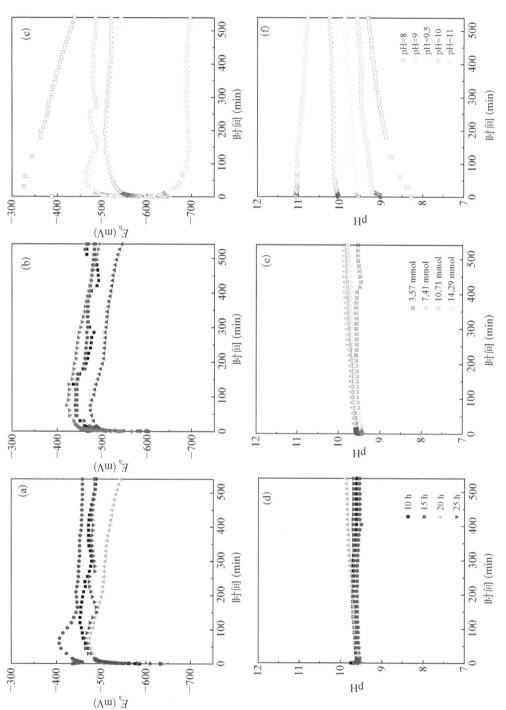

图 3－33　陈化时间(a、d)、NO_2^--N 浓度(b、e)和初始 pH(c、f)对 E_h 的影响

在投加不同陈化时间的 GR1(CO_3^{2-})悬浊液 150 mL、NO_2^--N 反应初始浓度为 150 mg/L，体系初始 pH 为 9.5 的实验条件下，陈化时间对体系 E_h 的影响如图 3-33(a) 所示。在某个固定的陈化时间里，随着反应时间的增加，体系中 E_h 呈现先增加后减少的趋势，pH 恒定在 9.5±0.2[图 3-33(d)]。当陈化时间由 10 h 变为 25 h 时，E_h 由 −405 mV 降低至 −473 mV。GR1(CO_3^{2-})悬浊液加入 NO_2^--N 溶液中会打破体系中的氧化还原平衡，使体系中 E_h 增加。

由表 3.7 中正极 E_{h+} 的表达式可知，NO_2^--N 浓度和初始 pH 的变化是影响 E_h 变化的两个重要因素。在室温、氮气保护的条件下，当陈化 20 h 的 GR1(CO_3^{2-})悬浊液投加量为 150 mL 和初始 pH 为 9.5 时，图 3-33(b) 为考察不同 NO_2^--N 初始浓度对体系 E_h 的影响。在某个固定的 NO_2^--N 初始浓度内，随着反应时间的增加，体系中 E_h 呈现先增大后降低的趋势，pH 恒定在 9.5±0.2[图 3-33(e)]。当 NO_2^--N 初始浓度由 50 mg/L 变为 200 mg/L 时，E_h 由 −425 mV 降至 −473 mV。陈化 20 h 的 150 mL GR1(CO_3^{2-})悬浊液投加至 NO_2^--N 溶液中(NO_2^--N 初始浓度为 150 mg/L)，研究不同初始 pH 对 E_h 的影响，实验结果如图 3-33(c) 所示。随着反应的进行，除调节反应体系初始 pH 为 11 时 E_h 呈直线下降外，在初始 pH 为 8.3~10 的范围内，E_h 出现先增大后降低的现象。当初始 pH 由 8.3 增加至 11 时，E_h 由 −329 mV 明显降至 −700 mV。在反应过程中，体系中 pH 未出现下降的现象[图 3-33(f)]。根据 Nernst 方程得出随着 pH 的升高绿锈的 E_h 降低，还原能力增强。Christian 等[34] 得到的不同条件下的 E_h−pH 图谱也充分证实了绿锈还原能力与 pH 成正比关系这一结论。

随着脱氮的进行，GR1(CO_3^{2-})结构逐渐被破坏，插层阴离子 CO_3^{2-} 析出并发生如式 (3.26)和式(3.27)所示的水解反应，使体系中 HCO_3^- 增多，促使体系中 E_h 又逐渐下降。分析不同陈化时间下 GR1(CO_3^{2-})的 XRD 图谱发现(图 3-34)，随着陈化时间的增加，GR1(CO_3^{2-})结构呈现的强度出现先增大后降低的现象。最大强度出现在陈化 20 h 的 GR1(CO_3^{2-})结构内。由于绿锈的形成为一个不稳定状态向稳定状态转变及结晶度降低的过程，在 15~25 h 的陈化时间里 GR1(CO_3^{2-})结构强度出现小幅降低的现象。Ahmed 等[35] 在研究绿锈形成的过程中也发现，随着陈化时间的增加，绿锈的结晶度逐渐增大，结构强度也逐渐增强。这解释了当不同陈化时间的 GR1(CO_3^{2-})投入反应体系时，E_h 变化不一致的原因。

陈化时间对形成的 GR1(CO_3^{2-})的结晶度与还原性的影响如图 3-34 所示。与陈化时间和 NO_2^--N 初始浓度相比，初始

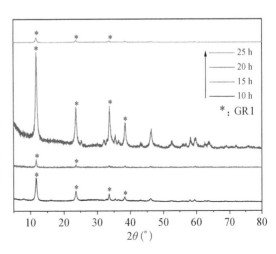

图 3-34　陈化时间对形成绿锈 XRD 图谱的影响

pH 对 E_h 的影响较为显著。为了验证这一实验现象,下文将逐一讨论对应单因素对还原产物形成的影响。

1. GR1(CO_3^{2-})的陈化时间

图 3 - 35(a~d)所示为 GR1(CO_3^{2-})悬浊液 150 mL、NO_2^--N 反应初始浓度 150 mg/L 及

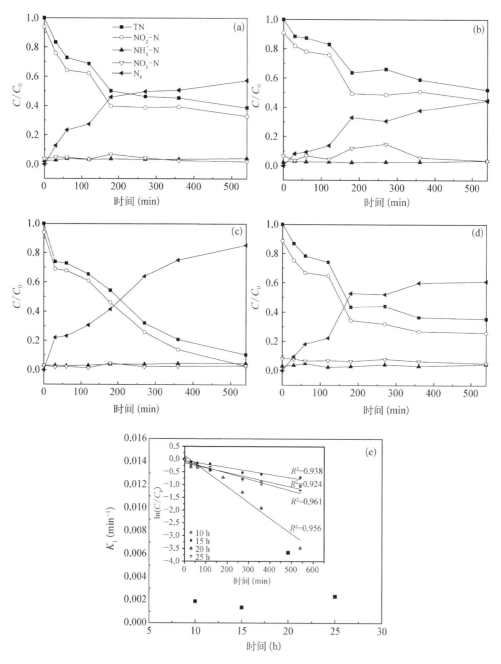

图 3 - 35　陈化时间对 NO_2^- -N 及 TN 去除和还原产物生成的影响

(a)~(d)陈化时间为 10 h,15 h,20 h 和 25 h 时,NO_2^--N 及 TN 去除率和还原产物生成率;(e) NO_2^--N 降解动力学曲线

体系初始 pH 为 9.5 的实验条件下,GR1(CO_3^{2-})的不同陈化时间对 NO_2^--N 去除和还原产物生成的影响。当合成 GR1(CO_3^{2-})的陈化时间由 10 h 延长至 20 h 时,NO_2^--N 去除率、TN 去除率和气态氮(N_g)的生成率分别由 67.24%、61.29% 和 57.29% 增大至 97.1%、90% 和 85.41%。当陈化时间为 20 h 时,GR1(CO_3^{2-})脱氮效果最好,TN 去除率和 N_g 生成率最高。当陈化时间增加至 25 h 时,GR1(CO_3^{2-})只能去除 74.08% 的 NO_2^--N,同时形成 61.01% 的 N_g。在不同陈化时间的 GR1(CO_3^{2-})脱氮的过程中,各个反应体系中均只有少量的 NO_3^--N 和 NH_4^+-N 生成,表明陈化时间对 NO_3^--N 和 NH_4^+-N 生成影响较小。

对 NO_2^--N 的去除率进行一级动力学拟合,拟合公式如下:

$$k = (1/t)\ln(C_t/C_0) \tag{3.56}$$

式中,k 为速率常数;C_0 为 NO_2^--N 初始浓度;C_t 为 t 时刻 NO_2^--N 浓度。

不同陈化时间的 GR1(CO_3^{2-})去除 NO_2^--N 的过程中,NO_2^--N 的降解规律符合一级动力学方程[图 3-35(e)],与 Etique[36] 等的研究现象一致。随着陈化时间由 10 h 延长至 20 h,体系反应速率常数 k 从 2.17×10^{-4} min^{-1} 增至 4.96×10^{-4} min^{-1};持续增加陈化时间至 25 h 时,k 值减小。这表明随着陈化时间的增加,绿锈会呈现出更好的结晶度与还原性。

2. NO_2^--N 的初始浓度

在陈化 20 h 的 GR1(CO_3^{2-})悬浊液投加量为 150 mL、体系初始 pH 为 9.5 的实验条件下,研究 NO_2^--N 初始浓度对 NO_2^- 去除和还原产物生成的影响,结果如图 3-36 所示。实验结果表明,随着 NO_2^--N 初始浓度的增加,NO_2^--N 去除率、TN 去除率和 N_g 生成率呈现先增加后减少的趋势。NO_2^--N 初始浓度为 150 mg/L 时,NO_2^--N 去除率、TN 去除率和 N_g 生成率达到最大,分别为 97.1%、90% 和 85.41%。这是因为在反应过程中,由于 GR1(CO_3^{2-})快速氧化,导致其活性位点减少,当 NO_2^--N 初始浓度达到一定临界值后,NO_2^--N 去除效率及 N_g 生成效率不会出现随着 NO_2^--N 初始浓度的增加而增加的现象。由于 NO_2^--N 初始浓度对体系 E_h 变化影响不大,从而出现各个反应体系中 NO_3^--N 和 NH_4^+-N 生成率变化不大的实验现象。

拟合 NO_2^--N 浓度变化曲线 $\ln(C_t/C_0)$—t 发现,GR1(CO_3^{2-})在去除不同初始浓度的 NO_2^--N 的过程中,NO_2^--N 降解规律符合一级动力学[图 3-35(e)]。当 NO_2^--N 初始浓度为 50 mg/L 时,体系反应速率常数 k 为 2.85×10^{-4} min^{-1};初始浓度为 150 mg/L 时,k 值增加为 5.60×10^{-4} min^{-1}。

3. 初始 pH

绿锈的还原能力随着 E_h 的降低而增加,溶液初始 pH 的变化是影响 E_h 变化的一个重要因素。因此,调节溶液初始 pH 会直接影响 GR1(CO_3^{2-})的脱氮效率。在陈化 20 h 的 GR1(CO_3^{2-})悬浊液 150 mL、NO_2^--N 反应初始浓度 150 mg/L 的实验条件下,研究溶液初始 pH 从 8.3~11.0 范围内对 NO_2^--N 去除和还原产物生成的影响,结果如图 3-37 所示。

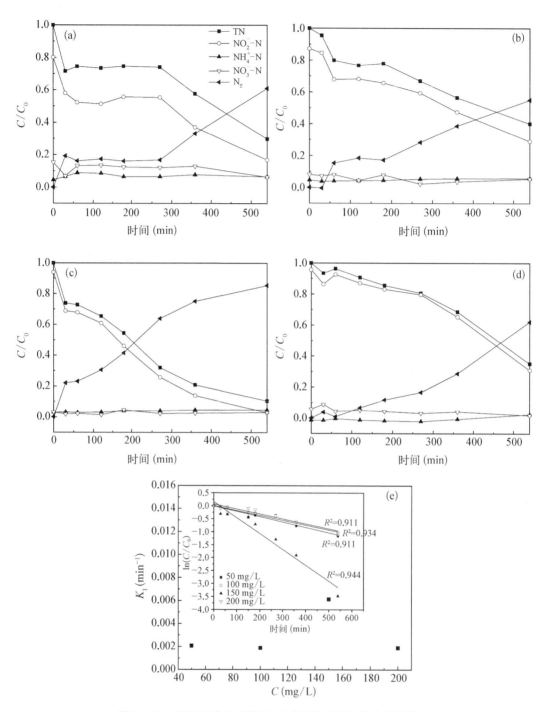

图 3 - 36　$NO_2^- $-N 浓度对其及 TN 去除和还原产物生成的影响

(a)～(d)：$NO_2^- $-N 浓度为 50 mg/L，100 mg/L，150 mg/L 和 200 mg/L 时，$NO_2^- $-N 及 TN 去除率和还原产物生成率；(e)$NO_2^- $-N 降解动力学曲线

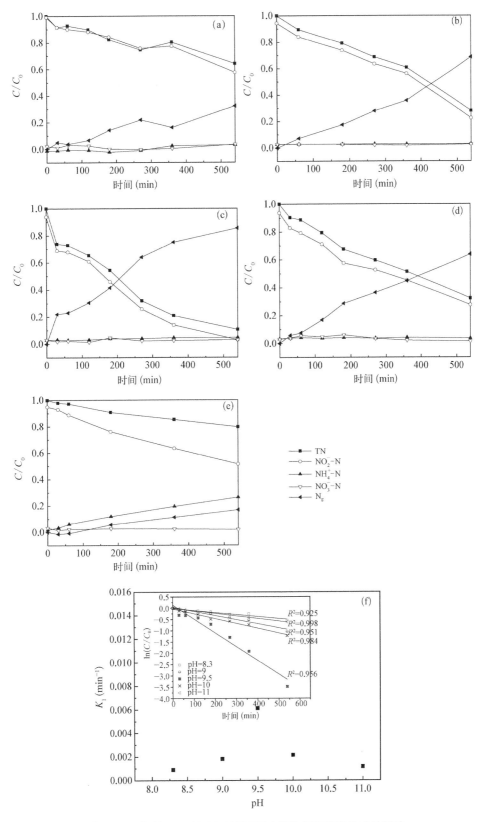

图 3-37 初始 pH 对 $NO_2^- $-N 及 TN 去除和还原产物生成的影响

(a)～(e) pH 为 8.3, 9, 9.5, 10 和 11 时, $NO_2^- $-N 及 TN 去除率和还原产物生成率;(f) $NO_2^- $-N 降解动力学曲线

由图 3-37 可知,随着反应时间的增加,GR1(CO_3^{2-})/NO_2^- 体系中 NO_2^--N 和 TN 逐渐减少,N_g 生成率逐渐增大,有微量 NO_3^--N 生成。当溶液初始 pH 在 8.3～10 范围内时,溶液中仅有少量 NH_4^+-N 还原产物生成。增大初始 pH 至 11 时,NH_4^+-N 的生成率从 5% 增大至 26.3%,这与 NO_3^--N 还原实验结果一致[37]。溶液初始 pH 调至 9.5 时,NO_2^--N 去除率、TN 去除率和 N_g 生成率达到最大,分别为 97.1%、90% 和 85.4%[图 3-37(c)]。

图 3-38 所示为不同 pH 条件下固体相的 XRD 图谱。由图 3-38 可知,随着溶液初始 pH 的增加,氧化产物由 Fe_3O_4 和 α-FeOOH 的组合物逐渐变为 Fe_3O_4。当溶液初始 pH 为 9.5 时,GR1-CO_3^{2-} 的氧化产物为 Fe_3O_4。由于 GR1(CO_3^{2-})脱氮过程中氧化产物 Fe_3O_4 的形成,GR1(CO_3^{2-})还原能力降低,当初始 pH 大于 10 时,NO_2^--N 去除率、TN 去除率和 N_g 生成率分别降低至 72.5%、67.7% 和 63.8%。

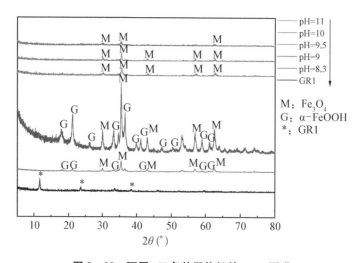

图 3-38　不同 pH 条件固体相的 XRD 图谱

拟合 NO_2^--N 浓度变化曲线 $\ln(C_t/C_0)$—t 发现,在不同初始 pH 条件下,GR1(CO_3^{2-})对 NO_2^--N 的降解符合一级动力学[图 3-37(f)]。当溶液初始 pH 增加至 9.5 时,体系反应速率常数 k 达到最大,为 4.96×10^{-4} min^{-1}。随着溶液初始 pH 的增加,k 值逐渐减小。

3.3.3　小结

通过 GC 和 NO-NO_2-NO_x 分析仪等确定气态产物 N_2O 和 N_2 的组分及含量,推导反应方程式,完成反应体系氮质量平衡核算。还原产物的生成种类和含量取决于反应系统中 E_h 的高低,调节体系中的 E_h,确定 GR1(CO_3^{2-})脱氮过程中还原产物的生成顺序为 N_2O、N_2 和 NH_4^+-N。

GR1(CO_3^{2-})处理 NO_2^--N 时表现出良好的还原能力,在 GR1(CO_3^{2-})悬浊液陈化 20 h、NO_2^--N 初始浓度为 150 mg/L 及体系初始 pH 为 9.5 的实验条件下,在 540 min 内,

通过氧化 $GR1(CO_3^{2-})$ 为 Fe_3O_4，97.1% 的 NO_2^--N 被还原，还原产物主要以气态氮 N_2O（71.34%）和 N_2（14.06%）的形式存在，溶液中有少量的 NH_4^+-N（4.68%）和 NO_3^--N（2.97%）生成，TN 去除率达到 90%。

对比 $GR1(CO_3^{2-})$ 的陈化时间、NO_2^--N 初始浓度和溶液初始 pH 发现，初始 pH 对 E_h 的影响较为显著。当体系初始 pH 超过 9.5 时，系统 E_h 剧烈下降，$GR1(CO_3^{2-})$ 还原性过强，NO_2^--N 及 TN 去除率和 N_2O 及 N_2 生成率降低，还原产物由气态氮向 NH_4^+-N 转变。

主要参考文献

[1] Hansen H C B, Borggaard O, Sorensen K J. Evaluation of the free energy of formation of Fe(Ⅱ)-Fe(Ⅲ) hydroxide-sulphate (green rust) and its reduction of nitrite[J]. Geochimica et Cosmochimica Acta, 1994, 58(12): 2599 - 2608.

[2] Guilbaud R, White M L, Poulton S W. Surface charge and growth of sulphate and carbonate green rust in aqueous media[J]. Geochimica et Cosmochimica Acta, 2013, 108: 141 - 153.

[3] 王小明, 艾思含, 董婷, 等. 人工合成绿锈 $GR1(CO_3^{2-})$ 的氧化晶质过程、特点及主要影响因素[J]. 土壤学报, 2013, 50(6): 1143 - 1153.

[4] Fanning J C. The chemical reduction of nitrate in aqueous solution[J]. Coordination Chemistry, 2000, 199(1): 159 - 179.

[5] Ottley C J, Davison W, Ewdmunds W M. Chemical catalysis of nitrate reduction by iron(Ⅱ)[J]. Geochimica et Cosmochimica Acta, 1997, 61(9): 1819 - 1828.

[6] Hansel C M, Learman D R, Lentini C J, et al. Effect of adsorbed and substituted Al on Fe(Ⅱ)-induced mineralization pathways of ferrihydrite[J]. Geochimica et Cosmochimica Acta, 2011, 75(16): 4653 - 4666.

[7] Jentzsch T L, Chun C, Gabor R S, et al. Influence of Aluminum Substitution on the Reactivity of Magnetite Nanoparticles[J]. Journal of Physical Chemistry C, 2007, 111(28): 10247 - 10253.

[8] Gao W, Guan N, Chen J, et al. Titania supported Pd-Cu bimetallic catalyst for the reduction of nitrate in drinking water[J]. Applied Catalysis B: Environmental, 2003, 46(2): 341 - 351.

[9] Sørensen J, Thorling L. Stimulation by lepidocrocite (γ-FeOOH) of Fe(Ⅱ)-dependent nitrite reduction[J]. Geochimica et Cosmochimica Acta, 1991, 55(5): 1289 - 1294.

[10] Luo H, Jin S, Fallgren P H, et al. Prevention of iron passivation and enhancement of nitrate reduction by electron supplementation[J]. Chemical Engineering Journal, 2010, 160(1): 185 - 189.

[11] Ruby C, Abdelmoula M, Aissa R, et al. Aluminium substitution in iron(Ⅱ-Ⅲ)-layered double hydroxides: Formation and cationic order[J]. Journal of Solid State Chemistry, 2008, 181(9): 2285 - 2291.

[12] Yang G C C, Lee H L. Chemical reduction of nitrate by nanosized iron: kinetics and pathways[J]. Water Research, 2005, 39(5): 884 - 894.

[13] Choi J, Batchelor B. Nitrate reduction by fluoride green rust modified with copper[J].

Chemosphere. 2008, 70(6): 1108 - 1116.

[14] Fanning J C. The chemical reduction of nitrate in aqueous solution[J]. Coordination Chemistry Reviews, 2000, 199(1): 159 - 179.

[15] Stumm W, Sulzberger B. The cycling of iron in natural environments: Consideration based on laboratory studies of heterogeneous redox processes[J]. Geochimica et Cosmochimica Acta, 1992, 56(8): 3233 - 3257.

[16] Antony H, Legrand L, Chaussé A. Carbonate and sulphate green rusts: mechanisms of oxidation and reduction[J]. Electrochimica Acta, 2008, 53(24): 7146 - 7156.

[17] Guerbois D, Nguema G O, Morin G, et al. Nitrite reduction by biogenic hydroxycarbonate green rusts: evidence for hydroxy-nitrite green rust formation as an intermediate reaction product[J]. Environmental Science & Technology, 2014, 48(8): 4505 - 4514.

[18] Rakshit S, Matocha C J, Coyne M S. Nitrite reduction by siderite[J]. Soil Science Society of America Journal, 2008, 72(4): 1070 - 1077.

[19] Samarkin V A, Madigan M T, Bowles M W, et al. Abiotic nitrous oxide emission from the hypersaline Don Juan Pond in Antarctica[J]. Nature Geoscience, 2010, 3: 341 - 344.

[20] Dhakal P, Matocha C J, Huggins F E, et al. Nitrite reactivity with magnetite [J]. Environmental Science & Technology, 2013, 47(12): 6206 - 6213.

[21] Tai Y, Dempsey B A. Nitrite reduction with hydrous ferric oxide and Fe(II): stoichiometry, rate, and mechanism[J]. Water Research, 2009, 43(2): 546 - 552.

[22] Kampschreur M J, Kleerebezem R, Vet W W J M D, et al. Reduced iron induced nitric oxide and nitrous oxide emission[J]. Water Research, 2011, 45(18): 5945 - 5952.

[23] Guilbaud R, White M L, Poulton S W. Surface charge and growth of sulphate and carbonate green rust in aqueous media[J]. Geochimica Et Cosmochimica Acta, 2013, 108(3): 141 - 153.

[24] Scherson Y D, Wells G F, Woo S G, et al. Nitrogen removal with energy recovery through N_2O decomposition[J]. Energy & Environmental Science, 2013, 6(1): 241 - 248.

[25] Ruby C, Abdelmoula M, Naille S, et al. Oxidation modes and thermodynamics of Fe $II - III$ oxyhydroxycarbonate green rust: dissolution-precipitation versus in situ deprotonation[J]. Geochimica Et Cosmochimica Acta, 2010, 74(3): 953 - 966.

[26] O'Loughlin E J, Kelly S D, Cook R E, et al. Reduction of uranium(VI) by mixed iron(II)/iron(III) hydroxide (green rust): formation of UO($_2$) manoparticies[J]. Environmental Science & Technology, 2003, 37(4): 721 - 727.

[27] Grosvenor A P, Kobe B A, Biesinger M C, et al. Investigation of multiplet splitting of Fe2p XPS spectra and bonding in iron compounds[J]. Surface & Interface Analysis, 2004, 36(12): 1564 - 1574.

[28] Génin J M R, Bourrié G, Trolard F, et al. Thermodynamic equilibria in aqueous suspensions of synthetic and natural Fe (II) - Fe (III) green rusts: occurrences of the mineral in hydromorphic soils[J]. Environmental Science & Technology, 1998, 32(8): 1058 - 1068.

[29] Iwayama M, Kurniawan I, Kawaguchi K, et al. A hybrid-type approach with MD and DFT calculations for evaluation of redox potential of molecules[J]. Molecular Simulation, 2015, 41 (10 - 12): 1 - 6.

[30] Sviatenko L K, Leonid G, Hill F C, et al. Structure and redox properties of 5 - Amino - 3 - nitro - 1H - 1,2,4 - triazole (ANTA) adsorbed on a silica surface: a DFT M05 computational

study[J]. Journal of Physical Chemistry A, 2015, 119(29): 8139 - 8145.

[31] Xu W, Wang H, Liu R, et al. Arsenic release from arsenic-bearing Fe-Mn binary oxide: effects of E(h) condition[J]. Chemosphere, 2011, 83(7): 1020 - 1027.

[32] Refait P, Memet J B, Bon C, et al. Formation of the Fe(Ⅱ)- Fe(Ⅲ) hydroxysulphate green rust during marine corrosion of steel[J]. Corrosion Science, 2003, 45(4): 833 - 845.

[33] Nagata F, Inoue K, Shinoda K, et al. Characterization of oxidation of green rust (Cl⁻) containing copper in aqueous solution[J]. Materials Transactions, 2009, 50(11): 2557 - 2562.

[34] Christian R, Chandan U, Antoine G, et al. In situ redox flexibility of Fe Ⅱ - Ⅲ oxyhydroxycarbonate green rust and fougerite[J]. Environmental Science & Technology, 2006, 40(15): 4696 - 4702.

[35] Ahmed I A M, Benning L G, Gabriella K, et al. Formation of green rust sulfate: a combined in situ time-resolved X-ray scattering and electrochemical study[J]. Langmuir the Acs Journal of Surfaces & Colloids, 2010, 26(9): 6593 - 6603.

[36] Etique M, Zegeye A, Grégoire B, et al. Nitrate reduction by mixed iron (Ⅱ - Ⅲ) hydroxycarbonate green rust in the presence of phosphate anions: the key parameters influencing the ammonium selectivity[J]. Water Research, 2014, 62(7): 29 - 39.

[37] Nagata F, Inoue K, Shinoda K, et al. Characterization of oxidation of green rust (Cl⁻) containing copper in aqueous solution[J]. Materials Transactions, 2009, 50(11): 2557 - 2562.

第 4 章
微生物介导下的 Fe(Ⅲ)/Fe(Ⅱ)循环脱氮效能及机理

4.1 微生物介导下的 Fe(Ⅲ)/Fe(Ⅱ)循环脱氮效能研究

城镇污水处理中的生化尾水由于碳氮比失衡,无法有效地完成生物反硝化过程,其中含有的大量无机氮类,会造成无机氮的严重超标。铁的生物化学循环与氮的迁移转化过程有重要的意义,本章以模拟废水亚硝态氮/硝态氮还原转化的结果为基础,建立微生物- Fe-N 共存体系,研究微生物介导下的 Fe(Ⅲ)/Fe(Ⅱ)循环及亚硝态氮/硝态氮的还原转化过程。

4.1.1 微生物介导下的 Fe(Ⅲ)/Fe(Ⅱ)循环对亚硝态氮的去除

利用分离纯化得到的目标菌株,首先探究 S. oneidensis MR‐1 异化铁还原作用,考察 S. oneidensis MR‐1 分别在水铁矿($Fe_5HO_8 \cdot 4H_2O$)和磁铁矿(Fe_3O_4)两种铁氧化物体系中的还原效果,其次探究不同浓度的 NO_2^--N 在微生物- Fe 体系中的去除效果,实现在微生物- Fe-N 体系中,微生物介导下的 Fe(Ⅲ)/Fe(Ⅱ)循环去除 NO_2^--N。

1. 铁还原产物分析

(1)铁还原生成生物源 Fe(Ⅱ)

在无菌条件下建立微生物- Fe 体系,考察 S. oneidensis MR‐1 铁还原能力。在 S. oneidensis MR‐1 分别还原水铁矿和磁铁矿的过程中生物源 Fe(Ⅱ)生成情况如图 4‐1 所示。随着反应时间增加,生物源 Fe(Ⅱ)在 20 h 内快速生成,最后趋于平稳。反应时间达 24 h 时, S. oneidensis MR‐1 还原水铁矿生成 187.05 mg/L 的生物源 Fe(Ⅱ),其生成速率为 7.79 mg/h; S. oneidensis MR‐1 还原磁铁矿生成 66.03 mg/L 的生物源 Fe(Ⅱ),其生成速率为 2.75 mg/h。在 50 h 的反应时间里 S. oneidensis MR‐1 还原水铁矿得到生物源 Fe(Ⅱ)的生成量是 S. oneidensis MR‐1/磁铁矿体系中生物源 Fe(Ⅱ)生成

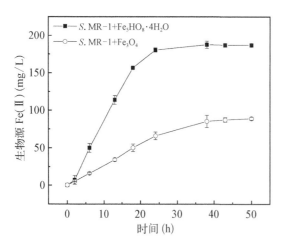

图 4‐1 S. oneidensis MR‐1 还原水铁矿/磁铁矿过程中生物源 Fe(Ⅱ)的生成情况

量的近 3 倍。研究表明,铁还原菌还原铁氧化物的速率与铁矿物的比表面积[1]和铁矿物的溶解度有关[2],通过 XRD 表征可知,水铁矿结晶度较差,是无定形状态;而磁铁矿性质更稳定,是结晶度较好的铁氧化物,结合 BET 测定结果可知,水铁矿相较于磁铁矿具有更大的比表面积。由此可以判定,水铁矿因弱结晶度和较大的比表面积,更容易被 S. oneidensis MR - 1 还原溶解,生成大量的生物源 Fe(Ⅱ)。

（2）固体相性质变化

在微生物-Fe 体系中,考察铁还原菌还原铁矿物前后的变化情况,反应前后水铁矿和磁铁矿的 XRD 图谱如图 4 - 2 所示。通过 Jade 软件分析可知,图 4 - 2(a)给出了 S. oneidensis MR - 1 还原水铁矿前后的 XRD 图谱,水铁矿是弱结晶无定形态,经 S. oneidensis MR - 1 还原后产物的三强峰对应的 2θ 角分别为 35.4°、56.9°和 62.5°,与标准的磁铁矿 XRD 图谱相吻合。由此说明水铁矿经过 S. oneidensis MR - 1 异化铁还原作用形成磁铁矿,研究表明[3-5],生物型磁铁矿可由铁还原菌诱导再次矿化形成,微生物通过新陈代谢活动调节周围的条件,铁还原菌还原水铁矿得到的大量生物源 Fe(Ⅱ)在菌体表面沉淀形成磁铁矿。S. oneidensis MR - 1 还原磁铁矿前后的 XRD 图谱如图 4 - 2(b)所示,磁铁矿经 S. oneidensis MR - 1 还原作用前后并没有变化,因磁铁矿是性质相较于水铁矿更稳定的铁氧化物,在 S. oneidensis MR - 1 还原磁铁矿的过程中,只有少量生物源 Fe(Ⅱ)生成,且分散于溶液中,没有再形成新的铁矿物。

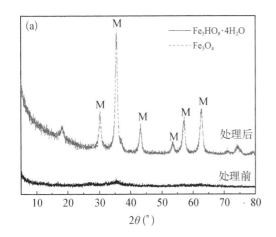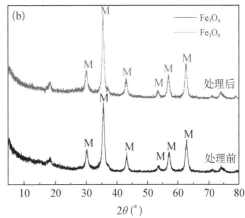

图 4 - 2　微生物还原前后水铁矿(a)和磁铁矿(b)XRD 图谱

2. 微生物-Fe 体系亚硝态氮的去除效果

（1）NO_2^--N 投加量

基于上述实验结果,S. oneidensis MR - 1 对两种铁氧化物均具有较好的还原效果。在废水脱氮过程中,目标污染物的初始浓度是一个重要的考量因素。因此,首先考察不同初始浓度 NO_2^--N 在微生物-Fe 体系中的去除效果。在无菌条件下建立微生物-Fe 体系,加入适量 NaNO2 母液,NO_2^--N 初始浓度分别为 30 mg/L,70 mg/L,140 mg/L 和 280 mg/L。

不同浓度 NO_2^--N 在微生物-水铁矿和微生物-磁铁矿中的去除效果如图 4 - 3 所示。由

图 4-3(a)可知,在微生物-水铁矿体系中,当$NO_2^- \text{-N}$的浓度为 30 mg/L 时,随着反应时间的增加,$NO_2^- \text{-N}$浓度逐渐降低,在 20 h 内,$NO_2^- \text{-N}$被完全去除,脱氮速率为 1.28 ± 0.08 mg/(L·h)。当$NO_2^- \text{-N}$的浓度为 70 mg/L 时,在 20 h 内,$NO_2^- \text{-N}$的去除率达 50%,但随着$NO_2^- \text{-N}$浓度增至 140 mg/L 和 280 mg/L,脱氮速率逐渐降低,其去除率低于 20%。由图 4-3(b)可知,在微生物-磁铁矿体系中,当$NO_2^- \text{-N}$的浓度为 30 mg/L 时,在 37 h 内,$NO_2^- \text{-N}$被完全去除,脱氮速率为 0.65 ± 0.02 mg/(L·h)。同样当$NO_2^- \text{-N}$浓度为 70 mg/L 时,在 37 h 内,$NO_2^- \text{-N}$去除率为 40%,但随着$NO_2^- \text{-N}$浓度增至 140 mg/L 和 280 mg/L,其去除效果并不明显。因此,在 Fe-微生物体系中,低浓度$NO_2^- \text{-N}$的去除效果更为显著,并且在微生物-水铁矿体系中,脱氮速率更快。如实际生化尾水中含有少量但毒性更强的$NO_2^- \text{-N}$时,30 mg/L 完全符合实际体系,同时脱氮效果最优。

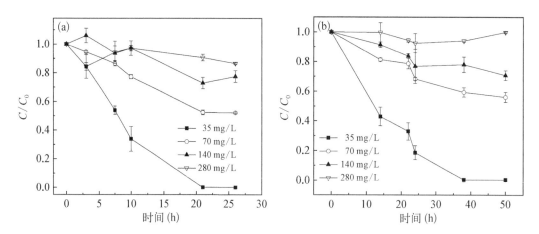

图 4-3 不同浓度$NO_2^- \text{-N}$在 *S. oneidensis* MR-1 介导下的水铁矿(a)和磁铁矿(b)中的去除效果

(2)生物源 Fe(Ⅱ)的生成

基于前期试验,确定$NO_2^- \text{-N}$初始浓度为 30 mg/L。*S. oneidensis* MR-1 对铁氧化物具有还原作用,因此考察在微生物-Fe-($NO_2^- \text{-N}$)体系中生物源 Fe(Ⅱ)的生成情况,30 mg/L $NO_2^- \text{-N}$是否会影响微生物铁的还原作用。在微生物-水铁矿和微生物-磁铁矿体系中,分别加入 30 mg/L $NO_2^- \text{-N}$,其对生物源 Fe(Ⅱ)生成量的影响如图 4-4 所示。将微生物-磁铁矿与微生物-水铁矿-($NO_2^- \text{-N}$)进行对比,投加 30 mg/L $NO_2^- \text{-N}$,没有抑制菌还原水铁矿生成生物源 Fe(Ⅱ);相同反应时间内,生物源 Fe(Ⅱ)生成量均为 200 mg/L 左右,这说明微生物依然有较好的还原效果。图 4-4(b)中,在微生物-磁铁矿体系中投加 30 mg/L 的$NO_2^- \text{-N}$,*S. oneidensis* MR-1 在反应前 20 h,还原生成生物源 Fe(Ⅱ)的速率相对较缓慢,但是经过 50 h 的反应,最终生物源 Fe(Ⅱ)的生成量在 87 mg/L 左右。因此,在微生物-铁氧化物体系中,30 mg/L $NO_2^- \text{-N}$具有最优还原效果,*S. oneidensis* MR-1 对铁氧化物有还原作用,$NO_2^- \text{-N}$与铁氧化物共存没有相互竞争,依然有生物源 Fe(Ⅱ)生成,同时生物源 Fe(Ⅱ)的生成有利于实现多次脱氮。

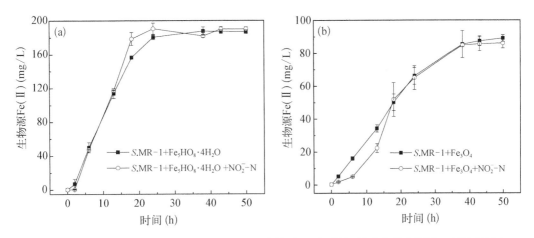

图 4-4　NO$_2^-$-N 对 *S. oneidensis* MR-1 还原水铁矿(a)和磁铁矿(b)生成生物源 Fe(Ⅱ)的影响

(*S.* MR-1: *S. oneidensis* MR-1)

3. 微生物作用下 NO$_2^-$-N 的还原

研究表明,NO$_2^-$-N 同样可以作为 *S. oneidensis* MR-1 的电子受体,即 *S. oneidensis* MR-1 可以还原 NO$_2^-$-N[6]。因此,探究不同初始浓度的 NO$_2^-$-N 在水铁矿-(NO$_2^-$-N)、磁铁矿-(NO$_2^-$-N)和(*S. oneidensis* MR-1)-(NO$_2^-$-N)体系中的去除效果,结果如图 4-5 所示。由图 4-5(a)和图 4-5(b)可知,在水铁矿-(NO$_2^-$-N)、磁铁矿-(NO$_2^-$-N)体系中,反应时间达 30 h 时,不同浓度的 NO$_2^-$-N 没有明显降低。由此说明,在无机培养体系中单纯铁氧化物与 NO$_2^-$-N 没有发生相互作用,也说明在厌氧血清瓶中 NO$_2^-$-N 的性质保持稳定。

S. oneidensis MR-1 对不同浓度 NO$_2^-$-N 的还原情况如图 4-5(c)所示。在(*S. oneidensis* MR-1)-(NO$_2^-$-N)体系中,当 NO$_2^-$-N 初始浓度 30 mg/L 时,随着反应的进行,其去除率高达 95%,这说明 *S. oneidensis* MR-1 将较低浓度的 NO$_2^-$-N 全部还原,还原速率为 1.10 ± 0.03 mg/(L·h);当 NO$_2^-$-N 初始浓度从 70 mg/L 增至 280 mg/L 时,基本没有明显的 NO$_2^-$-N 去除效果,这说明 *S. oneidensis* MR-1 无法还原较高浓度的 NO$_2^-$-N。Zhang 等[7]在 NO$_3^-$-N 和 NO$_2^-$-N 对 *S. oneidensis* MR-1 生长过程的影响的研究中发现,NO$_2^-$-N 相较于 NO$_3^-$-N 对铁还原菌具有更强的毒害作用,较高浓度的 NO$_2^-$-N 会抑制 *S. oneidensis* MR-1 的生长,也可以解释为 *S. oneidensis* MR-1 对较高浓度的 NO$_2^-$-N 没有去除效果。

4. 微生物介导下实现 Fe(Ⅲ)/Fe(Ⅱ)循环脱氮过程

(1) *S. oneidensis* MR-1 还原 NO$_2^-$-N

S. oneidensis MR-1 可还原低浓度 NO$_2^-$-N,探究 *S. oneidensis* MR-1 是否能达到多次脱氮作用,考察 *S. oneidensis* MR-1 还原 NO$_2^-$-N 的去除情况。如图 4-6 所示,在(*S. oneidensis* MR-1)-(NO$_2^-$-N)体系中,NO$_2^-$-N 在 30 h 内去除率可达 100%,去除速

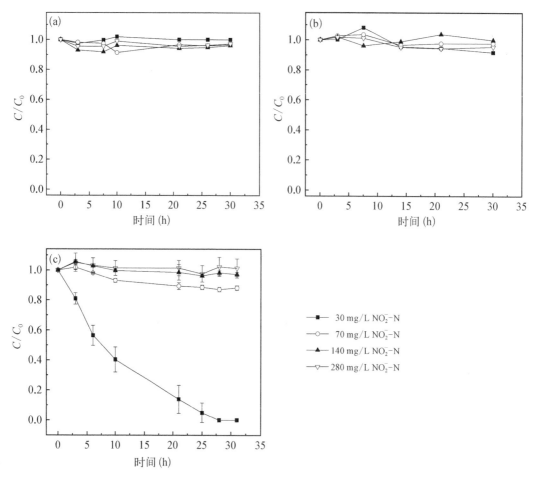

图 4-5 不同初始浓度的 NO_2^--N 在水铁矿(a)、磁铁矿(b)和
$S.$ $oneidensis$ MR-1(c)中的去除效果

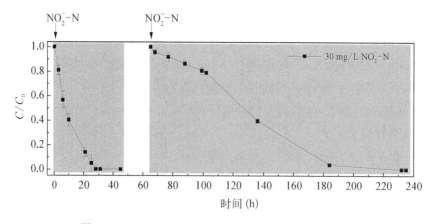

图 4-6 $S.$ $oneidensis$ MR-1 还原 NO_2^--N 的循环实验

率为 1.10 mg/(L•h)。再次加入 30 mg/L NO$_2^-$-N，NO$_2^-$-N 在 167 h 内才能完全去除，去除速率为 0.17 mg/(L•h)，*S. oneidensis* MR-1 对 NO$_2^-$-N 的还原能力减弱，不能达到更高的去除效率。由于 NO$_2^-$-N 对 *S. oneidensis* MR-1 的毒害作用，仅仅利用 *S. oneidensis* MR-1 对 NO$_2^-$-N 的还原作用，并不能实现多次脱氮的目的。

（2）生物源 Fe(Ⅱ)氧化耦合 NO$_2^-$-N 还原

基于以上实验结果，在微生物-铁氧化物-(NO$_2^-$-N)体系中，*S. oneidensis* MR-1 可以还原 NO$_2^-$-N，同时 *S. oneidensis* MR-1 可还原铁氧化物生成具有强还原性的生物源 Fe(Ⅱ)，可有效去除水中的 NO$_2^-$-N，且低浓度 NO$_2^-$-N 不会抑制铁还原菌还原铁氧化物的效果。本实验以铁氧化物为载体，利用 *S. oneidensis* MR-1 铁还原作用生成生物源 Fe(Ⅱ)，加入 30 mg/L 的 NO$_2^-$-N，可达到循环脱氮的目的。图 4-7 所示微生物-铁氧化物-(NO$_2^-$-N)体系中 NO$_2^-$-N 和生物源 Fe(Ⅱ)在体系中的变化趋势表明，生物源Fe(Ⅱ)氧化耦合 NO$_2^-$-N 可实现多次循环脱氮过程。

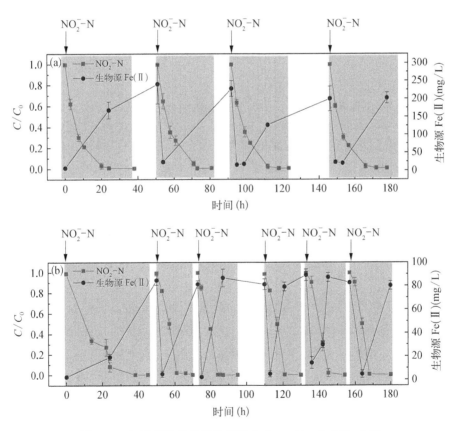

**图 4-7　NO$_2^-$-N 和生物源 Fe(Ⅱ)在 *S. oneidensis* MR-1 和
水铁矿(a)、磁铁矿(b)体系中的变化**

由图 4-7(a)可知，在 *S. oneidensis* MR-1-水铁矿体系中，随着反应时间的增加，NO$_2^-$-N 浓度在逐渐降低，在 40 h 内 NO$_2^-$-N 被完全去除，同时体系中逐渐生成生物源

Fe(Ⅱ)。在50 h时,再次加入30 mg/L NO$_2^-$-N,随着反应时间的增加,NO$_2^-$-N浓度降低的同时生物源Fe(Ⅱ)也快速减少,这表明生物源Fe(Ⅱ)与NO$_2^-$-N发生氧化还原反应,铁还原生成的生物源Fe(Ⅱ)被氧化为Fe(Ⅲ),NO$_2^-$-N浓度随着反应时间的增加而逐渐降低,S. oneidensis MR-1再次还原水铁矿生成生物源Fe(Ⅱ),在180 h内,至少可以进行4次微生物介导下的铁还原脱氮作用。在反应时间到达180 h时,依然有生物源Fe(Ⅱ)生成,这说明可以进行多次有效的生物源Fe(Ⅱ)与NO$_2^-$-N化学反硝化作用,利用微生物铁还原生成的生物源Fe(Ⅱ)对NO$_2^-$-N具有更强的还原效果,可以多次快速去除NO$_2^-$-N,从而达到Fe(Ⅲ)/Fe(Ⅱ)循环脱氮的目的。

图4-7(b)所示的微生物-磁铁矿-(NO$_2^-$-N)体系中,NO$_2^-$-N和生物源Fe(Ⅱ)的变化趋势与水铁矿体系相同,并且在第一次加入30 mg/L NO$_2^-$-N时,约40 h后NO$_2^-$-N才被完全去除,这段时间可以定义为实验启动期,接下来生成的生物源Fe(Ⅱ)快速与NO$_2^-$-N发生氧化还原反应,50 h后每次脱氮的速率比水铁矿体系的更快。在180 h内,至少可以进行6次微生物介导下的铁还原脱氮作用。根据Tai等[8,9]研究发现,体系中溶解态Fe(Ⅱ)与磁铁矿形成表面结合形式,对NO$_2^-$-N具有更好的还原效果。因此,在本实验中,磁铁矿在铁还原菌存在的条件下,达到NO$_2^-$-N与Fe(Ⅲ)/Fe(Ⅱ)循环脱氮作用。

4.1.2 微生物介导下的Fe(Ⅲ)/Fe(Ⅱ)循环对硝态氮的去除

如Zhang等[7]研究发现,氮不同氧化态(NO$_3^-$-N和NO$_2^-$-N)对S. oneidensis MR-1的影响作用不同,同时S. oneidensis MR-1对NO$_3^-$-N和NO$_2^-$-N作用的机制不同。本实验研究微生物-铁氧化物-(NO$_3^-$-N)体系,探究反应过程中铁还原菌S. oneidensis MR-1对NO$_3^-$-N的还原情况,实现微生物介导下的Fe(Ⅲ)/Fe(Ⅱ)循环除NO$_3^-$-N。

1. 微生物-Fe体系中硝态氮去除效果

(1) NO$_3^-$-N投加量

在无菌条件下制备微生物-Fe体系,加入适量NaNO$_3$母液,NO$_3^-$-N初始浓度分别为30 mg/L,70 mg/L,140 mg/L和280 mg/L。考察不同初始浓度的NO$_3^-$-N在微生物-Fe体系中的去除效果。如图4-8所示为不同初始浓度的NO$_3^-$-N分别在微生物-水铁矿和微生物-磁铁矿中的去除效果。由图4-8(a)可知,在水铁矿-微生物体系,30 mg/L和70 mg/L NO$_3^-$-N在相同反应时间内(10 h),其去除率达95%以上,随着NO$_3^-$-N初始浓度从140 mg/L增至280 mg/L,其去除率从50%降至20%。由图4-8(b)可知,微生物-磁铁矿体系中,NO$_3^-$-N初始浓度为30 mg/L和70 mg/L时,相同反应时间内(10 h),其去除率达95%以上,随着NO$_3^-$-N初始浓度增加,S. oneidensis MR-1还原NO$_3^-$-N使去除率降低,相较于S. oneidensis MR-1对NO$_2^-$-N的还原作用,S. oneidensis MR-1对NO$_3^-$-N的耐受浓度更高,这有利于其适应较高浓度的NO$_3^-$-N负荷。

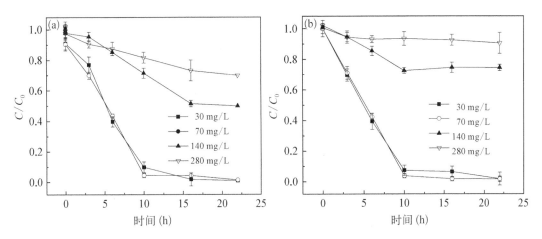

图 4‑8　不同浓度 NO₃⁻-N 在 *S. oneidensis* MR‑1 介导下的水铁矿(a)和磁铁矿(b)中的去除效果

（2）生物源 Fe(Ⅱ)的生成

基于前期实验,首先确定 NO_3^--N 初始浓度为 30 mg/L。考察微生物‑Fe‑(NO_3^--N)体系中,NO_3^--N 减少的同时生物源 Fe(Ⅱ)的生成情况,结果如图 4‑9 所示。由图 4‑9(a)可知,体系微生物‑水铁矿与微生物‑水铁矿‑(NO_3^--N)作对比,反应的前 10 h 内,加入 30 mg/L 的 NO_3^--N 体系中没有生物源 Fe(Ⅱ)生成,随着反应时间增加到 10 h 以后,生物源 Fe(Ⅱ)快速生成,并且在 35 h 时达到最大生成量并保持恒定,其生成速率为 6.67 mg/(L·h),对比微生物‑水铁矿体系,没有加入 NO_3^--N,随着反应进行生物源 Fe(Ⅱ)逐渐生成,同样在 35 h 时达到最大生成量,其生成速率为 4.70 mg/(L·h)。在微生物‑水铁矿‑(NO_3^--N)体系中,加入的 NO_3^--N 在反应前 10 h 会抑制生物源 Fe(Ⅱ)生成,但其在短时间内可生成 160 mg/L 的生物源 Fe(Ⅱ),与对照组水铁矿‑微生物体系对比,*S. oneidensis* MR‑1 还原水铁矿,生物源 Fe(Ⅱ)的生成量也在 160 mg/L 左右。由图 4‑9(b)可知,在微生物‑磁铁矿‑(NO_3^--N)体系中,生物源 Fe(Ⅱ)在反应 10 h 后才快

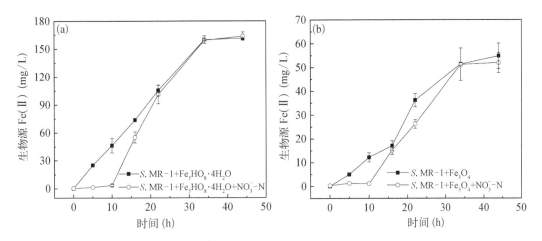

图 4‑9　NO_3^--N 对 *S. oneidensis* MR‑1 还原水铁矿(a)和磁铁矿(b)生成生物源 Fe(Ⅱ)的影响

速生成,在 35 h 的反应时间内,S. oneidensis MR-1 还原磁铁矿,生物源 Fe(Ⅱ)达到最大生成量,其生成速率为 1.84 mg/(L·h)。

微生物-铁氧化物-(NO_3^--N)体系中,反应前 10 h,加入 NO_3^--N 抑制 S. oneidensis MR-1 还原铁氧化物生成生物源 Fe(Ⅱ),但之后其生成速率更快。研究表明,NO_3^--N 会促进 S. oneidensis MR-1 铁还原过程[10]。因此,微生物-铁氧化物-(NO_3^--N)体系中,加入 NO_3^--N 会滞后生成生物源 Fe(Ⅱ)的启动时间,但在更短时间内可达生物源 Fe(Ⅱ)最大生成量。

2. 微生物作用下硝态氮的还原

研究表明[6],S. oneidensis MR-1 可以利用 NO_3^--N 作为电子受体进行呼吸作用,以保证细胞的生长,同时较高浓度的 NO_3^--N 对细胞也有抑制作用,因此考察不同初始浓度的 NO_3^--N 在水铁矿-(NO_3^--N)、磁铁矿-(NO_3^--N)和(S. oneidensis MR-1)-(NO_3^--N)体系中的去除情况,结果如图 4-10 所示。在水铁矿-(NO_3^--N)、磁铁矿-(NO_3^--N)体系中,随着反应时间达到 25 h,NO_3^--N 初始浓度基本不变。因此,在无机培养体系中,单纯

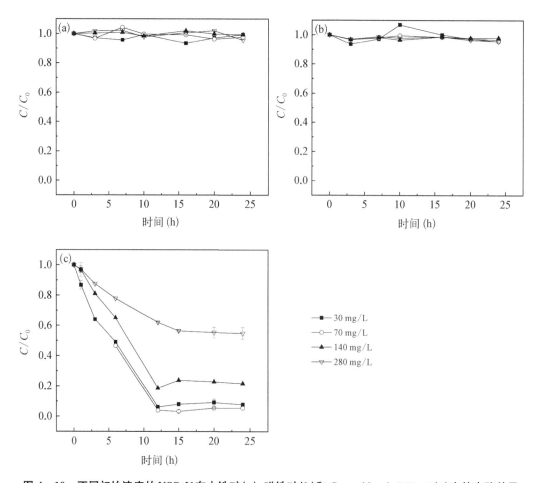

图 4-10 不同初始浓度的 NO_2^--N 在水铁矿(a)、磁铁矿(b)和 S. oneidensis MR-1(c)中的去除效果

的铁氧化物不会与 $NO_3^- $-N 发生相互作用,这也说明,在厌氧血清瓶中,$NO_3^- $-N 保持稳定,排除了因其性质改变而被去除的可能。

　　$S. oneidensis$ MR-1 在不同浓度 $NO_3^- $-N 下的还原实验结果如图 4-10(c)所示。当反应时间为 12 h 时,$S. oneidensis$ MR-1 处理 30 mg/L 和 70 mg/L 的 $NO_3^- $-N,其去除率达 90% 以上。当 $NO_3^- $-N 浓度为 140 mg/L 时,12 h 内 $NO_3^- $-N 去除率达 80%。但当 $NO_3^- $-N 浓度增至 280 mg/L 时,$NO_3^- $-N 去除率仅有 45%。研究表明,不同浓度 $NO_3^- $-N 对 $S. oneidensis$ MR-1 的影响不同,较高浓度 $NO_3^- $-N 对 $S. oneidensis$ MR-1 有明显抑制作用。与 $S. oneidensis$ MR-1 还原 $NO_2^- $-N 效果对比,发现 $S. oneidensis$ MR-1 可以快速还原较高浓度的 $NO_3^- $-N。

　　3. 微生物介导下的 Fe(Ⅲ)/Fe(Ⅱ)循环脱氮过程

　　微生物-铁氧化物-($NO_3^- $-N)体系中,$NO_3^- $-N 和生物源 Fe(Ⅱ)在体系中的变化趋势如图 4-11 所示。

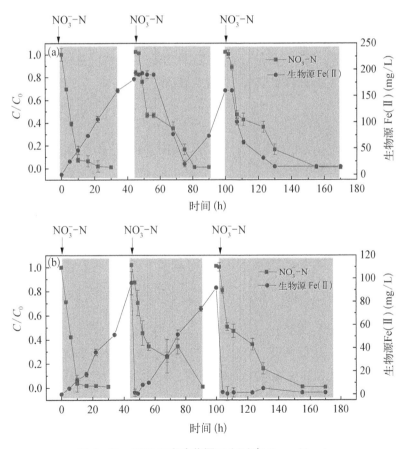

图 4-11　$NO_3^- $-N 和生物源 Fe(Ⅱ)在 $S. oneidensis$
MR-1 和水铁矿(a)、磁铁矿(b)体系变化

　　由图 4-11(a)可知,在 $S. oneidensis$ MR-1-水铁矿体系中,随着反应时间的增加,

NO_3^--N浓度在逐渐降低,30 h内NO_3^--N被完全去除,体系中逐渐生成生物源Fe(Ⅱ)。在55 h时,再次加入30 mg/L NO_3^--N,随着反应时间的增加,NO_3^--N浓度降低的同时生物源Fe(Ⅱ)也逐渐减少,这表明生物源Fe(Ⅱ)与NO_3^--N主要发生氧化还原反应。在100 h时,第3次向微生物-水铁矿体系中加入30 mg/L NO_3^--N,NO_3^--N与生物源Fe(Ⅱ)的变化趋势一致,均随着反应时间的增加而逐渐减少,但当体系中NO_3^--N完全被去除,没有再生成生物源Fe(Ⅱ),这主要是因为体系中 S. oneidensis MR-1 在反应启动阶段会与NO_3^--N发生反应,同时其还将还原水铁矿生成生物源Fe(Ⅱ),消耗过多能量不利于Fe(Ⅲ)/Fe(Ⅱ)多次循环去除NO_3^--N,若再次向体系中加入乳酸钠作电子供体,则有助于生物源Fe(Ⅱ)的再次生成。如图4-11(b)所示,微生物-磁铁矿-(NO_3^--N)体系中,NO_3^--N和生物源Fe(Ⅱ)的变化趋势与"微生物-水铁矿"体系相同,且初始添加30 mg/L的NO_3^--N,大约10 h内NO_3^--N被完全去除,随着反应时间的增加,生物源Fe(Ⅱ)逐渐生成,这个阶段可以定义为实验启动期,会消耗较多的电子供体,接下来生成的生物源Fe(Ⅱ)快速与NO_3^--N发生氧化还原反应,100 h后,体系中的生物源Fe(Ⅱ)在4 h内与NO_3^--N快速发生化学氧化还原反应,生物源Fe(Ⅱ)完全被氧化,不能再形成Fe(Ⅲ)/Fe(Ⅱ)循环来有效去除NO_3^--N。结合以上实验,在微生物-铁氧化物体系中,相同条件下因氮不同氧化形态,NO_2^--N和NO_3^--N去除效果不同。

4.1.3 小结

本研究利用铁氧化物,即水铁矿(Fe$_5$HO$_8$·4H$_2$O)和磁铁矿(Fe$_3$O$_4$)作为主要实验载体,构建微生物-Fe-N体系,实现微生物介导下的Fe(Ⅲ)/Fe(Ⅱ)循环转化及亚硝态氮/硝态氮还原作用,根据实验结果得出以下结论:

微生物-Fe体系中,铁还原菌 S. oneidensis MR-1 可以快速高效地还原铁氧化物,在24 h内达到生物源Fe(Ⅱ)最大生成量,水铁矿经铁还原菌的还原作用形成生物型磁铁矿(bio-Fe$_3$O$_4$),而磁铁矿在还原过程中性质保持不变,生成的生物源Fe(Ⅱ)溶解在体系中。S. oneidensis MR-1 还原水铁矿生成生物源Fe(Ⅱ)的量约为磁铁矿的3倍。

在微生物-N体系中,S. oneidensis MR-1 也可以还原NO_2^--N和NO_3^--N,单因素影响试验发现,提高NO_2^--N或NO_3^--N浓度会抑制 S. oneidensis MR-1 的还原效果,S. oneidensis MR-1 可快速将30 mg/L NO_2^--N完全去除。当NO_2^--N浓度为70 mg/L时,其去除率仅有10%;不同浓度NO_3^--N对 S. oneidensis MR-1 的影响程度不同,S. oneidensis MR-1 可在相同时间内快速将30 mg/L和70 mg/L的NO_3^--N完全去除,当NO_3^--N浓度从140 mg/L增至280 mg/L时,NO_3^--N去除率从80%降至45%,较高浓度的NO_2^--N或NO_3^--N会抑制 S. oneidensis MR-1 的呼吸作用,此外,在微生物-N体系中,因NO_2^--N和NO_3^--N对 S. oneidensis MR-1 毒害作用,使单纯的微生物-N不能实现多次脱氮的目的。

在微生物-Fe-N 体系中,以铁氧化物为主要实验载体,实现在微生物介导下的 Fe(Ⅲ)/Fe(Ⅱ)循环转化及 NO_2^--N/NO_3^--N 还原。在逐渐去除 NO_2^--N/NO_3^--N 的过程中,体系中仍存有生物源 Fe(Ⅱ),再次加入 NO_2^--N/NO_3^--N,体系中的生物源 Fe(Ⅱ)会快速减少,被 NO_2^--N/NO_3^--N 氧化成 Fe(Ⅲ),而 *S. oneidensis* MR-1 可将铁氧化物再次还原成生物源 Fe(Ⅱ),有利于 NO_2^--N/NO_3^--N 的多次、高效去除,因此,微生物-Fe-N,体系可实现 NO_2^--N/NO_3^--N 的还原转化。

4.2　微生物介导下的 Fe(Ⅲ)/Fe(Ⅱ)循环脱氮产物及机理分析

依托微生物-Fe-N 体系,研究微生物和铁氧化物协同作用下亚硝态氮/硝态氮的还原转化过程,考察反应产物在液相、固相和气相中的变化,探究亚硝态氮/硝态氮还原转化路径,明确微生物介导下的 Fe(Ⅲ)/Fe(Ⅱ)循环转化过程,以及亚硝态氮/硝态氮还原转化过程中的作用机制。

4.2.1　微生物脱氮作用

前期实验表明,在微生物-N 体系中,铁还原菌 *S. oneidensis* MR-1 能够以 (NO_2^--N)/(NO_3^--N)为电子受体,维持其自身的生长。本节着重讨论 *S. oneidensis* MR-1 对 NO_2^--N/NO_3^--N 的去除效率、产物组分和还原机理。

1. 亚硝态氮去除过程中的产物分析

在微生物-(NO_2^--N)体系中,对 NO_2^--N 去除效率进行考察,探究还原产物组分及含量,结果如图 4-12 所示。在 *S. oneidensis* MR-1 还原 NO_2^--N 的过程中,随着反应时间的增加,NO_2^--N 在 30 h 内被完全去除,还原产物 NH_4^+-N 逐渐生成,反应溶液中仅有微量的 NO_3^--N。由此表明,NO_2^--N 被 *S. oneidensis* MR-1 完全转化为 NH_4^+-N。

为验证微生物-(NO_2^--N)体系中的氮平衡,计算各类型氮含量,结果如表 4.1 所示。当反应时间达到 30 h 时,

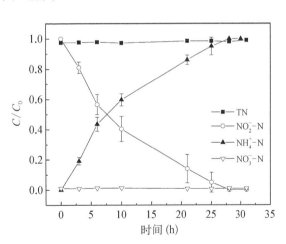

图 4-12　*S. oneidensis* MR-1 还原 NO_2^--N 的产物变化图

NO_2^--N 去除率为 99.93%,产物为 NH_4^+-N(98.22%)和 NO_3^--N(0.9%),而体系中 TN (100%)含量没有降低,满足体系中氮平衡。研究表明[6],*S. oneidensis* MR-1 可以在厌氧的条件下,将进入膜质空间的 NO_2^--N 还原为 NH_4^+-N。因此,微生物-(NO_2^--N)体系不能达到去除总氮的目的。

表 4.1　*S. oneidensis* MR‑1 还原 NO_2^-‑N 后各类型氮的含量

含量(%)	TN	NO_2^-‑N	NH_4^+‑N	NO_3^-‑N
C_t/C_0	100	0.07	99.03	0.9

2. 硝态氮去除过程中的产物分析

在微生物‑(NO_3^-‑N)体系中,对 NO_3^-‑N 去除效率进行考察,探究还原产物组分及含量,结果如图 4‑13 所示。在 *S. oneidensis* MR‑1 还原 NO_3^-‑N 的过程中,当反应时间达到 4 h 时,97% 的 NO_3^-‑N 被快速去除,生成 76.77% 的 NO_2^-‑N 和 20.23% 的 NH_4^+‑N,随着反应时间的增加,NO_2^-‑N 浓度逐渐降低,体系中氮主要以 NH_4^+‑N 形式存在。由此表明,*S. oneidensis* MR‑1 首先将 NO_3^-‑N 还原为 NO_2^-‑N,再将 NO_2^-‑N 还原为 NH_4^+‑N。

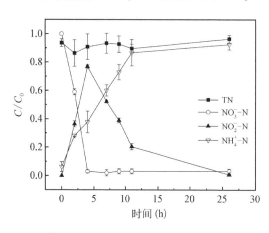

图 4‑13　*S. oneidensis* MR‑1 还原 NO_3^-‑N 的产物变化图

为验证微生物‑(NO_3^-‑N)体系的氮平衡,计算各类型氮含量,结果如表 4.2 所示。当反应时间达到 26 h 时,NO_3^-‑N 去除率为 96.38%,最终产物为 NH_4^+‑N(96.12%),只有极少量的 NO_2^-‑N(0.77%),体系中 TN(96.38%)含量没有明显降低,满足体系中氮平衡。研究表明,在无氧条件下 *S. oneidensis* MR‑1 还原 NO_3^-‑N 生成 NO_2^-‑N,然后将 NO_2^-‑N 还原转化为 NH_4^+‑N,但是 *S. oneidensis* MR‑1 并不利用 NH_4^+‑N 作为营养物质,*S. oneidensis* MR‑1 还原 NO_3^-‑N 与消除多余还原力有关[7]。因此,在微生物‑(NO_3^-‑N)体系中不能实现去除总氮的目的。

表 4.2　*S. oneidensis* MR‑1 还原 NO_3^-‑N 后各类型氮含量

含量(%)	TN	NO_2^-‑N	NH_4^+‑N	NO_3^-‑N
C_t/C_0	100	3.11	96.12	0.77

3. 微生物脱氮机理

综上所述,在微生物‑(NO_2^-‑N)体系中,*S. oneidensis* MR‑1 将 NO_2^-‑N 全部还原为 NH_4^+‑N。*S. oneidensis* MR‑1 先将 NO_3^-‑N 还原为 NO_2^-‑N,之后 NO_2^-‑N 被全部转化为 NH_4^+‑N。

在无氧条件下,*S. oneidensis* MR‑1 可以利用 NO_2^-‑N 和 NO_3^-‑N 作为电子受体,进行微生物呼吸作用,这一系列过程会产生腺嘌呤核苷三磷酸(Adenosine Triphosphate,

ATP),维持 *S. oneidensis* MR - 1 自身的生长。研究表明[11],NO_3^--N 或 NO_2^--N 通过 *S. oneidensis* MR - 1 外膜进入位于 *S. oneidensis* MR - 1 细胞周质空间内的硝酸还原酶系统 NAP,将 NO_3^--N 还原为 NO_2^--N,生成的 NO_2^--N 再被亚硝酸还原酶系统 NRF 还原为 NH_4^+-N[12]。*S. oneidensis* MR - 1 还原 NO_3^--N 的过程已经被研究很长时间,*S. oneidensis* MR - 1 并不利用 NH_4^+-N 作为营养物质。因此,*S. oneidensis* MR - 1 还原 NO_3^--N 或 NO_2^--N 的生理意义推测是为了消除多余还原力。基于上述实验结果和研究结论,微生物-(NO_2^--N / NO_3^--N)体系中,*S. oneidensis* MR - 1 还原 NO_2^--N / NO_3^--N 的原理,如图 4 - 14 所示。

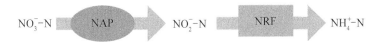

图 4 - 14　*S. oneidensis* MR - 1 还原 NO_2^--N / NO_3^--N 的原理图

在厌氧条件下,NO_2^--N / NO_3^--N 对 *S. oneidensis* MR - 1 提供的生长量非常有限,与此同时,NO_2^--N 对 *S. oneidensis* MR - 1 的毒性比 NO_3^--N 更强。因此,NO_2^--N 可以作为电子受体被 *S. oneidensis* MR - 1 利用,但同样也对 *S. oneidensis* MR - 1 产生抑制作用。因此,利用 *S. oneidensis* MR - 1 还原 NO_2^--N / NO_3^--N,完成 NO_3^--N、NO_2^--N 到 NH_4^+-N 的还原转化过程,其生理作用尚不清楚[13],以及不能达到去除总氮的目的。引入铁氧化物可以更好地利用 *S. oneidensis* MR - 1 铁还原优势作用,实现Fe(Ⅲ)/Fe(Ⅱ)循环去除 NO_2^--N / NO_3^--N 的目的。

4.2.2　微生物- Fe -(NO_2^--N)体系去除亚硝态氮的产物及机理分析

本节通过引入铁氧化物,构建微生物- Fe -(NO_2^--N)体系,实现微生物介导下的铁还原及 NO_2^--N 还原转化作用。以下着重探究在微生物介导下的脱氮过程中,溶液中含氮物质的组分及含量,确定气态产物组分,分析固体相反应前后变化及反应机理。

1. 微生物介导下的亚硝酸盐去除与铁还原过程中的产物分析

(1)液相中含氮产物

前期实验利用铁氧化物和铁还原菌 *S. oneidensis* MR - 1 的协同作用,实现了在 Fe(Ⅲ)/Fe(Ⅱ)与不同形态氮(NO_2^--N 和 NO_3^--N)之间构建氧化还原体系。如图 4 - 15 所示,微生物-水铁矿-

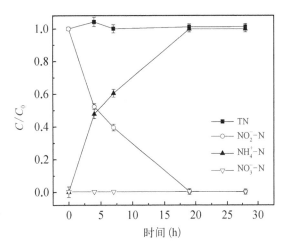

图 4 - 15　(*S. oneidensis* MR - 1)-水铁矿去除 NO_2^--N 过程中的产物变化情况

$(NO_2^- -N)$体系中,随着反应时间的增加,$NO_2^- -N$在20 h内被完全去除,同时逐渐生成$NH_4^+ -N$,仅含有微量$NO_3^- -N$,体系中TN含量并没有降低。对比微生物-$(NO_2^- -N)$体系,$NO_2^- -N$在28 h内才被完全去除,加入水铁矿,可使$NO_2^- -N$去除速率增大。

为验证微生物-水铁矿-$(NO_2^- -N)$体系氮平衡,计算了各类型氮含量,结果如表4.3所示。当反应时间达到20 h时,$NO_2^- -N$去除率为99.84%,产物为$NH_4^+ -N$(99.7%)和$NO_3^- -N$(0.14%),TN(100%)含量没有降低,满足体系中氮平衡。

表4.3 (*S. oneidensis* MR-1)-水铁矿体系中各类型的氮含量

含量(%)	TN	$NO_2^- -N$	$NH_4^+ -N$	$NO_3^- -N$
C_t/C_0	100	0.16	99.7	0.14

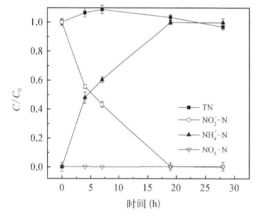

图4-16 *S. oneidensis* MR-1/磁铁矿去除$NO_2^- -N$过程中脱氮产物的变化图

同理,在微生物-磁铁矿-$(NO_2^- -N)$体系中,$NO_2^- -N$在20 h内被逐渐去除,同时大量生成$NH_4^+ -N$,体系中TN含量没有降低(图4-16)。对比微生物-$(NO_2^- -N)$体系,加入磁铁矿,可提高$NO_2^- -N$的去除速率。

计算各类型氮的含量,结果如表4.4所示。当反应时间达到20 h时,$NO_2^- -N$去除率为38%,产物为$NH_4^+ -N$(99.62%),TN(100%)含量没有降低,满足体系中氮平衡。

表4.4 (*S. oneidensis* MR-1)-磁铁矿体系中各类型氮的含量

含量(%)	TN	$NO_2^- -N$	$NH_4^+ -N$	$NO_3^- -N$
C_t/C_0	100	0.38	99.62	0

由此可见,在微生物-Fe-$(NO_2^- -N)$体系中,水铁矿/磁铁矿的加入,可提高$NO_2^- -N$的去除效率,还原产物仍主要以$NH_4^+ -N$为主。

(2)固相产物变化

在微生物-铁氧化物-$(NO_2^- -N)$体系中,$NO_2^- -N$逐渐被去除,因体系中存在铁还原菌*S. oneidensis* MR-1,铁氧化物作为电子受体,发生铁还原作用,结果如图4-17所示。随着反应时间的增加,体系中生物源Fe(Ⅱ)逐渐生成,其中*S. oneidensis* MR-1还原水铁矿生成的生物源Fe(Ⅱ)约200 mg/L,还原磁铁矿生成的生物源Fe(Ⅱ)约100 mg/L。

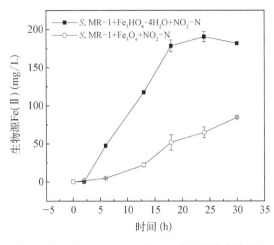

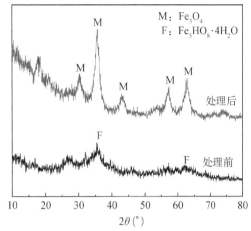

图 4-17　*S. oneidensis* MR-1 介导下的水铁矿/磁铁矿去除 NO$_2^-$-N 过程中生物源 Fe(Ⅱ)的生成情况

图 4-18　微生物-水铁矿体系中去除 NO$_2^-$-N 前后固体相 XRD 图谱

　　分析微生物-铁氧化物-(NO$_2^-$-N)体系液相中含氮物质和生物源 Fe(Ⅱ)的变化情况，固体相的变化。结合实验现象发现，反应时间达 28 h 时，水铁矿-(NO$_2^-$-N)体系中水铁矿在反应前后性质保持不变，依然为红棕色固体；反应时间达 28 h 时，微生物-水铁矿-(NO$_2^-$-N)中水铁矿由红棕色固体变为黑色颗粒，并且上清液变浑浊，因 *S. oneidensis* MR-1 异化铁还原作用，使水铁矿性质发生改变。

　　微生物-水铁矿-(NO$_2^-$-N)体系中水铁矿的变化情况，如图 4-18 所示，当溶液中 NO$_2^-$-N 被完全去除，即反应 20 h 后，水铁矿呈弱结晶无定形态，反应后产物有磁铁矿特征峰出现，生成了结晶度较差的磁铁矿。

　　反应时间达 20 h 时，磁铁矿-(NO$_2^-$-N)体系中磁铁矿在反应前后性质保持不变，依然为黑色固体；反应时间达 20 h 时，微生物-磁铁矿-(NO$_2^-$-N)体系中，磁铁矿依然为黑色颗粒，并且上清液变浑浊，呈现黄绿色，因 *S. oneidensis* MR-1 异化铁还原作用，有生物源 Fe(Ⅱ)生成。考察固体相反应前后变化，实验结果如图 4-19 所示，磁铁矿在反应前后并没有明显变化，依然存在磁铁矿特征峰。因微生物-磁铁矿-(NO$_2^-$-N)体系中有磷元素（微生物必需的微量元素）存在，反应时间达 20 h 后，NO$_2^-$-N 被完全去除，同时有少量的磷铁矿 [Fe$_3$(PO$_4$)$_2$]生成。

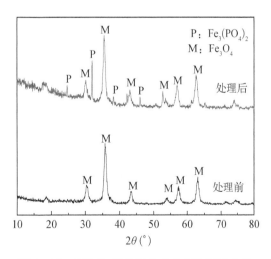

图 4-19　微生物-磁铁矿体系中去除 NO$_2^-$-N 前后固体相 XRD 图谱

上述实验结果表明,在微生物-铁氧化物-(NO_2^--N)体系中,NO_2^--N含量降低的同时逐渐生成生物源 Fe(Ⅱ),其具有强还原性,可为继续去除 NO_2^--N 提供实验基础。

2. Fe(Ⅲ)/Fe(Ⅱ)循环去除亚硝酸盐过程中的产物分析

(1) 液相中含氮产物

由上述实验可知,在微生物-水铁矿-(NO_2^--N)体系中,反应开始后的前 20 h,S. oneidensis MR-1 还原 NO_2^--N 生成 NH_4^+-N,同时 S. oneidensis MR-1 还原铁矿物生成具有强还原性的生物源 Fe(Ⅱ),可以多次高效去除水中 NO_2^--N,继续探究微生物-水铁矿-(NO_2^--N)体系中的生物源 Fe(Ⅱ)还原 NO_2^--N 的转化情况,结果如图 4-20 所示。体系中的生物源 Fe(Ⅱ)约 200 mg/L,再次投加 30 mg/L 的 NO_2^--N,随着反应时间的增加,NO_2^--N 逐渐被去除,NH_4^+-N 的生成率为 34.26%,仅有少量的 NO_3^--N,TN 去除率为 65.56%。因此,推断体系中有气态氮生成。

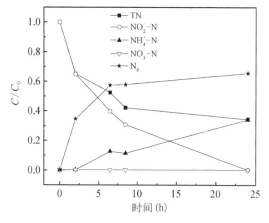
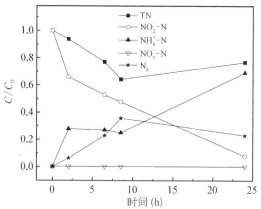

图 4-20 S. oneidensis MR-1 介导下的水铁矿去除 NO_2^--N 过程中的产物变化情况　　图 4-21 S. oneidensis MR-1 介导下的磁铁矿去除 NO_2^--N 过程中的产物变化情况

在微生物-磁铁矿-(NO_2^--N)体系中,反应开始后的前 20 h,铁还原菌 S. oneidensis MR-1 还原 NO_2^--N 生成 NH_4^+-N,同时也还原磁铁矿生成具有强还原性的生物源 Fe(Ⅱ),生物源 Fe(Ⅱ)可以高效去除水中的 NO_2^--N。继续探究微生物-磁铁矿-(NO_2^--N)体系中生物源 Fe(Ⅱ)生成后,NO_2^--N 的还原转化情况,结果如图 4-21 所示。体系中的生物源 Fe(Ⅱ)约 100 mg/L,再次投加 30 mg/L 的 NO_2^--N,在接下来的 24 h 内,NO_2^--N 逐渐被去除,NH_4^+-N 生成率为 76.87%,仅含有少量的 NO_3^--N,TN 去除率为 23.13%。因此,推断体系中有少量气态氮生成。

(2) 气体产物

基于上述实验中微生物-铁氧化物-(NO_2^--N)利用体系中铁还原菌还原铁氧化物生成生物源 Fe(Ⅱ),继续与 30 mg/L 的 NO_2^--N 反应,分析体系中 NO_2^--N 去除率、溶液中含氮组分及含量。实验结果发现,溶液中总氮含量降低,推断有气态氮生成。因此,探究体系中气态氮产物的组分及含量。

在微生物-水铁矿-(NO_2^--N)体系中,反应时间达 24 h 时,30 mg/L NO_2^--N 逐渐被完全去除,用注射器取厌氧血清瓶顶空气体,注入气相色谱仪中,通过外标法测定气体产物的组分和含量,结果如图 4-22 所示。在 2.26 min 出峰为 CO_2,在 2.92 min 出峰为 N_2O,在 0.8 min 出现一个很高的峰,经分析为测样过程中的空气峰。

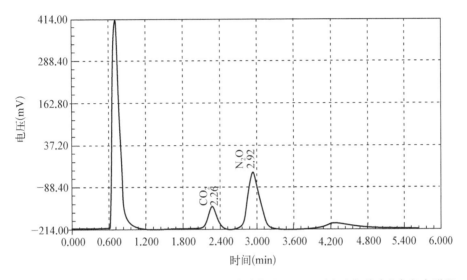

图 4-22 *S. oneidensis* MR-1 介导下的水铁矿去除 NO_2^--N 过程中气体产物气相色谱图

计算体系中各类型氮含量,结果如表 4.5 所示。同样在 24 h 的反应时间内,TN 去除率为 65.56%,99.81% 的 NO_2^--N 被去除,产物为 NH_4^+-N(34.11%)、NO_3^--N(0.14%)和 N_2O(65.56%),满足体系中氮平衡。结合上述实验,溶液中含氮物质组分及含量,TN 减少量即为气态氮 N_2O 的生成量。

表 4.5 NO_2^--N 在 *S. oneidensis* MR-1 介导下的水铁矿体系中含氮产物含量

含量(%)	TN	NO_2^--N	NH_4^+-N	NO_3^--N	N_2O
C_t/C_0	34.44	0.19	34.11	0.14	65.56

微生物-磁铁矿-(NO_2^--N)体系中,铁还原菌 *S. oneidensis* MR-1 还原磁铁矿生成生物源 Fe(Ⅱ),再次加入 30 mg/L NO_2-N,反应 24 h 后测定溶液中的含氮物质组分和含量,发现体系中 TN 含量降低,检测体系中气体产物的组分及含量,实验结果如图 4-23 所示。N_2O 在 2.97 min 出峰,CO_2 在 2.24 min 出峰。

折算体系中氮平衡时含氮产物的含量,结果如表 4.6 所示,TN 去除率为 23.13%,92.19% 的 NO_2^--N 被去除,产物为 NH_4^+-N(69.07%)、NO_3^--N(0.14%)和 N_2O(23.13%)。

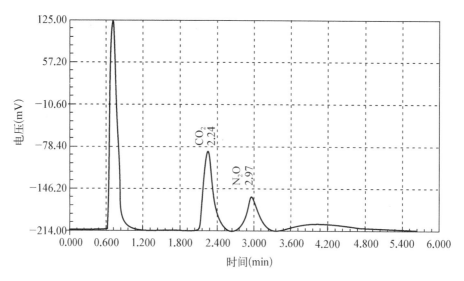

图 4 - 23 *S. oneidensis* MR - 1 介导下磁铁矿体系循环脱氮过程中的气体产物气相色谱图

表 4.6 *S. oneidensis* MR - 1 介导下的磁铁矿去除 NO_2^--N 过程中含氮产物含量

含量(%)	TN	NO_2^--N	NH_4^+-N	NO_3^--N	N_2O
C_t/C_0	76.87	7.81	69.07	0.14	23.13

正如,菱铁矿[14]、磁铁矿[8]、高岭石[15]表面吸附 Fe(Ⅱ)形成 Fe(Ⅱ)与矿物的络合态,将 NO_2^--N 还原为气态氮,主要为 N_2O。在铁还原菌-铁氧化物体系中,反应最初投加 30 mg/L NO_2^--N, *S. oneidensis* MR - 1 具有 NAP 系统进行呼吸作用将 NO_2^--N 还原成 NH_4^+-N,同时铁氧化物作为电子受体, *S. oneidensis* MR - 1 还原水铁矿和磁铁矿生成生物源 Fe(Ⅱ)。因此,在反应前 24 h,NH_4^+-N 的生成主要是由于 *S. oneidensis* MR - 1 呼吸作用将消除还原力,生成 NH_4^+-N, *S. oneidensis* MR - 1 同时还原铁氧化物生成生物源 Fe(Ⅱ),再次加入 30 mg/L NO_2^--N,此时已形成的生物源 Fe(Ⅱ)吸附在铁氧化物表面的复合物上,使其具有更强的还原性,将 NO_2^--N 还原生成 N_2O 为主的气态氮。因铁还原菌还原水铁矿和磁铁矿生成生物源 Fe(Ⅱ)量不同,所以铁氧化物与 NO_2^--N 反应后,最终生成的 N_2O 量也不同,铁还原菌对水铁矿具有更好的生物利用性,生成大量生物源 Fe(Ⅱ),最终将 NO_2^--N 还原成 N_2O。

(3)固体相

上述实验已分析微生物-铁氧化物-(NO_2^--N)体系中含氮组分,以下继续探究反应过程中固体相的变化,微生物-水铁矿-(NO_2^--N)体系中在多次还原 NO_2^--N 过程中固体相的 XRD 图谱如图 4 - 24 所示。水铁矿为无定形态,水铁矿衍射峰较少,结晶度比较差,当反应时间达 22 h 时,体系中 30 mg/L 的 NO_2^--N 逐渐被去除,测得固体相有磁铁矿的峰生成,但因反应时间较短,结晶度也较差。再次投入 30 mg/L NO_2^--N,当反应时间为 75 h 时,即 2 次脱氮完成后,测得固体相磁铁矿的峰逐渐消失。向体系中多次加入 NO_2^--N,在 180 h 反应时间内,微生物介导水铁矿体系多次去除 NO_2^--N,测得第 4 次脱氮完成后,固体相测得仍为无定形水铁矿,因体系中有微生物必需的磷元素,有极少量磷铁矿生成。

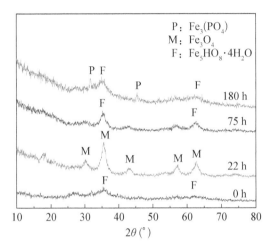

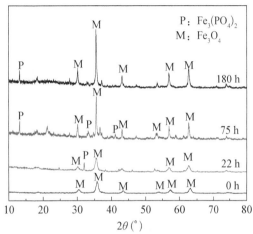

图 4 - 24　S. oneidensis MR - 1 介导水铁矿循环去除 NO_2^--N 过程中的 XRD 图谱　　**图 4 - 25　S. oneidensis MR - 1 介导磁铁矿循环去除 NO_2^--N 过程中的 XRD 图谱**

微生物-磁铁矿-(NO_2^--N)体系中,固体相在 180 h 的反应过程中的变化如图 4 - 25 所示。随着反应时间达 22 h 时,即体系中 30 mg/L 的 NO_2^--N 被完全去除,测得固体相主要为磁铁矿,有少量磷铁矿生成。再次投入 30 mg/L 的 NO_2^--N,当反应时间为 75 h 时,即 2 次脱氮完成后,测得固体相有磁铁矿的特征峰,同时有磷铁矿生成。在 180 h 的反应时间内,微生物介导磁铁矿体系多次去除 NO_2^--N,固体相反应前后主要为磁铁矿,有少量磷铁矿生成。

　　3. 微生物介导下的 Fe(Ⅲ)/Fe(Ⅱ)循环去除亚硝态氮的机理分析

　　通过分析可知,微生物-铁氧化物-(NO_2^--N)体系中,铁还原菌 S. oneidensis MR - 1 具有灵活多样的代谢方式。NO_2^--N、水铁矿/磁铁矿都可以作为电子受体,S. oneidensis MR - 1 可以还原 NO_2^--N 生成 NH_4^+-N;S. oneidensis MR - 1 也可以还原铁氧化物生成生物源 Fe(Ⅱ)。其中,铁还原菌与 NO_2^--N 离子为固-液界面反应,铁还原菌与铁氧化物为固-固界面反应,但 NO_2^--N 和铁还原作用在反应过程中同时发生。实验结果表明,较低浓度 NO_2^--N 不会抑制 S. oneidensis MR - 1 的铁还原作用。因此,在微生物-铁氧化物-(NO_2^--N)体系中,反应初期,S. oneidensis MR - 1 可以同时还原 NO_2^--N 和铁氧化物;在反应前 24 h,体系中会生成 NH_4^+-N 和大量生物源 Fe(Ⅱ);S. oneidensis MR - 1 分别还原水铁矿/磁铁矿生成生物源 Fe(Ⅱ)[4,16],反应方程式如下:

$$4Fe(OH)_3 + CH_3CHOHCOO^- + 7H^+ \longrightarrow$$
$$4Fe^{2+} + CH_3COO^- + HCO_3^- + 10H_2O \tag{4.1}$$

$$2Fe_3O_4 + CH_3CHOHCOO^- + 11H^+ \longrightarrow$$
$$6Fe^{2+} + CH_3COO^- + HCO_3^- + 6H_2O \tag{4.2}$$

铁还原作用生成的生物源 Fe(Ⅱ)能够被再次利用进行化学反硝化作用,这个过程主要是生物源 Fe(Ⅱ)与 NO_2^--N 发生化学氧化还原作用,这一阶段可以称为体系运行期。微生物-铁氧化物-(NO_2^--N)体系的机理图,如图 4-26 所示。其中,TN 浓度降低主要是由于生物源 Fe(Ⅱ)与 NO_2^--N 发生反应生成 N_2O 而引起的。

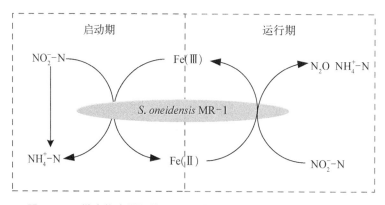

图 4-26 微生物介导下的 Fe(Ⅲ)/Fe(Ⅱ)循环去除 NO_2^--N 机理图

因此,在微生物-铁氧化物体系中,可以通过控制铁还原菌 $S. oneidensis$ MR-1 还原水铁矿/磁铁矿来生成生物源 Fe(Ⅱ),生物源 Fe(Ⅱ)与 NO_2^--N 发生氧化还原反应,可以实现总氮的去除,且生成的大量 N_2O 可以作为助燃剂在新能源领域使用,实现资源化利用。

4.2.3 微生物-Fe-(NO_3^--N)体系去除硝态氮的产物及机理分析

在微生物-铁氧化物-(NO_3^--N)体系中,Fe(Ⅲ)/Fe(Ⅱ)和不同形态氮之间可构建氧化还原反应,在微生物铁还原菌与铁氧化物的协同作用下形成生物无机化学效应,实现硝态氮到气态氮的转化。在着重探究微生物介导下脱氮的过程中,探究溶液中含氮物质组分及含量,确定气态产物组分,分析固相反应前后变化及反应机理。

1. 微生物介导下的硝酸盐去除与铁还原过程中的产物分析

(1)液相中的含氮产物

NO_2^--N 和 NO_3^--N 对 $S. oneidensis$ MR-1 的影响程度不同,$S. oneidensis$ MR-1 还原 NO_2^--N 和 NO_3^--N 的机制也有区别,本节考察在微生物-Fe-(NO_3^--N)体系中含氮产物的组分及含量。图 4-27 所示为微生物-水铁矿液相体系的 30 mg/L NO_3^--N 过程

中含氮物质的组分及含量。在微生物-水铁矿-(NO_3^--N)体系中,10 h 内 NO_3^--N 被快速去除,随着反应时间的增加,过程中有部分 NO_2^--N 生成,最终体系中全部产物以 NH_4^+-N 形式存在,TN 浓度没有明显降低。

为验证微生物-水铁矿-(NO_3^--N)体系的氮平衡,计算各类型氮的含量,结果如表 4.7 所示。当反应时间达 22 h 时,NO_3^--N 的最终去除率为 94.36%,NH_4^+-N 的生成率为 93.56% 和 NO_3^--N 的生成率为 0.8%,TN(100%)浓度没有降低,满足体系中的氮平衡。

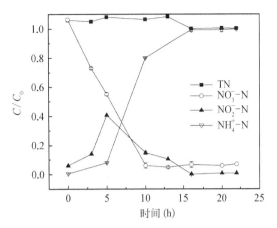

图 4 - 27　*S. oneidensis* MR - 1/水铁矿去除 NO_3^--N 过程中的产物变化情况

表 4.7　*S. oneidensis* MR - 1/水铁矿体系去除 NO_3^--N 过程中各类型氮的含量

含量(%)	TN	NO_3^--N	NH_4^+-N	NO_2^--N
C_t/C_0	100	5.64	93.56	0.8

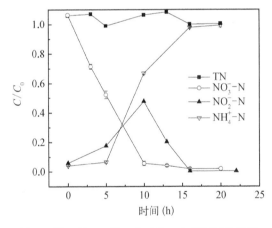

图 4 - 28　*S. oneidensis* MR - 1/磁铁矿去除 NO_3^--N 过程中的产物变化情况

如图 4 - 28 所示,在微生物-磁铁矿-(NO_3^--N)体系中,在 10 h 的反应时间里 NO_3^--N(30 mg/L)逐渐被去除,在 16 h 的反应时间里 NO_2^--N 浓度呈现先增大后降低的趋势,在 15 h 的反应时间内 NH_4^+-N 作为最终产物被快速生成,体系中 TN 浓度没有降低。

为验证微生物-磁铁矿-(NO_3^--N)体系的氮平衡,计算各类型氮的含量,结果如表 4.8 所示。当反应时间达 16 h 时,NO_3^--N 去除率为 98.07%,NH_4^+-N 生成率为 97.57% 和 NO_2^--N 生成率为 0.5%,TN(100%)浓度没有降低,满足体系中的氮平衡。

表 4.8　*S. oneidensis* MR - 1/磁铁矿体系去除 NO_3^--N 过程中各类型氮的含量

含量(%)	TN	NO_3^--N	NH_4^+-N	NO_2^--N
C_t/C_0	100	1.93	97.57	0.5

（2）固相产物的变化

在微生物-铁氧化物-(NO_3^--N)体系中，NO_2^--N 逐渐被去除，铁氧化物作为电子受体，与体系中存在的铁还原菌 S. oneidensis MR-1，而发生铁还原作用，体系中生物源 Fe(Ⅱ)的生成情况，如图 4-29 所示。在反应进行的前 10 h，体系中的主要反应为 S. oneidensis MR-1 还原 NO_3^--N，随着反应时间增加，才逐渐生成生物源 Fe(Ⅱ)，其中，S. oneidensis MR-1 还原水铁矿生成的生物源 Fe(Ⅱ)为 165 mg/L，还原磁铁矿生成的生物源 Fe(Ⅱ)约为 60 mg/L。微生物-铁氧化物-(NO_3^--N)体系中生成的生物源 Fe(Ⅱ)，具有强还原性，可发挥微生物-Fe 的协同作用为接下来氧化还原脱氮提供有利条件。

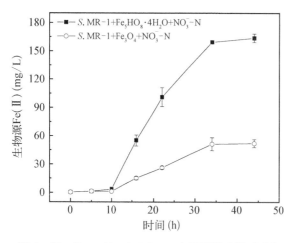

图 4-29 S. oneidensis MR-1 介导下的水铁矿/磁铁矿去除 NO_3^--N 过程中生物源 Fe(Ⅱ)的生成情况

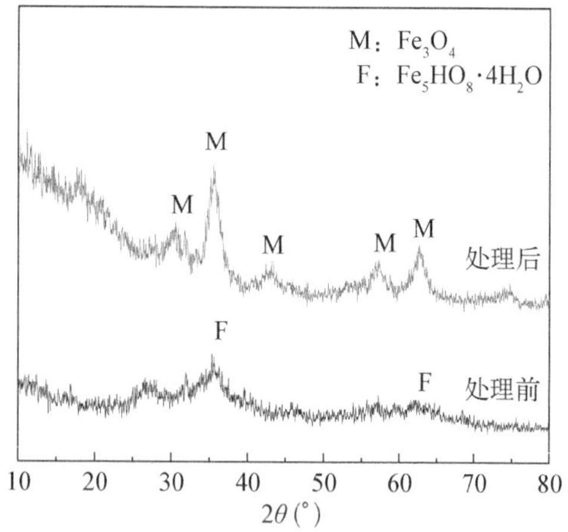

图 4-30 微生物/磁铁矿去除 NO_3^--N 反应前后固体物质的 XRD 图谱

观察微生物-水铁矿-(NO_3^--N)体系中的含氮物质还原转化前后的实验现象，在水铁矿-(NO_2^--N)体系中，水铁矿在反应前后性质保持不变，依然为红棕色固体；在微生物-水铁矿-(NO_3^--N)体系中，反应时间达 16 h 时，水铁矿由红棕色固体变为黑色颗粒，且上清液变浑浊，S. oneidensis MR-1 的异化铁还原作用，使水铁矿性质发生改变。

图 4-30 所示为微生物-水铁矿-(NO_3^--N)体系中水铁矿的变化。水铁矿开始为弱结晶无定形态，当溶液中 NO_3^--N 被完全去除，即反应 16 h 后，固体相中有磁铁矿特征峰出现，生成了结晶度较差的磁铁矿，水铁矿的性质发生改变。

按照相同分析方法，磁铁矿-(NO_3^--N)体系中，反应进行 16 h 时，磁铁矿在反应前后性质保持不变，依然为黑色固体；在微生物-磁铁矿-(NO_3^--N)体系中，反应进行 16 h 时，体系中磁铁矿依然为黑色颗粒，且上清液变浑浊，呈现黄绿色，因 S. oneidensis MR-1 异化铁还原作用，有生物源 Fe(Ⅱ)生成。图 4-31 所示为微生物-磁铁矿-(NO_3^--N)体系中固体物质反应前后的变化情况,磁铁矿在反应前后并没有明显变化,处理后依然存在磁铁矿的特征峰。

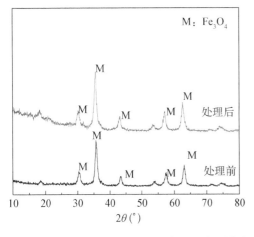

图 4 - 31　*S. oneidensis* MR - 1 介导下的磁铁矿去除 NO_3^--N 前后固体物质的 XRD 图谱

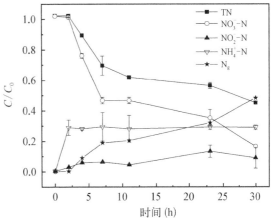

图 4 - 32　在 *S. oneidensis* MR - 1 介导下的水铁矿去除 NO_3^--N 过程中产物的变化情况

2. Fe(Ⅲ)/Fe(Ⅱ)循环去除硝酸盐过程中的产物分析

(1) 液相中含氮产物

前期实验中 *S. oneidensis* MR - 1 还原铁氧化物生成生物源 Fe(Ⅱ),实现了溶液中总氮的去除,接下来将考察微生物-铁氧化物-(NO_3^--N)利用一次脱氮后生成的生物源 Fe(Ⅱ),继续与 NO_3^--N 反应,分析液相中各类型氮的组分。一次脱氮后生成的生物源 Fe(Ⅱ)浓度为 200 mg/L,再次投加 NO_3^--N,探究其对 NO_3^--N 的还原转化情况。如图 4 - 32 所示,随着反应时间增加,体系中 NO_3^--N 的去除率为 83.39%,NO_2^--N 的生成率为 9.08%,NH_4^+-N 的生成率为 29.15%,TN 的去除率为 54.83%。因此,推测体系中生物源 Fe(Ⅱ)还原 NO_3^--N 的过程中有气态氮(N_g)生成。

图 4 - 33 所示为体系中生成生物源 Fe(Ⅱ)后,其对 NO_3^--N 的还原转化情况。在该微生物-磁铁矿-(NO_3^--N)体系中,在反应进行的前 6 h NO_3^--N 被快速去除,其浓度呈现先升高后降低的趋势,最终 NO_3^--N 去除率 91.06%,体系中 NH_4^+-N 生成率为 62.15%,TN 去除率16.81%。因此,通过折算体系中氮平衡时各物质的含量,推断体系中有少量气态氮(N_g)生成。

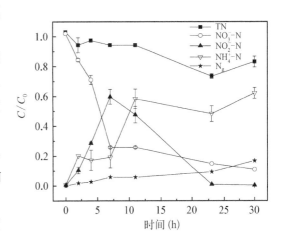

图 4 - 33　在 *S. oneidensis* MR - 1 介导下的磁铁矿去除 NO_3^--N 过程中产物的变化情况

（2）气体产物

图 4-34 所示为微生物-水铁矿-(NO$_3^-$-N)体系中气体产物的气相色谱图。反应进行 20 h 后,测定体系中气体产物的组分,通过外标法分析发现,在 2.26 min 左右出现特征峰气体产物为 CO$_2$,在 2.96 min 左右出现特征峰时气体产物为 N$_2$O,值得注意的是,在 1.4 min 左右出现了 NO$_2$ 的特征峰。

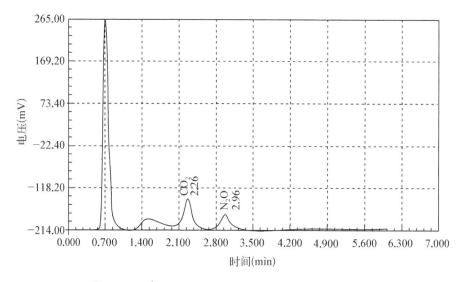

图 4-34　在 *S. oneidensis* MR-1 介导下的水铁矿去除 NO$_3^-$-N 过程中气体产物的气相色谱图

微生物-水铁矿-(NO$_3^-$-N)体系氮平衡时,体系中各类型含氮产物的含量如表 4.9 所示。再次向体系中加入 30 mg/的 NO$_3^-$-N,随着反应的进行,其最终去除率为 85.56%, TN 去除率为 47.33%,NH$_4^+$-N 的生成率为 29.15%,N$_2$O 的生成率为 25.14%,NO$_2$ 的生成率为 22.19%,满足体系中的氮平衡。

表 4.9　*S. oneidensis* MR-1 介导下的水铁矿去除 NO$_3^-$-N 过程中含氮产物的含量

含量(%)	TN	NO$_3^-$-N	NH$_4^+$-N	NO$_2^-$-N	N$_2$O	NO$_2$
C_t/C_0	52.67	14.44	29.15	9.08	25.14	22.19

在微生物-磁铁矿-(NO$_3^-$-N)体系中,反应时间达 20 h 后,逐渐有生物源 Fe(Ⅱ)生成,再次加入 30 mg/L 的 NO$_3^-$-N,随着反应时间增加 24 h 后,测定溶液中含氮物质的组分和含量,发现体系中 TN 浓度降低,检测体系中气体产物的组分及含量,实验结果如图 4-35 所示。CO$_2$ 在 2.24 min 出现特征峰,N$_2$O 在 2.96 min 出现特征峰,其中在 1.2 min 时有 NO$_2$ 组分的特征峰。

折算体系中氮平衡时各物质的含量,如表 4.10 所示,微生物-磁铁矿-(NO$_3^-$-N)体系

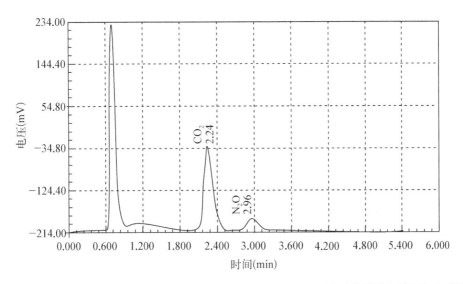

图 4-35　在 *S. oneidensis* MR-1 介导下的磁铁矿去除 NO_3^--N 过程中气体产物的气相色谱图

中，NO_3^--N 的去除率为 89.06%，NH_4^+-N 的生成率为 62.15%，有 10.11% 的 NO_2^--N 积累，其中有 10.13% 的 N_2O 生成，6.67% 的 NO_2 生成，在与微生物-磁铁矿-(NO_3^--N)体系相同的反应时间内，TN 的去除率 16.8%，满足体系中的氮平衡。

表 4.10　*S. oneidensis* MR-1 介导下的磁铁矿去除 NO_3^--N 过程中含氮产物的含量

含量(%)	TN	NO_3^--N	NH_4^+-N	NO_2^--N	N_2O	NO_2
C_t/C_0	83.20	10.94	62.15	10.11	10.13	6.67

（3）固体相

图 4-36 所示为微生物-铁氧化物-(NO_3^--N)体系中铁氧化产物的变化情况。反应前测得的水铁矿衍射峰较少，因其为无定形态，结晶度比较差。当反应 22 h 时，体系中 30 mg/L 的 NO_3^--N 逐渐被去除，测得固体相中有磁铁矿的特征峰生成，但因反应时间较短，结晶度也较差。再次投入 30 mg/L 的 NO_3^--N，当反应时间为 75 h 时，即二次脱氮完成后，测得固体相磁铁矿的特征峰逐渐消失。向体系中多次加入 NO_3^--N，在 180 h 反应时间里，微生物介导的水铁矿体系多次去除 NO_3^--N，水铁矿在

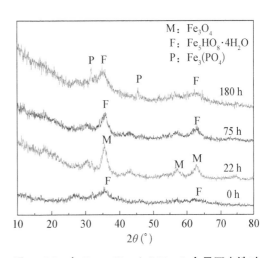

图 4-36　在 *S. oneidensis* MR-1 介导下水铁矿循环去除 NO_3^--N 过程中的 XRD 图谱

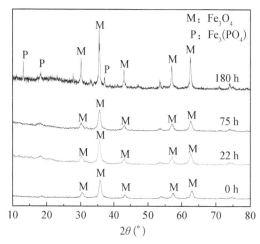

图 4 - 37 *S. oneidensis* **MR - 1** 介导磁铁矿循环去除 NO_3^--N 过程中固体相的 XRD 图谱

体系中由红棕色颗粒变成黑色颗粒又变成红棕色颗粒,测得第四次脱氮完成后,固体相仍为无定形水铁矿,因体系中有微生物必需的磷元素,所以有少量磷铁矿生成。

在微生物-磁铁矿-(NO_3^--N)体系中,反应进行 180 h 的过程中固体相的变化情况,如图 4 - 37 所示。反应时间达 22 h 时,体系中 30 mg/L 的 NO_3^--N 被完全去除,测得固体相主要为磁铁矿,这说明磁铁矿性质保持稳定。再次投入 30 mg/L 的 NO_3^--N,当反应时间为 75 h 时,即二次脱氮完成后,测得被认为是磁铁矿的特征峰。在反应进行的 180 h 内,微生物介导磁铁矿体系多次去除 NO_3^--N,固体相反应前后主要为磁铁矿,有少量磷铁矿生成。

3. 微生物介导下的 Fe(Ⅲ)/Fe(Ⅱ)循环去除硝态氮的机理分析

通过分析实验结果发现,在微生物-铁氧化物-(NO_2^--N/NO_3^--N)体系中,反应启动初期,因 *S. oneidensis* MR - 1 具有硝酸还原酶和亚硝酸还原酶,可以还原 NO_2^--N/NO_3^--N 生成 NH_4^+-N;此外,*S. oneidensis* MR - 1 进行异化铁还原作用还能为菌体生长提供更多能量。*S. oneidensis* MR - 1 还原水铁矿/磁铁矿生成生物源 Fe(Ⅱ)[2,14],反应方程式如下:

$$4Fe(OH)_3 + CH_3CHOHCOO^- + 7H^+ \longrightarrow$$
$$4Fe^{2+} + CH_3COO^- + HCO_3^- + 10H_2O \qquad (4.3)$$

$$2Fe_3O_4 + CH_3CHOHCOO^- + 11H^+ \longrightarrow$$
$$6Fe^{2+} + CH_3COO^- + HCO_3^- + 6H_2O \qquad (4.4)$$

铁被还原生成的生物源 Fe(Ⅱ)能够被再次利用进行化学反硝化作用,这个过程主要是生物源 Fe(Ⅱ)与 NO_3^--N/NO_2^--N 发生氧化还原作用,这一阶段可以被称为体系运行期。微生物-铁氧化物-(NO_2^--N/NO_3^--N)体系中发生反应的机理图,如图 4 - 38 所示。在体系的启动期,*S. oneidensis* MR - 1 可以还原 NO_2^--N/NO_3^- 生成 NH_4^+-N,同时还可以还原铁氧化物生成生物源 Fe(Ⅱ),当再次加入 NO_2^--N/NO_3^--N 时,生物源 Fe(Ⅱ)会立即与 NO_2^--N/NO_3^--N 发生氧化还原反应,体系中 TN 浓度降低,利用气相色谱法确定气体产物的组分及含量。

通过分析可知,在微生物-铁氧化物-(NO_3^--N)体系中,铁还原菌 *S. oneidensis* MR - 1 具有灵活多样的代谢方式。NO_3^--N、水铁矿/磁铁矿都可以作为电子受体,*S.*

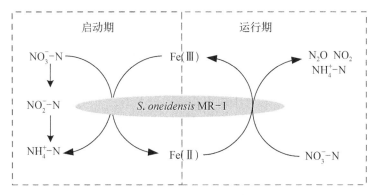

图 4 - 38　微生物介导下的 Fe(Ⅲ)/Fe(Ⅱ)循环去除 NO_3^--N 机理图

$oneidensis$ MR - 1 可以先还原 NO_3^--N 生成 NO_2^--N,最后再生成 NH_4^+-N; $S.\ oneidensis$ MR - 1 同样可以还原铁氧化物生成生物源 Fe(Ⅱ)。其中,铁还原菌与 NO_3^--N 离子为固-液界面反应,铁还原菌与铁氧化物为固-固界面反应,其 NO_3^--N 还原和铁还原作用在反应过程中同时发生。相关研究表明[10],较低浓度的 NO_2^--N 会促进 $S.\ oneidensis$ MR - 1 的铁还原作用,所以在微生物-铁氧化物-(NO_3^--N)体系,反应初期,$S.\ oneidensis$ MR - 1 可以同时还原 NO_3^--N 和铁氧化物,在反应进行的前 15 h,体系中会生成 NH_4^+-N 和大量的生物源 Fe(Ⅱ),铁还原生成的生物源 Fe(Ⅱ)能够被再次利用进行化学反硝化作用,在这个过程中主要是生物源 Fe(Ⅱ)与 NO_3^--N 发生化学氧化还原作用,这一阶段被认为是体系的运行期。微生物-铁氧化物介导下的 Fe(Ⅲ)/Fe(Ⅱ)循环去除 NO_3^--N 的机理图,如图 4 - 38 所示。其中 TN 浓度的降低主要是由于生物源 Fe(Ⅱ)与 NO_2^--N 发生反应生成 N_2O 和 NO_2 导致的。

4.2.4　小结

在微生物-铁氧化物-(NO_2^--N / NO_3^--N)体系中,铁还原菌 $S.\ oneidensis$ MR - 1 在厌氧条件下,对(NO_2^--N)/(NO_3^--N)表现出良好的还原能力,还原产物为 NH_4^+-N;同时 $S.\ oneidensis$ MR - 1 也可以将铁氧化物还原生成生物源 Fe(Ⅱ),利用生物源 Fe(Ⅱ)的强还原性,实现多次还原(NO_2^--N)/(NO_3^--N)的目的,根据液相、气相及固相还原产物变化,探究反应机理,得到如下结论:

在微生物-(NO_2^--N / NO_3^--N)体系中,$S.\ oneidensis$ MR - 1 含有硝酸还原酶和亚硝酸还原酶,可以将(NO_2^--N)/(NO_3^--N)还原生成 NH_4^+-N,溶液中 TN 浓度没有降低。

在微生物-铁氧化物-(NO_2^--N)体系中,$S.\ oneidensis$ MR - 1 能够快速还原 NO_2^--N,同时还原水铁矿/磁铁矿,NO_2^--N 还原与异化铁还原同步进行,最终在体系中生成大量的生物源 Fe(Ⅱ)。利用微生物-水铁矿-(NO_2^--N)体系中生成的生物源 Fe(Ⅱ)再次还原 NO_2^--N,TN 去除率为 65.56%,99.81% 的 NO_2^--N 被去除,产物为 NH_4^+-N(34.11%)、NO_3^--N(0.14%)和 N_2O(65.56%);在微生物-磁铁矿-(NO_2^--N)体系中,还原生成的生物源 Fe(II)与 NO_2^--N 发生氧化还原作用,TN 去除率为 23.13％,92.19％的 NO_2^--N 被去除,产物为 NH_4^+-N(69.07％)、NO_3^--N (0.14％)和 N_2O(23.13％)。

在微生物–铁氧化物–(NO_3^--N)体系中,NO_3^--N 还原与异化铁还原两个过程分步进行,最终都生成大量的生物源 Fe(II)。在微生物–水铁矿–(NO_3^--N)体系中生物源 Fe(II)与 NO_3^--N 发生氧化还原反应,TN 去除率为 47.33％,NO_3^--N 的去除率为 83.39％,产物为 NH_4^+-N(29.15％)、N_2O (25.14％)和 NO_2(22.19％)。在微生物–磁铁矿–(NO_3^--N)体系中,89.06％的 NO_3^--N 被还原,TN 去除率为 20.24％,NH_4^+-N 的生成率为 62.15％,N_2O 生成率为 10.13％,NO_2 生成率为 6.67％。

微生物–铁氧化物–N 体系中,在铁氧化物和微生物的协同作用下,不同形态 Fe、N 等的氧化还原反应存在差异,其中,NH_4^+-N 的生成主要源于 *S. oneidensis* MR – 1 还原(NO_2^--N)/(NO_3^--N)的转化路径,气态产物 N_2O、NO_2 的生成主要源于体系中的生物源 Fe(II)与(NO_2^--N)/(NO_3^--N)发生的氧化还原反应。(NO_2^--N)/(NO_3^--N)与铁氧化物、微生物之间形成生物化学行为及还原转化过程作用机制。

主要参考文献

[1] Roden E E, Zachara J M. Microbial reduction of crystalline iron(III) oxides: influence of oxide surface area and potential for cell growth[J]. Environmental Science & Technology, 1996, 30 (5): 1618 – 1628.

[2] Bonneville S, Behrends T, Van Cappellen P. Solubility and dissimilatory reduction kinetics of iron(III) oxyhydroxides: a linear free energy relationship[J]. Geochimica et Cosmochimica Acta, 2009, 73(18): 5273 – 5282.

[3] Guerbois D, Ona-Nguema G, Morin G, et al. Nitrite reduction by biogenic hydroxycarbonate green rusts: evidence for hydroxy-nitrite green rust formation as an intermediate reaction product[J]. Environmental Science & Technology, 2014, 48(8): 4505 – 4514.

[4] Zachara J M, Kukkadapu R K, Fredrickson J K, et al. Biomineralization of poorly crystalline Fe(III) oxides by dissimilatory metal reducing bacteria (DMRB)[J]. Geomicrobiology Journal, 2002, 19(2): 179 – 207.

[5] Kukkadapu R K, Zachara J M, Fredrickson J K, et al. Ferrous hydroxy carbonate is a stable transformation product of biogenic magnetite[J]. American Mineralogist, 2005, 90(2/3): 510 – 515.

[6] Cruz-Garcia C, Murray A E, Klappenbach J A, et al. Respiratory nitrate ammonification by *Shewanella oneidensis* MR – 1[J]. Journal of Bacteriology, 2007, 189(2): 656 – 662.

[7] Zhang H, Fu H, Wang J, et al. Impacts of nitrate and nitrite on physiology of *Shewanella oneidensis*[J]. Plos One, 2013, 8(4): 1 – 10.

[8] Tai Y, Dempsey B A. Nitrite reduction with hydrous ferric oxide and Fe(II): stoichiometry, rate, and mechanism[J]. Water Research, 2009, 43(2): 546 – 552.

[9] Li B, Cheng Y, Wu C, et al. Interaction between ferrihydrite and nitrate respirations by *Shewanella oneidensis* MR – 1[J]. Process Biochemistry, 2015, 50(11): 1942 – 1946.

[10] Gao H, Yang Z, Barua S, et al. Reduction of nitrate in *Shewanella oneidensis* depends on atypical NAP and NRF systems with NapB as a preferred electron transport protein from CymA to NapA[J]. Isme Journal, 2009, 3(8): 966 - 976.

[11] Simpson P J L, Richardson D J, Codd R. The periplasmic nitrate reductase in *Shewanella*: the resolution, distribution and functional implications of two NAP Isoforms, NapEDABC and NapDAGHB[J]. Microbiology, 2010, 156(2): 302 - 312.

[12] 张海燕.硝酸与亚硝酸对 *Shewanella oneidensis* 的生理影响机制[D].杭州：浙江大学,2014.

[13] Rakshit S, Matocha C J, Coyne M S. Nitrite reduction by siderite[J]. Soil Science Society of America Journal, 2008, 72(4): 1070 - 1077.

[14] Dhakal P, Matocha C J, Huggins F E, et al. Nitrite Reactivity with Magnetite [J]. Environmental Science & Technology, 2013, 47(12): 6206 - 6213.

[15] Rakshit S, Matocha C J, Coyne M S, et al. Nitrite reduction by Fe(Ⅱ) associated with kaolinite[J]. International Journal of Environmental Science and Technology, 2016, 13(5): 1329 - 1334.

[16] Kostka J E, Nealson K H. Dissolution and reduction of magnetite by bacteria [J]. Environmental Science & Technology, 1995, 29(10): 2535 - 2540.

第 5 章

微生物介导下的 Fe(Ⅲ)/Fe(Ⅱ)循环去除苯系物

5.1 微生物介导下的 Fe(Ⅲ)/Fe(Ⅱ)循环去除硝基苯

受人类活动的影响,有机微污染在地下水中普遍存在,其平均浓度多为每升纳克或微克级。这类污染物具有低浓度和高致病性的特点,但目前与此类污染物修复技术相关的研究并不多,此外,基于地下水一般为中性厌氧环境,因此,本章构建(S. oneidensis MR-1)-Fe-NB 体系,利用微生物介导的 Fe(Ⅲ)/Fe(Ⅱ)循环实现硝基苯(Nitrobenzene, NB)的还原转化,研究体系中硝基苯、微生物和铁矿物三者之间的相互作用关系,以及硝基苯还原转化过程的作用机制。

5.1.1 *S. oneidensis* MR-1 作用下硝基苯的去除

根据前期实验可知,*S. oneidensis* MR-1 对水铁矿和磁铁矿具有良好的还原作用。为考察 *S. oneidensis* MR-1 对硝基苯的去除效果,判别 *S. oneidensis* MR-1 对硝基苯的耐受能力,对不同浓度的硝基苯对 *S. oneidensis* MR-1 生长情况的影响进行了研究,如图 5-1 所示。由图 5-1 中 *S. oneidensis* MR-1 的生长曲线可知,硝基苯浓度为 0.2 mg/L 时,*S. oneidensis* MR-1 的生长量与对照组(硝基苯浓度为 0 mg/L)的保持一致,有硝基苯存在时 *S. oneidensis* MR-1 进入对数生长期阶段稍有滞后;硝基苯浓度增至 0.4 mg/L 时,*S. oneidensis* MR-1 生长量略微下降,且进入对数生长期阶段与对照组相比也有所滞后。可见,当硝基苯浓度小于等于 0.4 mg/L 时,*S. oneidensis* MR-1 的生长存在着一个适应调整期,调整时间随硝基苯浓度的增大而增大;与对照组相比,*S. oneidensis* MR-1 的生物累积量差别不大,这说明硝基苯不能作为碳源为 *S. oneidensis* MR-1 提供能量。当硝基苯浓度达到 0.6 mg/L 和 0.8 mg/L 时,*S. oneidensis* MR-1 的生物累积量明显减少,此时其生长受到硝基苯的毒性抑制。

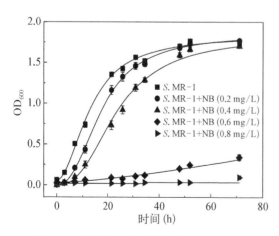

图 5-1　不同浓度的硝基苯对 *S. oneidensis* MR-1 生长情况的影响

　　S. oneidensis MR - 1 对不同浓度硝基苯的去除情况,如图 5 - 2 所示。在 102 h 内,当硝基苯浓度为 0.2 mg/L 时,*S. oneidensis* MR - 1 对其去除率为75.29%;当硝基苯浓度增至 0.4 mg/L 时,去除率高达 90.88%。当硝基苯浓度达到 0.6 mg/L 和 0.8 mg/L 时,在反应进行的前 28 h,*S. oneidensis* MR - 1 可迅速还原硝基苯使其浓度降至最低,但在 28～102 h 期间可看到,硝基苯浓度有较为明显的上升趋势,在 102 h 时,硝基苯的去除率分别为 84.12% 和 82.22%。这可能是因为此时 *S. oneidensis* MR - 1 受到硝基苯的毒害作用,细胞开始破裂。

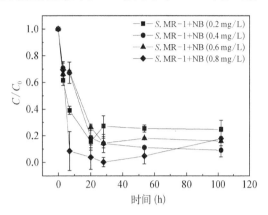

图 5 - 2　*S. oneidensis* MR - 1 对不同浓度硝基苯的去除情况

5.1.2　(*S. oneidensis* MR - 1)- Fe 体系中硝基苯的去除

1. 硝基苯还原去除

　　基于上述实验结果,当硝基苯浓度大于 0.4 mg/L 时,*S. oneidensis* MR - 1 生长量明显受抑制;而硝基苯浓度为 0.4 mg/L 时,与对照组相比,*S. oneidensis* MR - 1 进入对数生长期阶段有所滞后,但两者生物累积量差别不大。(*S. oneidensis* MR - 1)- Fe 体系对 0.4 mg/L 硝基苯的去除效果如图 5 - 3 所示,不同体系中硝基苯的浓度都随着反应时间的增加而逐渐降低。在(*S. oneidensis* MR - 1)- 水铁矿 - NB 体系中,反应时间为 23 h 时,硝基苯被完全去除,去除速率为 0.017 mg/(L·h);在(*S. oneidensis* MR - 1)-磁铁矿 - NB 体系中,反应时间为 23 h 时,硝基苯被完全去除,去除速率为 0.017 mg/(L·h)。与对照组(*S. oneidensis* MR - 1)- NB 体系对比发现,23 h 内三个体系中硝基苯的去除速率相同。这说明(*S. oneidensis* MR - 1)- Fe 体系中硝基苯全部是由 *S. oneidensis* MR - 1 还原去除的,由此推测没有铁矿物参与反应。同时,硝基苯(0.4 mg/L)在水铁矿和磁铁矿中的去除效果对比如图 5 - 4

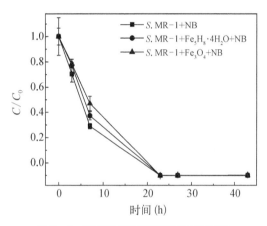

图 5 - 3　不同体系对硝基苯的还原情况

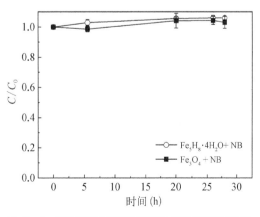

图 5 - 4　硝基苯在水铁矿和磁铁矿中的去除效果

所示,随着反应时间达 28 h,硝基苯浓度没有降低,这说明在无机培养体系中单纯铁矿物对硝基苯没有吸附作用。

2. *S. oneidensis* MR-1 铁还原过程

(1) 生物源 Fe(Ⅱ)的生成

根据前期实验可知,*S. oneidensis* MR-1 对两种铁矿物均具有良好的还原作用,同时其还可利用低浓度硝基苯(0.4 mg/L)作为电子受体将其还原。(*S. oneidensis* MR-1)-Fe-NB体系中,*S. oneidensis* MR-1 还原铁矿物从而得到生物源 Fe(Ⅱ)的过程,如图 5-5 所示。由

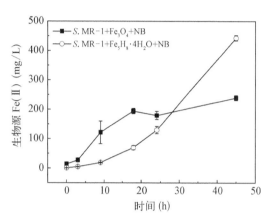

图 5-5 (*S. oneidensis* MR-1)-磁铁矿/水铁矿-NB 体系中生物源 Fe(Ⅱ)的生成情况

图 5-5 可知,当反应时间为 45 h 时,两个体系中生物源 Fe(Ⅱ)的累积量都达到了最大值。此时,在(*S. oneidensis* MR-1)-水铁矿-NB 体系中,生物源 Fe(Ⅱ)的生成量为(442.82±9.19) mg/L,生成速率为(9.84±0.20) mg/(L·h);在(*S. oneidensis* MR-1)-磁铁矿-NB 体系中,生物源 Fe(Ⅱ)生成量为(239.04±8.13) mg/L,生成速率为(5.31±0.18) mg/(L·h)。在(*S. oneidensis* MR-1)-Fe-NB 体系中,*S. oneidensis* MR-1 还原水铁矿生成的生物源 Fe(Ⅱ)总量是其还原磁铁矿生成生物源 Fe(Ⅱ)总量的 1.8 倍左右。

0.4 mg/L 硝基苯对 *S. oneidensis* MR-1 铁还原过程的影响,如图 5-6 所示。由图5-6(a)可知,反应进行的前 10 h 内,两个体系中生物源 Fe(Ⅱ)的生成量相差不大且生成速率较低;10~45 h 之间,生物源 Fe(Ⅱ)的生成速率明显增大;当反应时间达 45 h 时,在(*S. oneidensis* MR-1)-水铁矿体系中,生物源 Fe(Ⅱ)的最终累积量为(605.59±48.51) mg/L,比(*S. oneidensis* MR-1)-水铁矿-NB 体系中生物源 Fe(Ⅱ)的生成量多(162.77±39.32) mg/L。由图 5-1 可知,0.4 mg/L 硝基苯会使 *S. oneidensis* MR-1 进

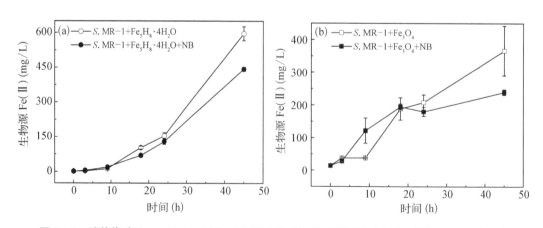

图 5-6 硝基苯对 *S. oneidensis* MR-1 还原水铁矿(a)和磁铁矿(b)生成生物源 Fe(Ⅱ)的影响

入对数生长期的阶段滞后。所以,0.4 mg/L 硝基苯加入(S. oneidensis MR-1)-水铁矿体系后,生物源 Fe(Ⅱ)的生成速率有所降低。

如图5-6(b)所示,在反应时间为18 h 时,两个体系中生物源 Fe(Ⅱ)的生成量基本相同;在18~45 h 之间,两个体系中生物源 Fe(Ⅱ)的生成量差距逐渐增大;反应时间达45 h时,在(S. oneidensis MR-1)-磁铁矿体系中,生物源 Fe(Ⅱ)的最终累积量为(370.15±4.87) mg/L,比(S. oneidensis MR-1)-磁铁矿-NB 体系中生物源 Fe(Ⅱ)的生成量多(131.11±3.26) mg/L。由此说明,随着微生物异化铁还原反应的进行,0.4 mg/L 硝基苯对 S. oneidensis MR-1 还原磁铁矿过程的毒性抑制作用逐渐显现,即0.4 mg/L 硝基苯的加入会在一定程度上抑制微生物的铁还原过程。

(2)固相产物分析

在(S. oneidensis MR-1)-Fe-NB 体系中,S. oneidensis MR-1 可分别还原硝基苯和铁矿物,根据实验现象和 XRD 表征,考察两种铁矿物反应前后固相物质的变化情况。水铁矿-NB 体系中,水铁矿的颜色一直保持不变;而在其他三个(S. oneidensis MR-1)-水铁矿-NB 体系中,水铁矿由原先的红棕色变为黑色,同时上清液呈浑浊态。对黑色颗粒进行 XRD 表征,如图5-7(a)所示,并没有新的衍射峰出现,且原有的水铁矿的特征峰有所降低,推测可能是因为 Fe(Ⅲ)被 S. oneidensis MR-1 还原导致其含量有所降低。

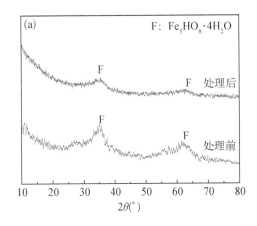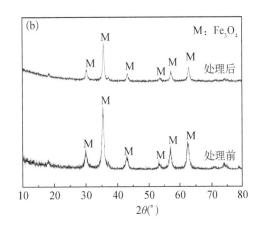

图5-7 (S. oneidensis MR-1)-水铁矿(a)和(S. oneidensis MR-1)-磁铁矿(b)体系去除硝基苯前后固相物质的 XRD 图

在(S. oneidensis MR-1)-磁铁矿-NB 体系中,磁铁矿反应后的颜色依然为黑色;其他三个实验组的磁铁矿同样为黑色固体,上清液呈黄绿色,推测可能是因为经微生物还原生成的生物源 Fe(Ⅱ)分散在溶液中。对反应后的磁铁矿进行 XRD 表征发现,如图5-7(b)所示,反应前后磁铁矿的晶体结构没有明显改变,固体相依然主要以磁铁矿的形式存在。

5.1.3 S. oneidensis MR-1 介导下的 Fe(Ⅲ)/Fe(Ⅱ)循环对硝基苯的去除

基于前期实验结果,在(S. oneidensis MR-1)-Fe-NB 体系中,S. oneidensis MR-1 可以还原低浓度硝基苯,还可以同时将水铁矿和磁铁矿还原为生物源 Fe(Ⅱ)。本研究以这两种铁矿物为载体,利用 S. oneidensis MR-1 还原铁矿物得到生物源 Fe(Ⅱ),进一步研究生物源 Fe(Ⅱ) 对硝基苯的还原效果,以实现利用微生物介导的 Fe(Ⅲ)/Fe(Ⅱ) 循环去除地下水中低浓度硝基苯的目的。

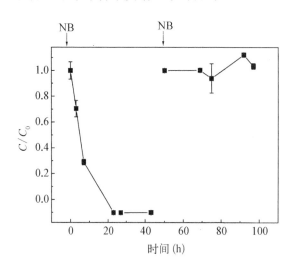

图 5-8 S. oneidensis MR-1 还原 0.4 mg/L 硝基苯的循环实验结果

1. S. oneidensis MR-1 还原硝基苯

由前期实验结果可知,S. oneidensis MR-1 可以还原去除低浓度硝基苯,如图 5-8 所示为 S. oneidensis MR-1 多次还原硝基苯的实验结果。在 S. oneidensis MR-1 单独还原硝基苯的体系中,当反应时间为 23 h 时,0.4 mg/L 硝基苯被完全去除,去除速率为 0.017 mg/(L·h)。再次投加 0.4 mg/L 硝基苯,在反应时间为 97 h 时,硝基苯的浓度没有发生改变。由此可推测,第 2 次投加的 0.4 mg/L 硝基苯对 S. oneidensis MR-1 产生了毒害作用,使微生物无法继续还原硝基苯。由于硝基苯的高致毒性,S. oneidensis MR-1 并不能连续多次还原低浓度硝基苯。

2. 生物源 Fe(Ⅱ) 氧化耦合硝基苯还原

(1) 硝基苯的去除过程

上述实验说明,微生物单独还原硝基苯的体系不能连续进行,(S. oneidensis MR-1)-Fe 体系对两次投加的硝基苯的还原过程值得探讨。由图 5-9(a) 可知,在 (S. oneidensis MR-1)-水铁矿-NB 体系中,第一次加入的 0.4 mg/L 硝基苯在 23 h 内被完全去除,伴随着硝基苯的去除,体系中生物源 Fe(Ⅱ) 逐渐生成,45 h 时生物源 Fe(Ⅱ) 的累积量达到 (442.82±9.19) mg/L[图 5-9(b)]。此时,再次加入等浓度的硝基苯,随着反应时间的增加,硝基苯浓度随生物源 Fe(Ⅱ) 浓度的降低而降低,直到反应时间为 94 h 时,硝基苯浓度逐渐稳定不变,即硝基苯最终去除率为 72.34%,去除速率为 0.008 mg/(L·h)。由此可推测,生物源 Fe(Ⅱ) 与硝基苯之间发生了氧化还原反应,即硝基苯被还原的同时生物源 Fe(Ⅱ) 被氧化为 Fe(Ⅲ)。

如图 5-10 所示,在 (S. oneidensis MR-1)-磁铁矿-NB 体系中,硝基苯和生物源 Fe(Ⅱ) 浓度的变化趋势与 (S. oneidensis MR-1)-水铁矿-NB 体系的一致。在 S. oneidensis MR-1 在 23 h 内完全去除初次投加的硝基苯的同时,其还原磁铁矿得到的生物源 Fe(Ⅱ) 浓度也逐渐增加,45 h 时生物源 Fe(Ⅱ) 的生成量为 (239.04±8.13) mg/L。反应时间为 45 h 时,再次加入硝基苯,结果表明生物源 Fe(Ⅱ) 的浓度随硝基苯浓度的降低而迅速降低,48 h 内(即总时数 94 h 时)硝基苯的去除率达到了 93.33%,去除速率为 0.015 mg/(L·h)。

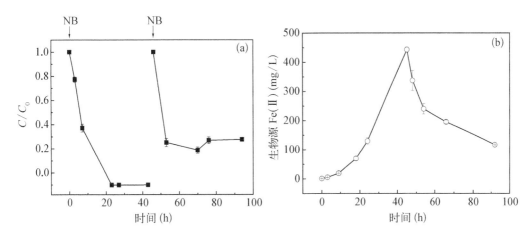

图 5 - 9　(*S. oneidensis* MR - 1)-水铁矿体系中硝基苯(a)和生物源 Fe(Ⅱ)(b)的变化情况

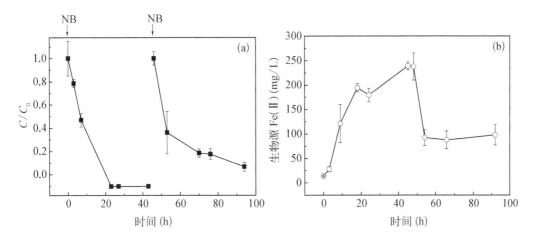

图 5 - 10　(*S. oneidensis* MR - 1)-磁铁矿体系中硝基苯(a)和生物源 Fe(Ⅱ)(b)的变化情况

相同时间内,通过将两个体系第二次去除硝基苯的速率进行对比可以发现,在(*S. oneidensis* MR - 1)-水铁矿 - NB 体系中,硝基苯的去除速率低于(*S. oneidensis* MR - 1)-磁铁矿 - NB 体系中的。有研究表明,可溶态 Fe(Ⅱ)吸附在磁铁矿表面会形成表面铁结合系统,使其还原能力大大增强[1,2]。与微生物单独还原硝基苯体系对比也可以发现,在(*S. oneidensis* MR - 1)- Fe-NB 体系中,第 2 次投加硝基苯,其去除效果明显增强,这也证明了生物源 Fe(Ⅱ)对硝基苯具有还原作用,即在(*S. oneidensis* MR - 1)-Fe-NB 体系中,铁矿物先被 *S. oneidensis* MR - 1 还原为生物源 Fe(Ⅱ),然后生物源 Fe(Ⅱ)又被第 2 次加入的硝基苯氧化为 Fe(Ⅲ),这就是一次完整的 Fe(Ⅲ)/Fe(Ⅱ)循环。

(2)固相物质变化

在(*S. oneidensis* MR - 1)- Fe-NB 体系中,*S. oneidensis* MR - 1 可分别还原硝基苯和含 Fe(Ⅲ)的铁矿物,利用 XRD 表征来考察两种铁矿物在反应前后的变化情况。在(*S. oneidensis* MR - 1)-水铁矿 - NB 体系中,固体颗粒的 XRD 表征结果如图 5 - 11 所示。当体系中两次加入的 0.4 mg/L 硝基苯反应完全时,固相反应产物依然保持着水铁矿原有的晶体结构。在(*S. oneidensis* MR‐1)‐磁铁矿‐NB 体系中,反应前后的固体颗粒的 XRD表征结果如图 5‐12 所示,体系中第一次加入的 0.4 mg/L 硝基苯被完全去除时,测得固体相主要为磁铁矿。在反应时间为 45 h 时,再次投加 0.4 mg/L 硝基苯,94 h 时测得固体相依然以磁铁矿的形式存在。在整个反应过程中,磁铁矿性质稳定,一直保持其自身的晶体结构。

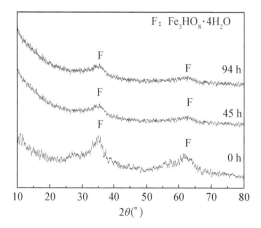

图 5‐11 (*S. oneidensis* MR‐1)‐水铁矿体系去除硝基苯前后固相物质的 XRD 图

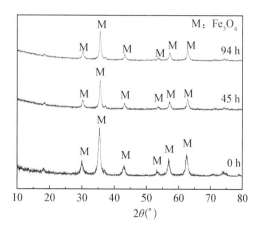

图 5‐12 (*S. oneidensis* MR‐1)‐磁铁矿体系去除硝基苯前后固相物质的 XRD 图

5.1.4 *S. oneidensis* MR‐1 介导下的 Fe(Ⅲ)/Fe(Ⅱ)循环去除硝基苯的机理分析

从上述实验结果可知,在(*S. oneidensis* MR‐1)‐Fe‐NB 体系中,*S. oneidensis* MR‐1可将胞外难溶性的铁矿物作为电子受体还原得到生物源 Fe(Ⅱ),其从这一过程中获取更多能量;*S. oneidensis* MR‐1 将初次投加的硝基苯作为电子受体使其还原,可能发生的反应途径如图 5‐13 所示,即硝基苯被微生物还原为苯胺(Aniline,AN)[3]。

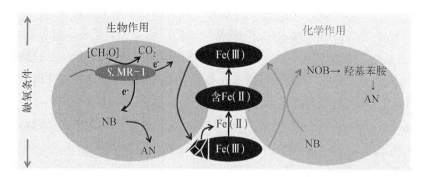

图 5‐13 *S. oneidensis* MR‐1 介导下的 Fe(Ⅲ)/Fe(Ⅱ)循环去除硝基苯的机理图

硝基苯的高致毒性和电子受体的竞争作用,使微生物异化铁还原过程受到了一定程度的抑制,但依然有大量的生物源 Fe(Ⅱ)生成。当反应时间达 45 h 时,反应完全,硝基苯基本被去除,生物源 Fe(Ⅱ)累积量也达到最大值。此时,再一次加入相同浓度的硝基苯,硝基苯与生物源 Fe(Ⅱ)发生化学作用,从而使其被还原去除,可能的反应途径为硝基苯在生物源 Fe(Ⅱ)的还原作用下逐渐被还原为亚硝基苯(Nitrosoben zene,NOB)、羟基苯胺和苯胺(AN)[4,5],生物源 Fe(Ⅱ)则被氧化为 Fe(Ⅲ),即铁矿物在铁还原菌和硝基苯的作用下完成一次 Fe(Ⅲ)/Fe(Ⅱ)循环转化。

5.1.5　*S. oneidensis* MR - 1 作用下亚硝酸盐氮和硝基苯的还原

前期实验表明,在一定时间内,*S. oneidensis* MR - 1 单独利用 NO_2^--N(30 mg/L)或硝基苯(0.4 mg/L)作为电子受体可使 NO_2^--N 和硝基苯全部被还原去除。下文考察当这两种类型污染物同时存在时,*S. oneidensis* MR - 1 对 NO_2^--N 和硝基苯的还原去除情况。

当 30 mg/L NO_2^--N 和 0.4 mg/L 硝基苯同时存在时,*S. oneidensis* MR - 1 对 NO_2^--N 的还原情况如图 5 - 14 所示。由图 5 - 14 可知,反应时间为 21 h 时,NO_2^--N 浓度的下降趋势较为明显,其去除率为 26.38%;随后其浓度基本保持不变,在 45 h 时其去除率为 27.68%。与 *S. oneidensis* MR - 1 单独还原等浓度的 NO_2^--N 相比,此时 NO_2^--N 的去除率大大降低。由此可见,0.4 mg/L 硝基苯的加入对 *S. oneidensis* MR - 1 还原 NO_2^--N 的过程具有抑制作用。

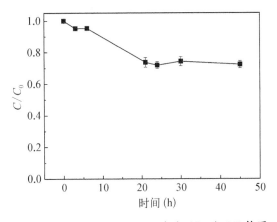

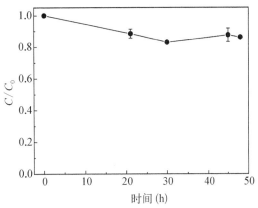

图 5 - 14 (*S. oneidensis* MR - 1)-(NO_2^--N)- NB 体系中 NO_2^--N 的还原情况

图 5 - 15 (*S. oneidensis* MR - 1)-(NO_2^--N)- NB 体系中硝基苯的还原情况

在(*S. oneidensis* MR - 1)-(NO_2^--N)- NB 体系中,*S. oneidensis* MR - 1 对硝基苯的还原情况如图 5 - 15 所示。当反应时间为 21 h 时,硝基苯浓度呈现出一定的下降趋势,其去除率为 11.53%;随后硝基苯浓度的下降趋势不明显,在 48 h 时其去除率仅为 13.85%。与 *S. oneidensis* MR - 1 单独还原等浓度的硝基苯相比,此时硝基苯的去除率大大降低。30 mg/L NO_2^--N 的加入对 *S. oneidensis* MR - 1 还原硝基苯的过程同样具有抑制作用。因此,当 NO_2^--N 和硝基苯共存时,这两类污染物会相互抑制彼此的微生物还原过程。

5.2 微生物联合 Fenton 氧化降解苯酚

一般情况下,Fenton 试剂利用 H_2O_2 与 Fe^{2+} 反应产生具有强化能力的羟基自由基(·OH),用于氧化水中难分解的有机物。$S. oneidensis$ MR-1 介导下的 Fe(Ⅲ)/Fe(Ⅱ)循环过程中存在生物源 Fe(Ⅱ),其本质亦为亚铁离子,可试作 Fenton 试剂的催化剂,故设计微生物联合 Fenton 氧化降解苯酚,考察其去除效果[6]。

5.2.1 $S. oneidensis$ MR-1 作用下苯酚的降解

如图 5-16 所示为 $S. oneidensis$ MR-1 在不同苯酚浓度下的生长情况。在无苯酚添加的反应中,48 h 内 $S. oneidensis$ MR-1 增长较快(OD_{600}=1.20),10 h 后其生长速率迅速增加,进入对数生长期,33 h 后趋于稳定。随着苯酚浓度的增大,$S. oneidensis$ MR-1 的生长量减少,但不同浓度的苯酚对其影响程度不同。苯酚浓度为 20 mg/L 时,其对 $S. oneidensis$ MR-1 的生长基本无影响,$S. oneidensis$ MR-1 在 48 h 内的增长量与对照组(苯酚浓度为 0 mg/L)没有显著差异;苯酚浓度为 40 mg/L 时,$S. oneidensis$ MR-1 48 h 内增长量是苯酚浓度为 0 mg/L 时的 69.1%;苯酚浓度为 80 mg/L 时,$S. oneidensis$ MR-1 48 h 内的增长量是苯酚浓度为 0 mg/L 时的 62.70%。

在 $S. oneidensis$ MR-1 降解苯酚的实验中,分别以 10 mg/L 和 40 mg/L 的苯酚代替乳酸钠作为电子供体,Fe(Ⅲ)初始浓度为 46.7 mmol/L。实验结果发现,添加 $S. oneidensis$ MR-1 的处理组上清液无色但浑浊,底部橙色水铁矿无明显颜色变化,这与无菌对照组和灭菌对照组一致。培养 25 d 后,$S. oneidensis$ MR-1 对 10 mg/L 和 40 mg/L 的苯酚均无明显的降解效果,苯酚浓度与对照组无明显差异,这说明 $S. oneidensis$ MR-1 对苯酚没有降解作用(图 5-17)。

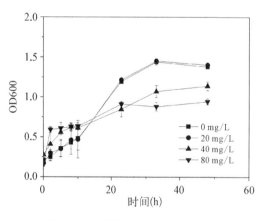

图 5-16 苯酚浓度对 $S. oneidensis$ MR-1 生长的影响

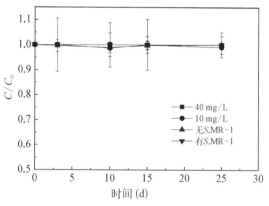

图 5-17 $S. oneidensis$ MR-1 对苯酚的降解

5.2.2 (*S. oneidensis* MR‑1)‑Fenton 氧化联合降解苯酚

将经 *S. oneidensis* MR‑1 还原的水铁矿(M‑水铁矿)与培养基分离,清洗去除表面吸附的培养基,在初始 pH=3 的条件下进行非均相 Fenton 氧化降解苯酚,同时与 $FeSO_4$ (Fe^{2+})参与的传统 Fenton 氧化进行比较,不加铁源的对照组(H_2O_2)反映 H_2O_2 自身氧化性对苯酚的氧化,不加 H_2O_2 的对照组(水铁矿)反映水铁矿对苯酚的吸附作用。加入 H_2O_2 后,加入 Fe^{2+} 的处理组溶液迅速由浅绿色变为黄色,之后在反应的 60 min 内,逐渐产生黄色固体,混合溶液逐渐变浑浊;其他处理组和对照组在反应 60 min 的过程中颜色均无明显变化。

图 5‑18 所示为苯酚的降解曲线。在 M‑水铁矿的 Fenton 反应体系中,投加 H_2O_2 后苯酚发生降解,降解率为 82.4%,并在之后的 60 min 处于稳定;在 Fe^{2+} 的 Fenton 反应体系中,添加与初始水铁矿生物源 Fe(Ⅱ)浓度相同的 Fe(Ⅱ)离子,在投加 H_2O_2 后,苯酚降解率为 34.7%。经 *S. oneidensis* MR‑1 还原的 M‑水铁矿能获得比传统 Fenton 反应更好的降解效果。在褚衍洋等[7]利用 $FeSO_4$ 进行传统 Fenton 氧化降解苯酚的实验中,苯酚在 1 min 内迅速降解,与本实验的结果类似。

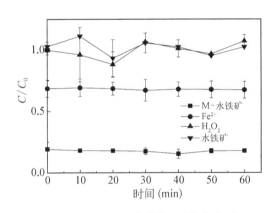 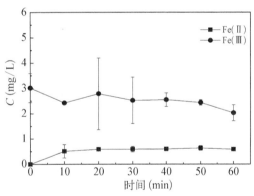

图 5‑18　Fenton 法对苯酚的氧化降解　　　图 5‑19　M‑水铁矿联合 Fenton 氧化降解苯酚
　　　　　　　　　　　　　　　　　　　　　　　反应过程中 Fe 的浓度变化

图 5‑19 所示为 M‑水铁矿 Fenton 反应体系中,Fe(Ⅱ)和 Fe(Ⅲ)的浓度变化情况。在投加 H_2O_2 后(<1 min),Fe(Ⅱ)浓度由初始的 1.270 mg/L 降至 0 mg/L,在 10 min 时升高至 0.586 mg/L 并保持稳定;在投加 H_2O_2 后(<1 min),Fe(Ⅲ)浓度由初始的 1.508 mg/L 升高至 3.014 mg/L,在 10 min 时降低至 2.456 mg/L 并达到稳定。Fe(Ⅱ)和 Fe(Ⅲ)浓度的增长量和减少量基本符合化学计量比。由此说明,由 *S. oneidensis* MR‑1 异化铁还原产生的生物源 Fe(Ⅱ)作为铁源参与了 Fenton 氧化降解苯酚的过程。

在 Fenton 氧化的过程中,Fe(Ⅱ)浓度在反应瞬间迅速降低后又升高,在 10 min 时基本达到稳定,Fe(Ⅲ)浓度在反应瞬间迅速升高而后又逐渐降低,10 min 后达到稳定。这一变化趋势与褚衍洋等[7]的研究结果一致。通过对 Fenton 氧化过程中 Fe(Ⅱ)浓度变化的进一步研究发现,Fe(Ⅱ)的浓度先降低后升高是由于在 Fenton 反应降解苯酚的体系中,不仅存在着 H_2O_2 分解生成的羟基自由基将 Fe(Ⅱ)迅速氧化的过程,还存在着其将 Fe(Ⅲ)还原为 Fe(Ⅱ)的过程,但还原速率较慢。因此,当 H_2O_2 分解完全,Fenton 氧化结束后,体系中的还原速率大于氧化速率,表现为 Fe(Ⅱ)浓度升高,Fe(Ⅲ)浓度降低,然后 Fe(Ⅱ)和 Fe(Ⅲ)浓度达到稳定。褚衍洋等[7]的研究发现,苯酚降解的许多中间产物,如邻苯二酚、间苯二酚和对苯二酚等都对 Fe(Ⅲ)具有还原作用。

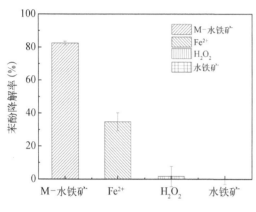

图 5 - 20　Fenton 氧化苯酚降解率

对比不同处理组和对照组的苯酚降解率(图 5 - 20),采用 S. oneidensis MR - 1 还原的 M-水铁矿与 Fenton 氧化联合降解苯酚,其降解率能达到 82.4%,显著高于以 Fe^{2+} 为铁源的传统 Fenton 氧化(34.7%)。H_2O_2 自身的氧化性对苯酚的氧化作用和水铁矿的吸附作用很小,因此,M-水铁矿能作为铁源参与 Fenton 氧化,催化分解 H_2O_2 生成羟基自由基,从而高效降解苯酚。

5.2.3　水铁矿在(S. oneidensis MR - 1)- Fenton 氧化联合体系中的可循环性

近年来,已有研究发现生物源 Fe(Ⅱ)在废水的脱氮[8-10]及固磷[11]过程中具有作用。将 Fenton 氧化后的 M-水铁矿离心、洗净,再次用 S. oneidensis MR - 1 进行还原实验(图 5 - 21)。结果发现,Fe(Ⅱ)浓度在 0~3 d 内由 0.243 mg/L 逐渐增大至 0.952 mg/L,增长量为 0.709 mg/L;3~4 d 内由 2.844 mg/L 逐渐降低至 2.048 mg/L,降低量为 0.796 mg/L,在 3 d 后其浓度基本稳定。

从 S. oneidensis MR - 1 生长曲线的角度看,其对氧化后的 M-水铁矿在 1 d 时已开始进行异化铁还原过程,且 Fe(Ⅱ)的生成主要发生在第一天和第三天,0~1 d 和 2~3 d 时 Fe(Ⅱ)浓度的增长量分别占总增长量的 40.0% 和 54.1%。S. oneidensis MR - 1 对氧化后的 M-水铁矿的铁还原率约为 21.4%,未经 Fenton 氧化的水铁矿在实验 4 d 后,铁还原率能达到 64.9%,第二次还原的水铁矿铁还原率约为第一次还原的水铁矿

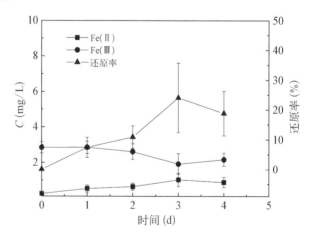

图 5 - 21　S. oneidensis MR - 1 还原 Fenton 氧化后的 M-水铁矿实验中铁浓度的变化

的 33.05%。可见,水铁矿在(*S. oneidensis* MR-1)-Fenton 氧化联合体系的反应过程中具有一定的可循环性。这可能是由于在整个(*S. oneidensis* MR-1)-Fenton 氧化联合过程中水铁矿的损失导致了 M-水铁矿体系与水铁矿体系中的电子供体与受体之间比例的差异。微生物-Fenton 氧化过程中铁氧化物结晶度的变化,具体原因如下:

第一,相的差异。实验最初使用的水铁矿为酸性的液相环境中中和沉淀产生的不定形铁氧化物,与铁氧化过程中第一阶段的水解沉淀过程类似,形成了低结晶度的水铁矿[12];Fenton 氧化过程之后收集的 M-水铁矿为固相中氧化形成的铁氧化物。

第二,转化过程的差异。铁氧化物的转化与多种因素有关,如温度、pH、不同的外加物质等,其中 pH 是决定性的因素[13]。异化铁还原过程是微生物通过电子的传递将低结晶度、亚稳态的铁氧化物还原,形成热力学更稳定的形式[14],本实验中的异化铁还原过程发生在 pH 为 7.0 左右的条件下,定义还原后的铁氧化物为 M-水铁矿;而 Fenton 氧化过程中的 M-水铁矿,是在 pH 为 3.0 左右,羟基自由基氧化和体系内还原过程并存的环境下形成的铁氧化物。也有研究表明,微生物的胞外多聚物(Extracellular Polymeric Substances, EPS)也能影响铁氧化物的结晶形式[15]。

因此,经 *S. oneidensis* MR-1 异化铁还原过程的 M-水铁矿和 Fenton 氧化过程产生的铁氧化物的结构和结晶度发生了改变,且用于循环的铁氧化物结晶度高于初始的水铁矿,从而导致 *S. oneidensis* MR-1 对氧化后 M-水铁矿的利用率降低。

本实验利用异化铁还原菌 *S. oneidensis* MR-1 将 Fenton 氧化与 *S. oneidensis* MR-1 介导下的铁还原过程结合,构成(*S. oneidensis* MR-1)-Fenton 氧化联合反应进行初步探索,并对水铁矿的可循环性进行了探究(图 5-22)。结果发现,经 Fenton 氧化后的 M-水铁矿的铁还原率降低,可能是因为 Fenton 氧化中产生的羟基自由基在氧化 M-水铁矿的过程中改变了 M-水铁矿的晶型,形成了更高结晶度的铁氧化物,影响了 *S. oneidensis* MR-1 的异化铁还原作用。因此,将 *S. oneidensis* MR-1 介导下的铁还原过程与 Fenton 氧化结合,也可为 Fenton 氧化中催化剂的改良和优化提供新的思路和可能。今后有待于进一步研究循环过程中提高铁的还原作用,例如,其他铁源(如柠檬酸铁)形成生物铁矿 M-水铁矿作为催化剂进行非均相类 Fenton 氧化的循环过程。

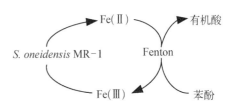

图 5-22　(*S. oneidensis* MR-1)-Fenton 氧化中的循环示意图

主要参考文献

[1] Dhakal P, Matocha C J, Huggins F E, et al. Nitrite Reactivity with Magnetite[J]. Environmental Science & Technology, 2013, 47(12): 6206-6213.

[2] Kostka J E, Nealson K H, Dissolution and reduction of magnetite by bacteria[J]. Environmental Science & Technology, 1995, 29(10): 2535-40.

[3] Luan F, Burgos W. Bioreduction of nitrobenzene, natural organic matter and hematite by

Shewanella putrefaciens CN32［J］. Geochimica Et Cosmochimica Acta，2010，74（12）：A638－A638.

［4］Liu X，Lu H，Huang W，et al. Electrochemical Degradation of Nitrobenzene［J］. Current Organic Chemistry，2012，16(17)：1967－1971.

［5］Xu W，Fan J，Gao T. Electrochemical reduction characteristics and mechanism of nitrobenzene compounds in the catalyzed Fe－Cu process［J］. Journal of Environmental Sciences，2006，18 (2)：379－387.

［6］高卫国.铁还原菌联合 Fenton 氧化降解苯酚的机理研究［J］.科学技术创新,2022(25)：9－12.

［7］褚衍洋,李玲玲,付融冰.Fenton 试剂氧化苯酚过程中 Fe(Ⅱ)浓度的变化［J］.环境工程学报,2008, 2(8)：1057－1061.

［8］Li X，Zhou S，Li F，et al. Fe(Ⅲ) oxide reduction and carbon tetrachloride dechlorination by a newly isolated Klebsiella pneumoniae strain L17［J］. Journal of Applied Microbiology，2010，106(1)：130－139.

［9］Lu Y，Liu H，Huang X，et al. Nitrate removal during Fe(Ⅲ) bio-reduction in microbial-mediated iron redoxcycling systems［J］. Journal of Water Process Engineering，2021，42：102200.

［10］Lu Y，Huang X，Xu L，et al. Elucidation of the nitrogen-transformation mechanism for nitrite removal using a microbial-mediated iron redox cycling system［J］. Journal of Water Process Engineering，2020，33：101016.

［11］Lu Y，Xu L，Shu W，et al. Microbial mediated iron redox cycling in Fe(hydr)oxides for nitrite Removal［J］. Bioresource Technology，2017，224：34－40.

［12］Lu Y，Feng W，Liu H，et al. Efficient phosphate recovery as vivianite：synergistic effect of iron minerals and microorganisms［J］. Environmental Science：Water Research and Technology，2022，8(2)：270－279.

［13］Cudennec Y，Lecerf A. The transformation of ferrihydrite into goethite or hematite, revisited ［J］. Journal of Solid State Chemistry，2006.

［14］Pariona N，Camacho-Aguilar K I，Ramos-Gonzalez R，et al. Magnetic and structural properties of ferrihydrite /hematite nanocomposites［J］. Journal of Magnetism and Magnetic Materials，2016，406(may)：221－227.

［15］Xiao W，Jones A M，Li X，et al. Effect of *Shewanella oneidensis* on the kinetics of Fe(Ⅱ)-catalyzed transformation of ferrihydrite to crystalline iron oxides［J］. Environmental Science & Technology，2018，52(1)：114－123.

第6章

微生物介导下的 Fe(Ⅲ)/Fe(Ⅱ)转化促进蓝铁矿的形成

6.1 铁还原菌介导下的铁氧化物-无磷体系中异化铁还原过程

异化铁还原过程在自然环境及废水、污泥介质中广泛存在,*S. oneidensis* MR-1 是研究异化铁还原过程的模式菌株,故本研究构建(*S. oneidensis* MR-1)-铁氧化物体系,考察无磷条件下铁氧化物矿物的异化还原过程及其影响因素,通过分析反应前后铁矿物 XRD 和 SEM(Scanning Electron Microscope)图,探明铁氧化物矿物的转化规律。

6.1.1 电子穿梭体对异化还原的影响

电子穿梭体在铁还原菌与矿物间的电子传递作用能够显著促进 Fe(Ⅲ)的还原,添加电子穿梭体促进 Fe(Ⅲ)的还原也是众多相关研究中的普遍做法。电子穿梭体可在细胞与 Fe(Ⅲ)矿物间实现多次还原氧化即电子传递过程。将初始浓度为 0.1 mmol/L 的 9,10-蒽醌-2-磺酸钠(9,10-anthraquinone-2-sulfonate,AQS)、黄素单核苷酸(flavin mononucleotide,FMN)和 L-半胱氨酸(L-Cysteine,L-Cys)投加到反应体系中,研究其对水铁矿异化铁还原过程的影响,结果如图 6-1 所示。

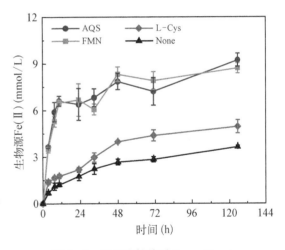

图 6-1 电子穿梭体对 *S. oneidensis* MR-1 还原水铁矿的影响

生物源 Fe(Ⅱ)有溶解态、吸附态,也有胶体态。结果显示,在 126 h 时,在投加 AQS、FMN、L-Cys 的实验组和对照组中,生物源 Fe(Ⅱ)的浓度分别为 9.22 mmol/L、8.71 mmol/L、4.95 mmol/L、3.64 mmol/L。AQS 和 FMN 均能促进水铁矿的异化铁还原,但 AQS 稍好于 FMN,且两者前 12 h 的还原速率显著高于对照组;而 L-Cys 的促进作用相对较弱。研究表明,AQS 和 FMN 等醌类物质含有的醌基被认为是其具有氧化还原活性和电子穿梭能力的关键[1]。Nevin 等[2]研究发现,半胱氨酸浓度在大于 0.5 mmol/L 时才对异化铁还原过程有明显的促进作用。综上所述,此后的实验均选用 AQS 作为电子穿梭体。

6.1.2　pH 对异化还原的影响

pH 是影响微生物活性的重要因素,不同 pH 条件下反应过程中生物源 Fe(Ⅱ) 的浓度变化如图 6-2(a) 所示。结果显示,在 pH 为 6.0、7.0、8.0 的实验组中生物源 Fe(Ⅱ) 的浓度基本一致,即表明在近中性环境中 S. oneidensis MR-1 异化铁还原作用基本相同。

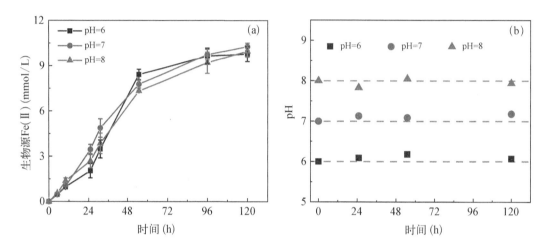

图 6-2　不同初始 pH 对 S. oneidensis MR-1 还原水铁矿的影响(a)和反应过程中 pH 变化情况(b)

由下列反应方程式可知[3],异化铁还原过程消耗 H^+,而 Fe^{2+} 诱导 $Fe(OH)_3$ 转变为 Fe_3O_4 的过程产生 H^+。总体而言,由于 $Fe(OH)_3$ 的异化还原和晶相转变是同时进行的,故两者 H^+ 的产生和消耗在一定程度上可以相互抵消。此外,如图 6-2(b) 所示,由于反应体系中添加了哌嗪-1,4-二乙磺酸(PIPES)作为 pH 缓冲剂,所以在 pH 为 6.0、7.0、8.0 的实验组,整个实验过程中 pH 均没有明显变化。研究表明,在 pH 为 6.0~9.0 时,S. oneidensis MR-1 均具有较好的异化铁还原作用,在 pH 为 10.0 时,S. oneidensis MR-1 菌株几乎没有生长[4]。

$$4Fe(OH)_3 + CH_3CHOHCOO^- + 7H^+ \longrightarrow$$
$$4Fe^{2+} + CH_3COO^- + HCO_3^- + 10H_2O \tag{6.1}$$

$$2Fe(OH)_3 + Fe^{2+} \longrightarrow Fe_3O_4 + 2H^+ + 2H_2O \tag{6.2}$$

6.1.3　不同铁氧化物的异化还原过程

Fe(Ⅲ) 矿物是铁在自然环境中的主要赋存形式,环境中常见的 Fe(Ⅲ) 矿物包括水铁矿($Fe_5HO_8 \cdot 4H_2O$)、磁铁矿(Fe_3O_4)、针铁矿($\alpha-FeOOH$)、赤铁矿($\alpha-Fe_2O_3$)等。不同 Fe(Ⅲ) 矿物除原子组成不同之外,其比表面积和结晶程度也存在显著差异,因而其异化还原的难易程度差别较大。一般而言,弱结晶态的矿物如水铁矿,更易被还原,反之稳定的、结晶程度高的矿物中的 Fe(Ⅲ)则较难以被异化还原,如针铁矿、赤铁矿等。本节选择具有不同结晶程度的、典型的 Fe(Ⅲ)矿物水铁矿、磁铁矿和赤铁矿,研究异化铁还原菌 S. oneidensis MR-1 对其的还原过程,并对异化还原后的固相产物进行 XRD 和 SEM 等的表征分析,其中 Fe(Ⅲ)矿物初始浓度均为 20 mmol/L,实验结果如图 6-3 所示。

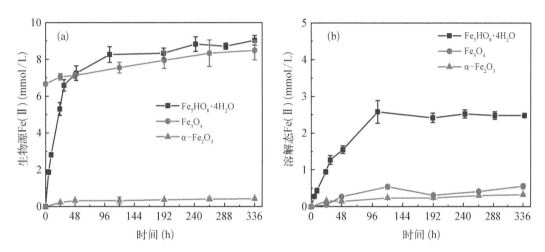

图 6-3 不同铁氧化物矿物异化还原过程中生物源 Fe(Ⅱ)(a)和溶解态 Fe(Ⅱ)浓度随时间的变化情况(b)

结果显示,在反应初期水铁矿体系中生物源 Fe(Ⅱ)浓度和溶解态 Fe(Ⅱ)浓度快速增大,104 h 时其浓度基本稳定,随后缓慢增大;而在磁铁矿和赤铁矿体系中异化还原过程较慢。336 h 后,水铁矿、磁铁矿和赤铁矿体系中,生物源 Fe(Ⅱ)浓度分别为 9.03 mmol/L、8.49 mmol/L 和 0.421 mmol/L,溶解态 Fe(Ⅱ)浓度分别为 2.48 mmol/L、0.553 mmol/L 和 0.323 mmol/L。需要注意的是,由于磁铁矿是混合价态的铁矿物,其 Fe(Ⅱ)与 Fe(Ⅲ)的物质的量之比为 1:2,故磁铁矿体系异化还原前本身存在着 6.67 mmol/L 的 Fe(Ⅱ),即 8.49 mmol/L 的生物源 Fe(Ⅱ)中仅有 1.82 mmol/L 是由异化铁还原过程产生的。综上所述,就异化还原难易程度而言,水铁矿>磁铁矿>赤铁矿。众多研究表明,微生物铁还原过程的速度和程度受铁矿物粒径、结晶度、溶解度和比表面积等的影响。本实验中,水铁矿具有较大的比表面积,且结晶度较差为无定形态,更容易被还原;而磁铁矿和赤铁矿结晶度较好,结构稳定,因而异化还原过程较慢。

对 Fe(Ⅲ)矿物异化还原后的固相产物进行 XRD 和 SEM 表征分析,结果如表 6.1 所示。水铁矿经异化还原后的物相组成发生了显著变化,7 d、14 d、21 d 和 28 d 的固相产物均在 2θ 为 18.5°、30.0°、35.4°、43.0°、53.1°、57.0°和 62.4°等处产生了不同强度的衍射峰,与磁铁矿的标准卡片(Magnetite PDF♯88-0315)相吻合,且无归属于其他矿物相的衍射峰,这表明本实验条件下磁铁矿是水铁矿的唯一矿化产物。研究表明,当溶液中不存在诸如磷酸盐、碳酸盐和硫离子等能够与 Fe(Ⅱ)共沉淀的阴离子时,磁铁矿是水铁矿常见的矿化产物之一[3,5]。异化铁还原菌形成溶解态 Fe(Ⅱ),随后吸附在水铁矿的表面,进而催化弱结晶态的水铁矿进行晶相重组,使水铁矿向磁铁矿转变。针铁矿也在其他研究中被证明是 Fe(Ⅱ)催化水铁矿晶相重组的产物之一[6]。此外,根据固相产物的 SEM 图可知,原本疏松多孔的水铁矿经还原后形成了纳米级别的磁铁矿球形颗粒。

表 6.1　铁氧化物矿物异化还原前后 XRD 和 SEM 图

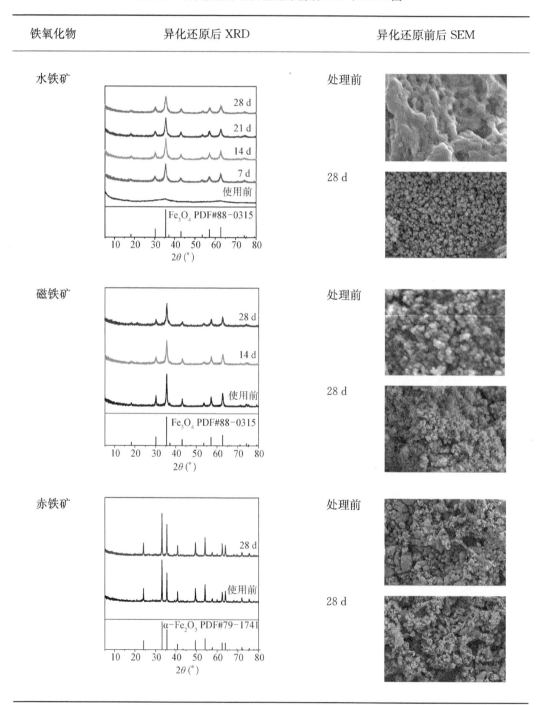

磁铁矿异化还原产物的 XRD 图谱中无其他新的衍射峰出现,表明固相产物的物相组成无明显变化即仍为磁铁矿,这可能是由于磁铁矿本身的晶型结构较为稳定而无法形成新的矿物相,且还原产物的微观形貌亦无显著变化。

赤铁矿异化还原产物的 XRD 图谱中也未出现其他新的衍射峰,即物相组成无明显变化。本实验中赤铁矿异化还原形成的生物源 Fe(Ⅱ)浓度很低,且赤铁矿晶型结构稳定,故其无法被 Fe(Ⅱ)催化而形成新的矿物相[7]。此外,根据还原前后的微观形貌可发现,原本赤铁矿表面相对光滑的块状凸起经还原后变得较为粗糙。

6.1.4　小结

利用 S. oneidensis MR-1 和铁氧化物,研究无磷条件下铁氧化物异化还原过程,同时评估电子穿梭体、pH 和矿物种类的影响。主要得到以下结论:

电子穿梭体可显著促进异化铁还原过程。水铁矿异化还原 126 h 时,投加 AQS、FMN、L-Cys 的实验组和对照组中,生物源 Fe(Ⅱ)浓度分别为 9.22 mmol/L、8.71 mmol/L、4.95 mmol/L 和 3.64 mmol/L。AQS 对水铁矿的促进效果稍好于 FMN,L-Cys 的促进作用相对较弱。AQS 和 FMN 等醌类物质含有的醌基是其具有氧化还原活性和电子穿梭能力的关键。

pH 为 6.0、7.0、8.0 的实验组中生物源 Fe(Ⅱ)浓度基本一致,即表明在近中性环境中 S. oneidensis MR-1 的异化铁还原作用基本相同。此外,由于异化铁还原同时存在消耗 H⁺ 和产生 H⁺ 的过程,且反应体系中添加了 PIPES 作为 pH 缓冲剂,故 pH 为 6.0、7.0、8.0 的实验组中,整个反应过程中 pH 均无明显变化。

就异化还原难易程度而言,水铁矿＞磁铁矿＞赤铁矿。336 h 后,水铁矿、磁铁矿和赤铁矿体系中异化还原形成的生物源 Fe(Ⅱ)浓度分别为 9.03 mmol/L、1.82 mmol/L 和 0.421 mmol/L,溶解态 Fe(Ⅱ)浓度分别为 2.48 mmol/L、0.553 mmol/L 和 0.323 mmol/L。水铁矿经异化还原后转变为磁铁矿,磁铁矿和赤铁矿本身的晶型结构较为稳定因而无法形成新的矿物相。

6.2　铁还原菌介导下铁氧化物-磷酸盐体系中蓝铁矿的形成

铁盐常作为絮凝剂和化学除磷剂,比如,其常被投加到膜生物反应器(Membrane Bio-Reactor,MBR)中以提高除磷效率。目前在投加铁盐的 MBR 中,超过 98% 总磷(Total Phosphorus,TP)可被去除。Li 等[8]于 2018 年利用 X 射线吸收近边结构谱(X-ray absorption near edge structure,XANES)法,分析了投加铁盐的膜生物反应器好氧活性污泥中磷的形态,结果表明,磷的主要形态是无定形铁磷酸盐(24.3%)、吸附态磷(60.5%)和有机磷(15.2%)。2020 年 Li 等[9]利用相同技术,发现投加铁盐的 MBR 好氧活性污泥中,磷的主要形态为铁磷酸盐(53%～58%)和吸附态磷(38%～43%)。这两项研究佐证了化学除磷技术涉及的两个主要机制:共沉淀和吸附[10]。在混凝过程中,铁盐在废水中快速混合,由于 Fe(Ⅲ)在中性条件下不溶,因此,其会自发形成氢氧化铁絮体或与游离态磷酸根结合形成磷酸铁盐等沉淀。水铁矿具有较大的比表面积,因而具有较好地吸附磷酸盐的能力。因此,污泥中的 P-Fe(Ⅲ)形态主要包括两类,分别为吸附了磷酸盐的水铁矿等铁氧化物和磷酸铁盐沉淀,其是蓝铁矿($Fe_3(PO_4)_2 \cdot 8H_2O$)形成的主要前驱体。前期实验表明,在无磷条件下,异化铁还原菌可诱导水铁矿转变为磁铁矿,而污泥中同样可能存在无液相磷的微环境从而形成磁铁矿。因此,本节对水铁矿/磁铁矿和磷在异化铁还原菌作用下形成蓝铁矿的过程加以研究。

6.2.1 (*S. oneidensis* MR-1)-磷体系

作为铁还原研究模式菌属,*Shewanella* 菌属被证明可以利用 Mn(Ⅳ)、U(Ⅵ)、硫代硫酸盐、亚硫酸盐、硝酸盐、氧气等作为电子受体。磷酸盐因其稳定性一般无法被还原,但众所周知,磷酸盐作为重要的营养元素,广泛参与各种生化反应活动,因此,微生物生长过程中需要吸收磷元素。在此,本研究建立(*S. oneidensis* MR-1)-磷体系,验证 *S. oneidensis* MR-1 菌株对磷酸盐的同化效应,为研究(*S. oneidensis* MR-1)-铁氧化物矿物-磷体系中磷的回收机制奠定基础。

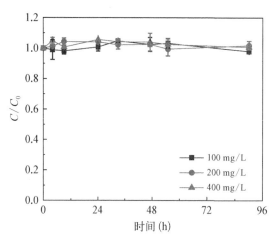

图 6-4　(*S. oneidensis* MR-1)-磷体系中磷浓度随时间的变化情况

如图 6-4 所示,在相对较短的时间范围内,磷浓度基本保持恒定,这表明 *S. oneidensis* MR-1 对磷酸盐不存在明显的同化吸收作用。这可能是因为实验所使用的菌液在原本富集培养过程中,菌株胞内已经储存了足够的磷,或者尽管 *S. oneidensis* MR-1 菌株在这一过程中对磷酸盐存在同化吸收效应,但需求很低,故而体现为磷浓度基本恒定。

6.2.2 铁氧化物-磷体系

1. 水铁矿-磷体系

铁氧化物及其羟基氧化物比表面积大且表面活性高,具有良好的污染物吸附性能,其中水铁矿尤为突出。在此,建立水铁矿-磷体系,考察水铁矿对磷酸盐吸附能力,为研究(*S. oneidensis* MR-1)-水铁矿-磷体系中磷的相态转变奠定基础。

如图 6-5(a)所示,水铁矿对磷酸盐具有较好的吸附能力。水铁矿初始浓度为 20 mmol/L,48 h 时水铁矿对磷酸盐的吸附基本达到平衡,336 h 时水铁矿对磷酸盐的吸附量与 48 h 时的基本相同,液相中磷酸盐浓度分别由初始的 5 mmol/L、10 mmol/L、20 mmol/L 降低为 2.56 mmol/L、6.28 mmol/L 和 14.22 mmol/L。

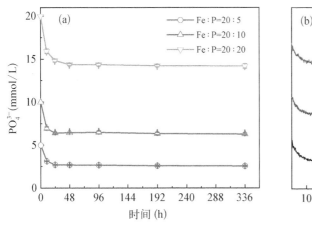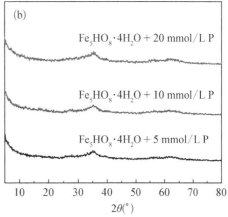

图 6-5　水铁矿-磷体系中磷浓度随时间的变化(a)和固相产物的 XRD 图谱(b)

铁氧化物表面带可变电荷、比表面积大且表面活性高,能够吸附大量的磷,一般而言非晶态铁氧化物,如水铁矿的活性表面积要远大于晶态铁氧化物。结合本实验中水铁矿的 SEM 图可知,其表面为疏松多孔结构,具有较大的表面积。郭智俐等[11]同样指出,无定形氢氧化铁较赤铁矿对磷的吸附平衡时间短且吸附量较大,原因在于其较差的结晶度和较大的比表面积。此外,如图 6-5(b)所示,水铁矿吸附磷后固相产物的 XRD 谱图中无其他新的衍射峰出现,水铁矿仍保持原有晶型结构,表明此条件下磷酸盐无法诱导水铁矿发生晶相重组等反应。

2. 磁铁矿-磷体系

磁铁矿是一种混合价态铁矿物并广泛存在于自然环境中,同时也是水铁矿异化还原后的矿化产物之一,其作为铁氧化物对磷酸盐具有吸附能力。建立磁铁矿-磷体系,研究其对磷酸盐的吸附能力,为研究(*S. oneidensis* MR-1)-磁铁矿-磷体系中磷的回收机制奠定基础。

如图 6-6(a)所示,336 h 时液相中磷酸盐浓度分别由初始的 5 mmol/L、10 mmol/L、20 mmol/L 降低为 4.50 mmol/L、9.36 mmol/L 和 18.81 mmol/L。磁铁矿对磷酸盐的吸

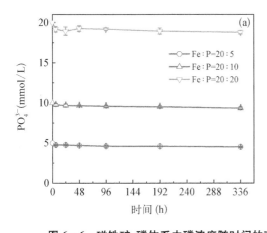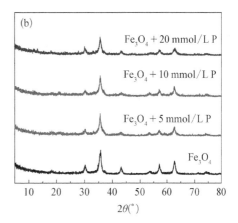

图 6-6　磁铁矿-磷体系中磷浓度随时间的变化情况(a)和固相产物的 XRD 图谱(b)

附能力很低,原因在于其结晶度好、比表面积较小。此外,如图6-6(b)所示,磁铁矿吸附磷后固相产物的XRD谱图中无其他新的衍射峰出现,磁铁矿仍保持原有晶型结构,表明尽管磁铁矿晶体结构中存在结构态亚铁,磷酸盐吸附在磁铁矿表面后无法与亚铁结合形成磷酸亚铁等次生矿物,即磷酸盐无法诱导磁铁矿发生晶相重组等反应。

6.2.3 (*S. oneidensis* MR - 1)-水铁矿-磷体系

在水铁矿-磷体系基础上,引入异化铁还原菌*S. oneidensis* MR - 1,建立(*S. oneidensis* MR - 1)-水铁矿-磷体系,研究*S. oneidensis* MR - 1作用下磷酸盐的相态转变和磷酸盐对水铁矿异化还原的影响。

1. 铁磷浓度分析

(*S. oneidensis* MR - 1)-水铁矿-磷体系中磷浓度随时间的变化,如图6-7所示。结果表明,随着反应进行磷酸盐浓度显著降低。

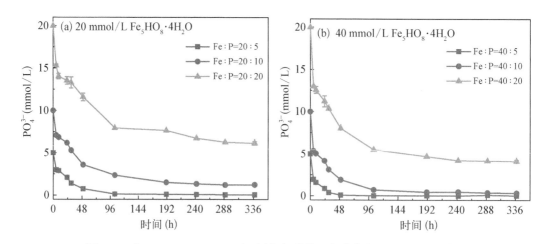

图6-7 (*S. oneidensis* MR - 1)-水铁矿-磷体系中磷浓度随时间的变化情况

当培养336 h后,Fe:P=20:5、20:10、20:20的实验组(水铁矿初始浓度20 mmol/L,磷酸盐初始浓度分别为5 mmol/L、10 mmol/L、20 mmol/L)中磷浓度分别降低为0.06 mmol/L、1.24 mmol/L和6.15 mmol/L,且分别比无菌对照组每升多固定2.50 mmol、5.04 mmol、8.07 mmol的磷酸盐,去除效率分别为98.8%、87.6%和69.3%。Fe:P=40:5、40:10、40:20的实验组中磷酸盐浓度分别降低为0.04 mmol/L、0.34 mmol/L和4.12 mmol/L。磷酸盐从液相至固相的转移不仅包括水铁矿对磷酸盐的吸附,还包括异化铁还原菌产生的溶解态Fe(Ⅱ)与磷酸盐结合进而形成蓝铁矿的反应。综上所述,相对较高的铁磷比有利于提高磷的回收效率。

(*S. oneidensis* MR - 1)-水铁矿-磷体系中生物源Fe(Ⅱ)浓度随时间的变化,如图6-8所示。磷酸盐的存在在反应初期显著抑制了异化铁还原过程,但在中长时间尺度内显著提高了铁还原效率。培养24 h,(*S. oneidensis* MR - 1)-水铁矿-磷体系对照组、Fe:P=20:5、20:10、20:20的实验组中,生物源Fe(Ⅱ)浓度分别为6.30 mmol/L、

3.58 mmol/L、2.06 mmol/L 和 1.80 mmol/L；培养 104 h 时，Fe∶P＝20∶5、20∶10、20∶20 的实验组中生物源 Fe(Ⅱ)浓度均显著高于对照组，且生物源 Fe(Ⅱ)浓度分别是对照组的 1.12、1.56 和 1.33 倍，同样，Fe∶P＝40∶5、40∶10、40∶20 的实验组中生物源 Fe(Ⅱ)浓度亦显著高于其对照组。当培养 336 h 后，对照组、Fe∶P＝20∶5、20∶10、20∶20 的实验组中的铁还原效率分别为 45.2%、63.5%、68.0% 和 86.5%，这表明磷酸盐浓度越高，对铁还原的促进效果越强，如表 6.2 所示。

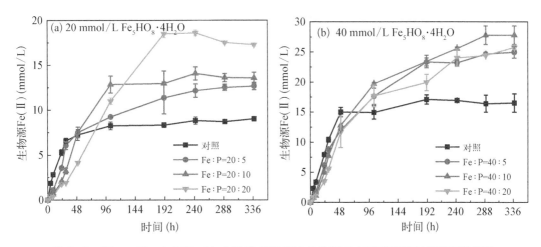

图 6-8　(*S. oneidensis* MR-1)-水铁矿-磷体系中生物源 Fe(Ⅱ)浓度随时间的变化情况

表 6.2　不同铁磷比下的铁还原效率对比

实验组体系	对照组	Fe∶P＝20∶5	Fe∶P＝20∶10	Fe∶P＝20∶20
Fe 还原效率/%	45.2	63.5	68.0	86.5
实验组体系	对照组	Fe∶P＝40∶5	Fe∶P＝40∶10	Fe∶P＝40∶20
Fe 还原效率/%	41.2	62.4	69.5	64.1

O'Loughlin 等[12]也曾发现类似的现象，质量分数为 0.2%～0.7% 的磷酸盐使纤铁矿的异化还原在反应前期受到显著抑制，但最终导致更高的 Fe(Ⅱ)生成和碳酸盐绿锈的形成。

在(*S. oneidensis* MR-1)-水铁矿-磷体系反应初期，由于磷酸盐迅速吸附在水铁矿的活性位点处，阻碍了 *S. oneidensis* MR-1 对水铁矿的还原，即表现为反应初期对照组生物源 Fe(Ⅱ)浓度高于含磷酸盐的实验组。当异化铁还原菌还原铁矿物形成生物源 Fe(Ⅱ)后，部分溶解态 Fe(Ⅱ)可能会被铁矿物吸附从而阻碍异化铁还原过程的持续进行，表现为对照组中生物源 Fe(Ⅱ)浓度稳定在相对较低的水平。随着 Fe(Ⅲ)的还原，吸附在水铁矿表面的磷酸盐被释放出来并形成蓝铁矿沉淀[13]。已有的研究表明[14,15]，从热力学角度看，溶解性络合剂或配位体，如磷酸盐和碳酸氢盐，可以通过从铁氧化物表面获取溶解态 Fe(Ⅱ)来促进铁矿物的异化还原，所以(*S. oneidensis* MR-1)-水铁矿-磷体系反应后期铁还原效率显著高于对照组。

如图6-9所示,由于液相中磷酸盐的存在,整个反应过程中Fe:P=20:5、20:10、20:20和Fe:P=40:10、40:20的实验组体系中的溶解态Fe(Ⅱ)浓度几乎趋于0,而Fe:P=40:5实验组体系中有一定的游离态Fe(Ⅱ),但其浓度也显著低于其对照组。考虑到蓝铁矿 k_{sp} 为 10^{-36},显然产生这一现象的原因在于磷酸盐与溶解态Fe(Ⅱ)结合形成了蓝铁矿。

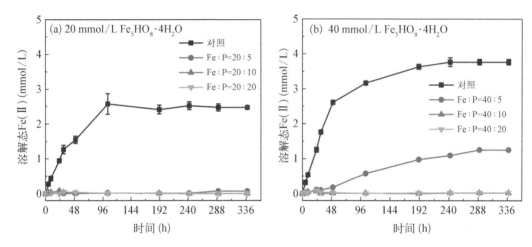

图6-9 (*S. oneidensis* MR-1)-水铁矿-磷体系中溶解态Fe(Ⅱ)浓度随时间的变化情况

2. 矿物相转变

对(*S. oneidensis* MR-1)-水铁矿-磷体系反应后的固相产物进行XRD表征分析,结果如图6-10~图6-12所示。含磷酸盐实验组中矿化产物的XRD图谱均在多处存在不同强度的衍射峰,与蓝铁矿标准卡片(Vivianite PDF♯79-1928)的衍射峰相吻合,且随着磷酸盐浓度的提高,蓝铁矿的峰型也更为尖锐,各个角度处的出峰也更为完整。40 mmol/L水铁矿反应7 d时,在固相产物中即可检测出蓝铁矿的存在,但Fe:P=40:5的实验组7 d时,固相产物XRD中蓝铁矿特征峰很弱,原因可能在于样品从制样到表征过程中表面的蓝铁矿被氧化,而到14 d时,特征峰已十分强烈;Fe:P=40:10和40:20实验组7 d时的固相产物XRD中蓝铁矿特征峰已完整显现。在王芙仙等[16]利用铁还原菌 *S. oneidensis* MR-4诱导底物水合氧化铁形成蓝铁矿的研究中,8 d时在固相产物中未检出蓝铁矿的存在,16 d时的固相产物XRD图谱在 2θ 约为13°和43°处出现归属于蓝铁矿的特征峰,20 d时的固相产物XRD中蓝铁矿特征峰才完整显现。

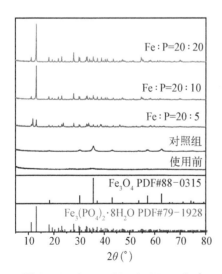

图6-10 (*S. oneidensis* MR-1)-水铁矿-磷体系中20 mmol/L水铁矿14 d时固相产物的XRD图谱

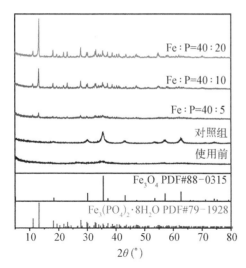

图 6 - 11　(*S. oneidensis* MR - 1)-水铁矿-磷体系 40 mmol/L 水铁矿 7 d 时固相产物的 XRD 图谱

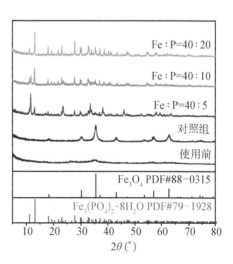

图 6 - 12　(*S. oneidensis* MR - 1)-水铁矿-磷体系中 40 mmol/L 水铁矿 14 d 时固相产物的 XRD 图谱

此外值得注意的是,含磷酸盐的体系在其固相产物均没有检测到磁铁矿的存在。在无磷酸盐条件下,磁铁矿的形成是由于异化铁还原菌形成生物源 Fe(Ⅱ)后吸附在水铁矿的表面,进而催化水铁矿进行晶相重组,使水铁矿向磁铁矿转变[5]。而在含磷酸盐的体系中,异化铁还原菌产生生物源 Fe(Ⅱ)后,磷酸盐便会迅速地与其结合形成蓝铁矿,从而大大降低 Fe(Ⅱ)吸附在铁矿物表面的可能性。此外,所形成的蓝铁矿可能会进一步聚集堆叠沉积在矿物的表面,阻碍 Fe(Ⅱ)与铁矿物表面的接触,进而阻碍磁铁矿的形成。O'Loughlin 等[17]研究发现,仅当磷酸盐浓度低于 1 mmol/L 时,水铁矿经铁还原菌还原后才能形成磁铁矿。另外,以 Fe∶P=20∶5、20∶10、20∶20 实验组为例,根据固相产物的 SEM 表征结果(表 6.3)可以发现,不同铁磷比下固相表面均有片状的四边形结晶形成,这是蓝铁矿典型微观形貌,与其他研究报道的相似[18,19],不同铁磷比中蓝铁矿结晶形貌无明显差异。

表 6.3　(*S. oneidensis* MR - 1)-水铁矿-磷体系固相产物
不同放大倍数下 SEM(20 mmol/L 水铁矿,14 d)

实验组体系	固相产物 SEM	
Fe∶P＝20∶5		

续　表

实验组体系	固相产物 SEM	
Fe：P＝20：10		
Fe：P＝20：20		

在(*S. oneidensis* MR‑1)‑水铁矿‑磷体系反应过程中，可观察到厌氧血清瓶中固相的颜色由水铁矿的红褐色转变为黑色，而后颜色变浅呈现出灰白色。王芙仙等[16]利用铁还原菌 *S. oneidensis* MR‑4 诱导底物水合氧化铁形成蓝铁矿的研究也存在类似现象，0～16 d 期间反应体系溶液的颜色由最初的红褐色逐渐变黑，16～20 d 期间体系溶液的颜色最终变透明且在底部形成白色沉淀。

3. 改变磷酸盐投加时间

在(*S. oneidensis* MR‑1)‑水铁矿‑磷体系基础上，改变磷酸盐投加时间，磷酸盐由原先的同时加入变为水铁矿经 *S. oneidensis* MR‑1 还原 7 d 后加入，建立(*S. oneidensis* MR‑1)‑水铁矿‑磷(7 d)体系，研究磷酸盐投加时间点对磷酸盐的回收固定和磷酸盐对水铁矿异化还原的影响。

图 6‑13(a)显示生物源 Fe(Ⅱ)浓度在磷酸盐加入后基本恒定，即异化铁还原过程基本不再进行。推测原因可能在于磷酸盐与生物源 Fe(Ⅱ)及吸附在水铁矿表面的溶解态 Fe(Ⅱ)结合形成了蓝铁矿，并覆盖在水铁矿表面，阻碍异化铁还原菌与电子受体 Fe(Ⅲ)的接触。磷酸盐与生物源 Fe(Ⅱ)的结合，则使得溶解态 Fe(Ⅱ)浓度在磷酸盐加入后的前12 h 内迅速降低并趋于 0。

如图 6‑13(b)所示，随着反应进行，体系中的磷酸盐浓度显著降低。水铁矿初始浓度为 20 mmol/L，培养 218 h 后，磷由初始的 10 mmol/L 和 20 mmol/L 分别降低为3.26 mmol/L 和 10.92 mmol/L，对磷酸盐的固定效果弱于(*S. oneidensis* MR‑1)‑水铁矿‑磷体系。

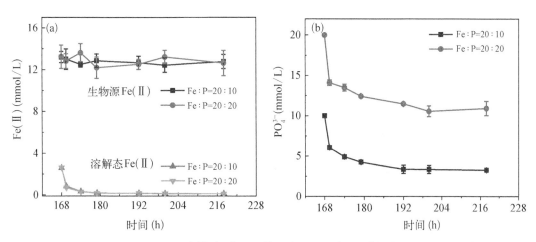

图 6 - 13　(*S. oneidensis* MR - 1)-水铁矿-磷(7 d)体系生物源 Fe(Ⅱ)、溶解态 Fe(Ⅱ)(a)和磷(b)浓度随时间的变化情况

　　对(*S. oneidensis* MR - 1)-水铁矿-磷(7 d)体系反应 5 d 和 14 d 后的固相产物进行 XRD 表征分析,结果如图 6 - 14 和图 6 - 15 所示。在投加磷酸盐的体系中,矿化产物 XRD 图谱均在多处新增不同强度的衍射峰,与蓝铁矿标准卡片(Vivianite PDF♯79 - 1928)的衍射峰相吻合,但同时也存在磁铁矿的衍射峰。水铁矿在无磷条件下先转化为磁铁矿,而投加磷酸盐后,磷酸盐与生物源 Fe(Ⅱ)结合形成蓝铁矿,固定结合在固相表面,使原本产生的磁铁矿得以保留。

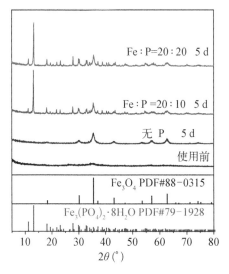

图 6 - 14　(*S. oneidensis* MR - 1)-水铁矿-磷(7 d)体系 20 mmol/L 水铁矿 5 d 时固相产物的 XRD 图谱

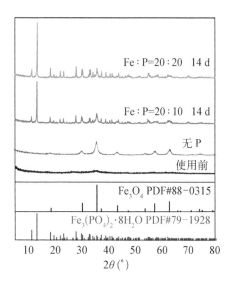

图 6 - 15　(*S. oneidensis* MR - 1)-水铁矿-磷(7 d)体系 20 mmol/L 水铁矿 14 d 时固相产物的 XRD 图谱

　　对(*S. oneidensis* MR - 1)-水铁矿-磷(7 d)体系反应后的固相产物进行 SEM 表征(表 6.4),结果表明,固相表面均有薄片状的蓝铁矿结晶形成,但结晶无较为规则的几何形

状,这与王芙仙等报道的蓝铁矿微观形貌相似[16]。

表 6.4 (*S. oneidensis* MR‐1)‐水铁矿‐磷(7 d)体系固相产物
不同放大倍数 SEM(20 mmol/L 水铁矿,14 d)

实验组体系	固相产物 SEM	
Fe:P=20:10	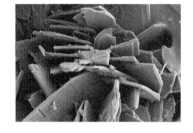	
Fe:P=20:20		

在(*S. oneidensis* MR‐1)‐水铁矿‐磷(7 d)体系反应过程中,在未向体系中加入磷酸盐即前 7 d 前,可观察到厌氧血清瓶中固相颜色由水铁矿的红褐色转变为黑色,这是由于水铁矿经异化还原转变为磁铁矿。加入磷酸盐后,可在数小时内观察到固相产物颜色变浅,此现象可解释为:体系中的生物源 Fe(Ⅱ)与所加入的磷酸盐结合形成无色的蓝铁矿结晶沉淀,覆盖在固相表面。

6.2.4 (*S. oneidensis* MR‐1)‐磁铁矿‐磷体系

在磁铁矿‐磷体系基础上,引入异化铁还原菌 *S. oneidensis* MR‐1,建立(*S. oneidensis* MR‐1)‐磁铁矿‐磷体系,研究 *S. oneidensis* MR‐1 作用下磷酸盐的相态转变和磷酸盐对磁铁矿异化还原的影响。

1. 铁磷浓度分析

(*S. oneidensis* MR‐1)‐磁铁矿‐磷体系中生物源 Fe(Ⅱ)浓度随时间的变化,如图 6‐16 所示。磷酸盐对磁铁矿的异化还原有明显促进作用,培养 336 h 后,对照组、Fe:P=20:5、20:10、20:20 的实验组中的铁还原效率分别为 9.1%、13.8%、16.4% 和 24.9%,磷酸盐的浓度越高,促进效果越强,产生这一现象的原因为磷酸盐与生物源 Fe(Ⅱ)结合形成了蓝铁矿。但磷酸盐的影响在磁铁矿体系与水铁矿体系存在较为明显的区别,磁铁矿体系中,在整个异化还原过程中其均表现为促进作用,而在水铁矿体系中,其在反应初期显著抑制了异化铁还原过程,但在中长时间尺度内显著提高了铁还原效率,推测其原因在于这两种矿物对于磷酸盐的吸附性能的差异。由于水铁矿对于磷酸盐有较强的吸附性能,在反应初期,磷酸盐快速地吸附在水铁矿的表面活性位点处,使铁还原菌的异化铁还原过程受到抑制,包括铁还原菌与水铁矿的直接接触,以及由电子穿梭体介导的间接电子传递过程。随着铁还原过程的进行,磷酸盐与生物源 Fe(Ⅱ)结合从而避免了 Fe(Ⅱ)在矿物表面累积而阻碍铁还原过程持续进行。对于磁铁矿体系而言,由于磁铁矿对磷酸盐的吸附能力很弱且显著低于水铁矿,故不存在反应初期的抑制现象。磁铁矿一经还原形成游生物源 Fe(Ⅱ)便可与磷酸盐结合,继而使生物源 Fe(Ⅱ)被不断消耗从而避免其在磁铁矿表面的累积。

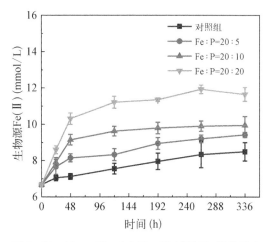

图 6 - 16　(*S. oneidensis* MR - 1)-磁铁矿-磷体系中生物源 Fe(Ⅱ)浓度随时间的变化情况

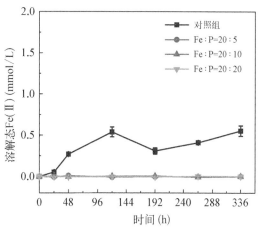

图 6 - 17　(*S. oneidensis* MR - 1)-磁铁矿-磷体系中溶解态 Fe(Ⅱ)浓度随时间的变化情况

　　同样的,与水铁矿体系相似,在(*S. oneidensis* MR - 1)-磁铁矿-磷体系中,由于液相中磷酸盐的存在,在整个反应过程中溶解态Fe(Ⅱ)浓度基本为 0(图 6 - 17)。

　　在(*S. oneidensis* MR - 1)-磁铁矿-磷体系中,磷浓度随时间的变化如图 6 - 18所示。结果表明,随着反应进行,体系中的磷酸盐浓度显著降低。在铁还原菌的作用下,当培养 336 h 后,Fe：P＝20：5、20：10、20：20 的实验组(磁铁矿初始浓度为 20 mmol /L,磷酸盐初始浓度分别为 5 mmol/L、10 mmol/L、20 mmol/L)中的磷酸盐浓度分别降低为 2.03 mmol /L、

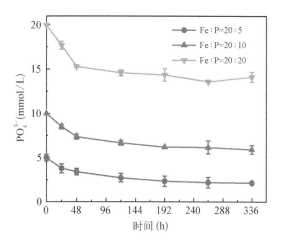

图 6 - 18　(*S. oneidensis* MR - 1)-磁铁矿-磷体系中磷浓度随时间的变化情况

5.90 mmol/L 和 14.13 mmol/L,回收效率分别为 59.4%、41.0% 和 29.4%。异化铁还原菌的引入显著增加体系对磷酸盐的固定作用,异化铁还原菌产生的生物源 Fe(Ⅱ)使磷酸盐以蓝铁矿形式固定。

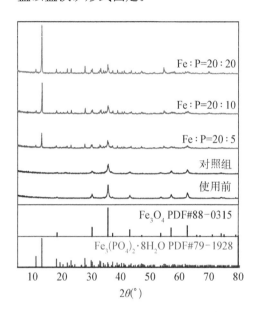

图 6 - 19 (*S. oneidensis* MR - 1)-磁铁矿-磷体系固相产物的 XRD 图谱

2. 矿物相转变

(*S. oneidensis* MR - 1)-磁铁矿-磷体系(20 mmol/L 磁铁矿,14 d)反应后固相产物 XRD 表征结果,如图 6 - 19 所示。

Fe∶P=20∶5、20∶10、20∶20 实验组中矿化产物的 XRD 图谱均在多处新增不同强度的衍射峰,与蓝铁矿标准卡片(Vivianite PDF♯79 - 1928)的衍射峰相吻合,且随着磷酸盐浓度的提高,蓝铁矿的峰型也更为尖锐,各个角度处的出峰也更为完整。同时,磁铁矿的衍射峰保留,表明固相表面的磁铁矿矿物相未完全被异化还原。

另外,根据固相产物的 SEM 表征(表 6.5)可以发现,Fe∶P = 20∶5、20∶10、20∶20 实验组中的固相产物表面均有片状结晶形成,这是蓝铁矿典型微观形貌,与其他研究报道相似[18,19],不同铁磷比中蓝铁矿结晶形貌无明显差异。同时值得注意的是,磁铁矿体系中蓝铁矿片状结晶的边缘呈现出锯齿状形态,而水铁矿体系中的则无此现象,推测原因可能是磁铁矿的磁性影响了蓝铁矿晶体的形成过程。(*S. oneidensis* MR - 1)-磁铁矿-磷体系不同磷酸盐浓度下,反应前后固相的颜色变化如表 6.5 所示,产物总体上为黑色,但由于蓝铁矿的形成,随着磷酸盐浓度的增加,固相呈现出一定的灰度。

表 6.5 (*S. oneidensis* MR - 1)-磁铁矿-磷体系固相产物不同放大倍数下 SEM 对比(20 mmol/L 磁铁矿,14 d)

实验组体系	固相产物 SEM	
Fe∶P=20∶5		

续　表

实验组体系	固相产物 SEM	
Fe：P=20：10		
Fe：P=20：20	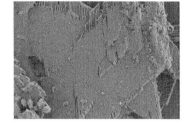	

6.2.5　铁氧化物形成蓝铁矿的机制分析

　　蓝铁矿的形成是化学结晶过程,由于其溶解度很低($K_{sp}=10^{-36}$)[20],当液相中 Fe^{2+} 和 PO_4^{3-} 达到相应临界值,蓝铁矿便结晶析出,反应方程式如下:

$$3Fe^{2+} + 2PO_4^{3-} + 8H_2O \longrightarrow Fe_3(PO_4)_2 \cdot 8H_2O \tag{6.3}$$

　　在水铁矿-磷体系中,水铁矿对磷酸盐具有较好的吸附能力,但吸附容量有限。在(*S. oneidensis* MR‑1)-水铁矿-磷体系中,反应初期,磷酸盐迅速地吸附于水铁矿表面,同时抑制水铁矿异化还原。

　　水铁矿-磷体系和(*S. oneidensis* MR‑1)-水铁矿-磷体系反应结束后磷的分布,如图6‑20 所示。根据磷酸盐形态的分析,与对照组水铁矿-磷体系相比,在(*S. oneidensis* MR‑1)-水铁矿-磷体系中,吸附态磷酸盐的比例大为降低,这表明在异化铁还原过程中,吸附在水铁矿表面的磷酸盐被释放出来,并与铁还原形成的生物源 Fe(Ⅱ) 结合形成蓝铁矿沉淀。随着铁还原过程的进行,磷酸盐与生物源 Fe(Ⅱ) 结合从而避免了 Fe(Ⅱ) 在水铁矿表面累积。同时,磷酸盐强化的异化铁还原释放出更多的 Fe(Ⅱ),进而又促进了液相磷以蓝铁矿的形式固定。

　　磁铁矿是无磷条件下水铁矿的异化铁还原产物之一,污泥中同样可能存在无液相磷的微环境而形成磁铁矿。磁铁矿-磷体系和(*S. oneidensis* MR‑1)-磁铁矿-磷体系反应结束后磷的分布,如图6‑21 所示。

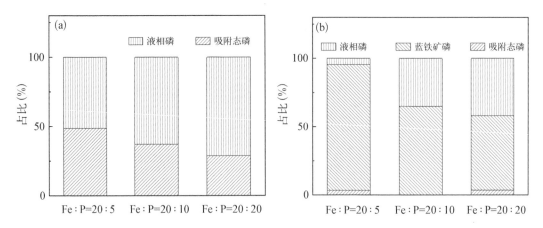

图 6-20 水铁矿-磷体系(a)和($S. oneidensis$ MR-1)-水铁矿-磷体系(b)反应终点时磷的分布

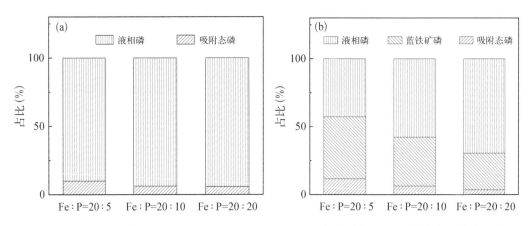

图 6-21 磁铁矿-磷体系(a)和($S. oneidensis$ MR-1)-磁铁矿-磷体系(b)反应终点时磷的分布

对照组磁铁矿-磷体系和铁还原菌实验组($S. oneidensis$ MR-1)-磁铁矿-磷体系中吸附态磷酸盐基本相同,表明铁还原过程中吸附态磷酸盐在微观上可能经历了一个吸附—释放—再吸附的循环过程,但宏观上基本稳定。与对照组相比,$S. oneidensis$ MR-1的引入显著增加了($S. oneidensis$ MR-1)-磁铁矿-磷体系对液相磷酸盐的固定作用。对于磁铁矿而言,由于磁铁矿对磷酸盐的吸附能力差且显著低于水铁矿,磁铁矿一经还原形成生物源Fe(II)便可与液相磷结合形成蓝铁矿结晶。同时,与($S. oneidensis$ MR-1)-水铁矿-磷体系相似,磷酸盐促进磁铁矿的异化还原并释放出更多Fe(II),进而又促进了液相磷向蓝铁矿磷的转变。

基于对($S. oneidensis$ MR-1)-水铁矿-磷体系、($S. oneidensis$ MR-1)-磁铁矿-磷体系和($S. oneidensis$ MR-1)-磁铁矿体系的研究结果,对其形成蓝铁矿的潜在机制总结如图6-22所示。

6.2.6 小结

利用 $S. oneidensis$ MR-1 和铁氧化物矿物,建立铁氧化物-磷体系,研究铁氧化物对

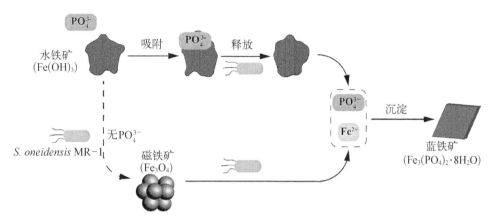

图 6 - 22　微生物介导下铁氧化物-磷酸盐体系、(*S. oneidensis* MR - 1)-水铁矿-磷和
(*S. oneidensis* MR - 1)-磁铁矿-磷体系中蓝铁矿可能的形成机制

磷酸盐的吸附效果;建立(*S. oneidensis* MR - 1)-铁氧化物-磷体系,研究磷酸盐存在条件下铁氧化物异化还原过程,通过分析反应前后的铁矿物的 XRD 和 SEM 表征结果,比较磷酸盐存在与否对铁氧化物矿化产物的影响,评估铁氧化物类型和铁磷物质的量之比对磷酸盐回收效率和蓝铁矿形成的影响。主要研究结果如下:

S. oneidensis MR - 1 对磷酸盐无明显的同化吸收作用。水铁矿对磷酸盐具有较好的吸附能力,但吸附容量有限,而磁铁矿对磷酸盐的吸附很弱。水铁矿和磁铁矿在吸附磷酸盐后仍保持原有晶型结构,表明此条件下磷酸盐无法诱导水铁矿和磁铁矿发生晶相重组等反应。

磷酸盐总体上可显著促进水铁矿和磁铁矿的异化还原过程,且磷酸盐的浓度越高,促进效果越强。(*S. oneidensis* MR - 1)-水铁矿-磷体系培养 336 h 后,对照组、Fe∶P＝20∶5、20∶10、20∶20 的实验组中的铁还原效率分别为 45.2%、63.5%、68.0% 和 86.5%;(*S. oneidensis* MR - 1)-磁铁矿-磷体系培养 336 h 后,对照组、Fe∶P＝20∶5、20∶10、20∶20 的实验组中的铁还原效率分别为 9.1%、13.8%、16.4% 和 24.9%。

磷酸盐的影响在水铁矿体系与磁铁矿体系存在着较为明显的区别,在水铁矿体系中,其表现为先抑制后促进,而磁铁矿体系中,其在整个异化还原过程中均表现为促进作用,推测其原因在于两种矿物对磷酸盐的吸附性能的差异。由于水铁矿对磷酸盐有较强的吸附性能,在反应初期,磷酸盐快速地吸附在水铁矿的表面活性位点处,使异化铁还原过程受到抑制,但随着铁还原过程的进行,磷酸盐与生物源 Fe(Ⅱ)结合从而促进了铁还原过程持续进行。对于磁铁矿而言,由于磁铁矿对磷酸盐的吸附能力差且显著低于水铁矿,故不存在反应初期的抑制现象。

异化铁还原菌 *S. oneidensis* MR-1 的引入显著提高了(*S. oneidensis* MR - 1)-水铁矿-磷体系和(*S. oneidensis* MR - 1)-磁铁矿-磷体系对液相中磷酸盐的回收效率,原因在于磷酸盐因形成蓝铁矿而被固定。

在(*S. oneidensis* MR - 1)-水铁矿-磷体系和(*S. oneidensis* MR - 1)-磁铁矿-磷体系反应

后的固相产物中均可检测出蓝铁矿的存在,且随着磷酸盐浓度提高,蓝铁矿 XRD 衍射峰的峰型也更为尖锐。蓝铁矿微观形貌为片状结构,不同铁磷比时蓝铁矿结晶形貌无明显差异。

6.3 铁还原菌介导下磷酸铁矿物体系中蓝铁矿的形成

铁盐常作为絮凝剂和化学除磷剂使用,铁盐投加后,由于 Fe(Ⅲ)在中性条件下不溶解,继而会自发形成氢氧化铁絮体或与游离态磷酸根结合形成磷酸铁等沉淀。因此,磷酸铁矿物是水处理过程中重要的 P-Fe(Ⅲ)组分,研究磷酸铁矿物受异化铁还原菌的还原作用及相应的蓝铁矿形成过程具有重要现实意义。在此,分别建立(S. oneidensis MR-1)-水合磷酸铁/磷酸铁体系,研究两种磷酸铁矿物的异化还原过程,比较反应前后的铁矿物的 XRD 和 SEM 表征结果,探究磷酸铁矿物转变及相应的蓝铁矿形成过程,同时探究电子穿梭体 AQS 的影响。

6.3.1 (S. oneidensis MR-1)-水合磷酸铁/磷酸铁体系

1. 铁磷浓度分析

在(S. oneidensis MR-1)-水合磷酸铁/磷酸铁体系中不同初始浓度水合磷酸铁/磷酸铁条件下,液相磷酸盐的浓度变化如图 6-23 所示。根据如下反应方程式:

$$3FePO_4 \cdot 2H_2O + 3e^- + 2H_2O \longrightarrow Fe_3(PO_4)_2 \cdot 8H_2O + PO_4^{3-} \qquad (6.4)$$

$$3FePO_4 + 3e^- + 2H_2O \longrightarrow Fe_3(PO_4)_2 \cdot 8H_2O + PO_4^{3-} \qquad (6.5)$$

每3 mol FePO_4 · 2H_2O 或 FePO_4 被异化还原之后,会释放出1 mol PO_4^{3-} 到液相,另外,2 mol PO_4^{3-} 与生物源 Fe(Ⅱ)结合形成蓝铁矿沉淀。比较实验结果可以发现,反应初期水合磷酸铁实验组液相磷酸盐的形成速率要高于同浓度的磷酸铁实验组,后期两者所

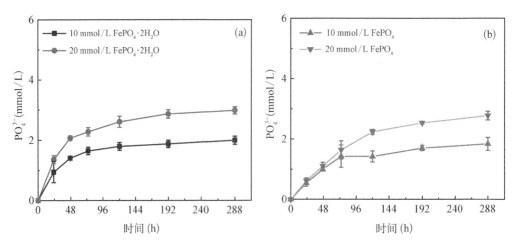

图 6-23 (S. oneidensis MR-1)-水合磷酸铁体系(a)和(S. oneidensis MR-1)-磷酸铁体系(b)中磷浓度随时间的变化情况

释放出的磷酸盐浓度基本相同,表明水合磷酸铁更容易被异化还原,推测原因在于水合磷酸铁结晶度差,而磷酸铁结晶度好。这一趋势与前述异化铁还原菌更容易还原结晶度差的水铁矿相同,表明铁矿物结晶度是评估其异化还原难易程度的重要因素。Zhang 等[21]将不同结晶结构的磷酸铁[Fe(Ⅲ)Ps]添加到活性污泥中进行厌氧发酵,旨在研究 Fe(Ⅲ)Ps 形态对磷释放和剩余活性污泥(Waste Activated Sludge,WAS)发酵性能的影响,结果表明,Fe(Ⅲ)Ps 还原和 P 释放速率与晶体结构有关,结晶度越高越不利还原。此外,Fe(Ⅲ)Ps 对厌氧发酵有不利影响,污泥的水解速率常数和挥发性脂肪酸(Volatile Fatty Acid,VFA)产率分别降低了 38.4% 和 41.9%。Li 等[9]对投加 $FeCl_3$ 形成的富含磷酸铁污泥进行厌氧发酵,6 d 后磷酸盐释放率达 71.3%,且磷酸盐释放效率随停留时间增加而显著降低。

在实际水处理单元中,释放出的磷酸盐一方面会吸附于铁氧化物而继续作为异化铁还原的基质,也可能与由异化铁还原菌还原其他 Fe(Ⅲ)矿物基质形成的生物源 Fe(Ⅱ)结合形成蓝铁矿。Wang 等[22]指出,在化学除含磷污泥中,磷酸铁异化还原释放出的磷酸盐可与铁氧化物异化还原形成的生物源 Fe(Ⅱ)结合形成蓝铁矿。

图 6-24 所示为(S. oneidensis MR-1)-水合磷酸铁/磷酸铁体系中,不同初始浓度水合磷酸铁/磷酸铁体系中 Fe(Ⅱ)$_{Total}$ 浓度变化,水合磷酸铁初始浓度为 10 mmol/L、20 mmol/L 时,异化还原 288 h 时,生物源 Fe(Ⅱ)浓度为 5.07 mmol/L、7.50 mmol/L,磷酸铁浓度对应的生物源 Fe(Ⅱ)浓度为 4.55 mmol/L、7.06 mmol/L,且弱结晶度水合磷酸铁在反应初期总亚铁的形成速率较磷酸铁略高。

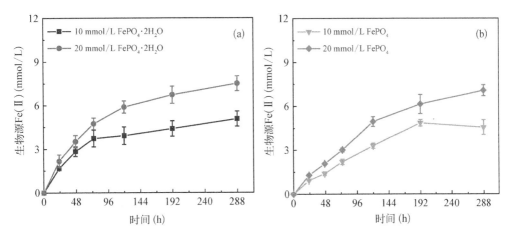

图 6-24　(S. oneidensis MR-1)-水合磷酸铁体系(a)和(S. oneidensis MR-1)-磷酸铁体系(b)中生物源 Fe(Ⅱ)浓度随时间的变化情况

在(S. oneidensis MR-1)-水合磷酸铁/磷酸铁体系中,Fe(Ⅱ)浓度随时间的变化如图 6-25 所示。在(S. oneidensis MR-1)-水合磷酸铁体系中,从理论上而言考虑到蓝铁矿的 k_{sp} 为 10^{-36},水合磷酸铁一经铁还原菌异化还原释放出的溶解态 Fe(Ⅱ)应与磷酸盐结合,使体系中溶解态 Fe(Ⅱ)无法累积。但是实际实验结果表明[图 6-25(a)],在

($S.$ $oneidensis$ MR-1)-水合磷酸铁体系中,溶解态 Fe(Ⅱ)浓度在前 48 h 迅速升高达到 1 mmol/L 左右,而后缓慢降低。推测这一现象的原因可能是,实验中测定溶解态Fe(Ⅱ) 浓度时,先将混合液用 0.22 μm 的聚醚砜(Polyethersulfone, PES)滤头过滤,而混合液中 部分磷酸亚铁沉淀(即蓝铁矿结晶)可能存在粒径小于 0.22 μm 而随着滤液穿过滤膜,使 测量结果出现偏差。随后,随着较小粒径的磷酸亚铁沉淀(即蓝铁矿)结晶逐渐聚集长大, 粒径增大使其无法穿过滤膜,且整个的异化还原过程放缓,体现为溶解态 Fe(Ⅱ)浓度在 48 h 后缓慢降低。

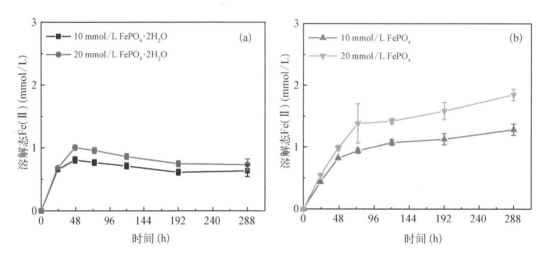

图 6-25 ($S.$ $oneidensis$ MR-1)-水合磷酸铁体系(a)和($S.$ $oneidensis$ MR-1)-
磷酸铁体系(b)中溶解态 Fe(Ⅱ)浓度随时间的变化情况

在($S.$ $oneidensis$ MR-1)-磷酸铁体系中(图 6-25b),溶解态 Fe(Ⅱ)同样出现累积 的情况而非趋于 0 的理论值,推测出现这一现象的原因同样是因为,样品混合液中部分蓝 铁矿结晶可能存在粒径小于 0.22 μm 的情况而随着滤液穿过滤膜,使测量结果出现偏差。

2. 矿物相转变

对($S.$ $oneidensis$ MR-1)-水合磷酸铁/磷酸铁体系反应后的固相产物进行 XRD 表 征分析,结果如图 6-26 和图 6-27 所示。($S.$ $oneidensis$ MR-1)-水合磷酸铁体系矿化 产物的 XRD 图谱(图 6-26)均在多处存在不同强度的衍射峰,与蓝铁矿标准卡片 (Vivianite PDF♯79-1928)的衍射峰相吻合,且随着水合磷酸铁初始浓度的提高,蓝铁矿 的峰型也更为尖锐,各个角度处的出峰也更为完整。经异化铁还原菌 $S.$ $oneidensis$ MR-1 还原后,原本无定形态的水合磷酸铁转变为蓝铁矿。同样,($S.$ $oneidensis$ MR-1)-磷酸铁体 系矿化产物的 XRD 图谱(图 6-27)均在多处新增不同强度的衍射峰,与蓝铁矿的标准卡 片(Vivianite PDF♯79-1928)的衍射峰相吻合,且随着磷酸铁初始浓度的提高,各个角度 处出峰也更为完整;同时,原本磷酸铁衍射峰保留,表明固相表面的磷酸铁矿物相未完全 被异化还原。经异化铁还原菌 $S.$ $oneidensis$ MR-1 还原后,Fe(Ⅱ)与磷酸盐结合使磷酸 铁转变为蓝铁矿。

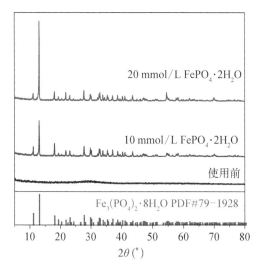

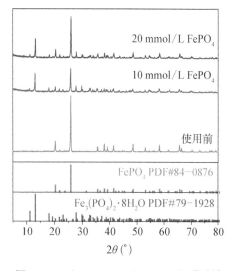

图 6 - 26　(*S. oneidensis* MR - 1)-水合磷酸铁
体系固相产物的 XRD 图谱

图 6 - 27　(*S. oneidensis* MR - 1)-磷酸铁
体系固相产物的 XRD 图谱

对(*S. oneidensis* MR - 1)-水合磷酸铁体系和(*S. oneidensis* MR - 1)-磷酸铁体系固相产物进行 SEM 表征,结果如表 6.6 所示。这两种磷酸铁矿物经异化还原后,均形成了碎片状或板状的结晶即蓝铁矿。不同初始浓度矿物反应后的固相产物微观形貌无明显区别。

表 6.6　(*S. oneidensis* MR - 1)-水合磷酸铁体系和(*S. oneidensis*
MR - 1)-磷酸铁体系固相产物 SEM 图对比

初始浓度	$FePO_4 \cdot 2H_2O$ 固相产物 SEM	$FePO_4$ 固相产物 SEM
10 mmol/L		
20 mmol/L		

6.3.2 (*S. oneidensis* MR－1)－水合磷酸铁/磷酸铁－AQS 体系

电子穿梭体 AQS 可显著促进铁氧化物的异化还原过程,基于此,在(*S. oneidensis* MR－1)－水合磷酸铁/磷酸铁体系基础上引入 AQS,分别建立(*S. oneidensis* MR－1)－水合磷酸铁－AQS 和(*S. oneidensis* MR－1)－磷酸铁－AQS 体系,评估电子穿梭体 AQS 对还原过程的促进作用及反应前后磷酸铁矿物的转变。

1. 铁磷浓度分析

在(*S. oneidensis* MR－1)－水合磷酸铁/磷酸铁－AQS 体系中(图 6－28),水合磷酸铁和磷酸铁的还原释放出 PO_4^{3-} 到液相,AQS 对还原过程的促进作用提高了 PO_4^{3-} 的释放程度。因此,在实际的蓝铁矿结晶法磷回收技术中,在污水中添加适量的 AQS 作为电子穿梭体,可加快其中水合磷酸铁和磷酸铁矿物这一重要 P－Fe(Ⅲ)组分的还原速率和效率,并最终促进蓝铁矿沉淀结晶的形成。

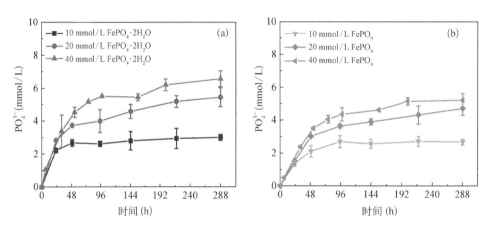

图 6－28 (*S. oneidensis* MR－1)－水合磷酸铁－AQS 体系(a)和(*S. oneidensis* MR－1)－磷酸铁－AQS 体系(b)中磷浓度随时间的变化情况

水合磷酸铁和磷酸铁作为难溶性固体,腐殖质类物质可以以中间体的角色不断从铁还原菌 *S. oneidensis* MR－1 膜外蛋白接受电子,再把电子传递给 Fe(Ⅲ)矿物实现 Fe(Ⅲ)的还原。研究表明,腐殖质所含有的醌基被认为是其具有氧化还原活性和电子穿梭能力的关键。这种电子穿梭性能消除了铁还原菌与磷酸铁矿物之间存在直接性物理接触的限制,因而大大加速了磷酸铁的还原。AQS 等众多醌类化合物往往被作为腐殖质的类似物或替代物用于研究微生物异化铁还原。图 6－29 所示为(*S. oneidensis* MR－1)－水合磷酸铁/磷酸铁－AQS 体系中不同初始浓度水合磷酸铁/磷酸铁的生物源 Fe(Ⅱ)浓度变化情况,结果表明 AQS 对还原过程的促进作用使该体系中生物源 Fe(Ⅱ)浓度较(*S. oneidensis* MR－1)－水合磷酸铁/磷酸铁体系显著提高,且 288 h 后弱结晶度水合磷酸铁实验组较磷酸铁实验组累积了更多的生物源 Fe(Ⅱ)。

2. 矿物相转变

在(*S. oneidensis* MR－1)－水合磷酸铁/磷酸铁－AQS 体系的实验过程中,随着还原反应

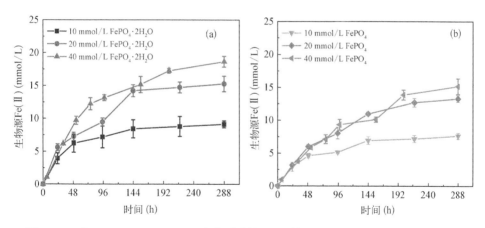

图 6-29　(*S. oneidensis* MR-1)-水合磷酸铁-AQS 体系(a)和(*S. oneidensis* MR-1)-磷酸铁-AQS 体系(b)中生物源 Fe(Ⅱ)浓度随时间的变化情况

的进行,可观察到厌氧血清瓶中逐渐有浅蓝色的结晶形成,即蓝铁矿。值得注意的是,反应过程中固相的体积逐渐缩小,反应前后有明显变化,原因在于,反应前的水合磷酸铁和磷酸铁本身状态肉眼可见的较为蓬松,即其密度较低,且根据其 SEM 表征结果可知,其微观结构中存在大量孔隙。此外,异化还原过程中,每 3 mol 的 $FePO_4 \cdot 2H_2O$ 或 $FePO_4$ 被异化还原之后,会释放出 1 mol 的 PO_4^{3-} 到液相,另外 2 mol 的 PO_4^{3-} 与生物源 Fe(Ⅱ)结合形成蓝铁矿沉淀,即固相本身会损失一部分至液相。添加 AQS 的实验组比起未添加 AQS 的实验组,其固相中出现浅蓝色蓝铁矿结晶体的时间点更早,原因在于 AQS 对异化还原的促进作用。

　　对(*S. oneidensis* MR-1)-水合磷酸铁/磷酸铁-AQS 体系的固相产物进行 XRD 表征,结果如图 6-30 和图 6-31 所示。两个体系矿化产物的 XRD 图谱中均出现了蓝铁矿衍射峰,与蓝铁矿的标准卡片(Vivianite PDF♯79-1928)的衍射峰相吻合。

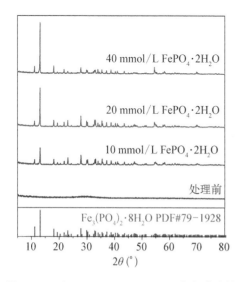

图 6-30　(*S. oneidensis* MR-1)-水合磷酸铁-AQS 体系固相产物的 XRD 图谱

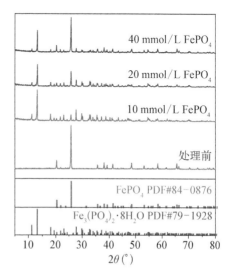

图 6-31　(*S. oneidensis* MR-1)-磷酸铁-AQS 体系固相产物的 XRD 图谱

6.3.3 由磷酸铁矿物形成蓝铁矿的机制分析

磷酸铁矿物是污水铁盐化学除磷过程中形成的重要的 P-Fe(Ⅲ)组分,此为蓝铁矿形成的重要基质。基于上述实验结果,在(S. oneidensis MR-1)-水合磷酸铁体系和(S. oneidensis MR-1)-磷酸铁体系中,因水合磷酸铁结晶度弱而更容易被异化还原,磷酸铁因结晶度好而不利于被异化还原,$FePO_4 \cdot 2H_2O$ 和 $FePO_4$ 被异化还原形成蓝铁矿的同时伴随着磷酸盐的释放,每 3 mol $FePO_4 \cdot 2H_2O$ 或 $FePO_4$ 被异化还原之后,会释放出 1 mol PO_4^{3-} 到液相,并有 2 mol PO_4^{3-} 参与形成蓝铁矿沉淀。AQS 对还原过程的促进作用提高了 PO_4^{3-} 的释放程度和生物源 Fe(Ⅱ)的浓度,因而有利于废水中蓝铁矿的形成。基于(S. oneidensis MR-1)-水合磷酸铁/磷酸铁体系和(S. oneidensis MR-1)-水合磷酸铁/磷酸铁-AQS 体系的研究结果,对其中形成蓝铁矿的潜在机制总结如图 6-32 所示。

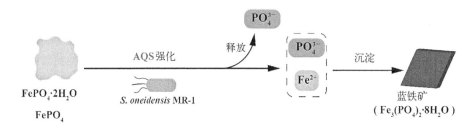

图 6-32　微生物介导下 $FePO_4 \cdot 2H_2O/FePO_4$ 体系中蓝铁矿可能的形成机制

6.3.4 小结

利用 S. oneidensis MR-1 和水合磷酸铁/磷酸铁矿物,建立(S. oneidensis MR-1)-水合磷酸铁体系和(S. oneidensis MR-1)-磷酸铁体系,研究水合磷酸铁/磷酸铁的异化还原过程,比较其还原速率和反应前后的铁矿物的 XRD 和 SEM 等的表征结果,同时评估电子穿梭体 AQS 对还原过程的促进作用。主要研究结果如下:

制备的水合磷酸铁样品结晶度较差为无定形状态,而磷酸铁结晶度好。水合磷酸铁和磷酸铁微观形貌均类似于珊瑚状且存在大量孔隙。

水合磷酸铁较磷酸铁更容易被异化还原,原因在于水合磷酸铁结晶度差,而磷酸铁结晶度好。水合磷酸铁初始浓度为 10 mmol/L、20 mmol/L 时,异化还原 288 h 时,生物源 Fe(Ⅱ)浓度为 5.07 mmol/L、7.50 mmol/L,磷酸铁对应的生物源 Fe(Ⅱ)浓度为 4.55 mmol/L、7.06 mmol/L。(S. oneidensis MR-1)-水合磷酸铁体系和(S. oneidensis MR-1)-磷酸铁体系的固相产物中均有蓝铁矿,矿化产物 XRD 图谱与蓝铁矿的标准卡片(Vivianite PDF♯79-1928)的衍射峰相吻合。

在(S. oneidensis MR-1)-水合磷酸铁-AQS 和(S. oneidensis MR-1)-磷酸铁-AQS 体系中,AQS 可促进水合磷酸铁和磷酸铁的还原过程,因此,在实际的蓝铁矿结晶法磷回收技术中添加适量的 AQS 作为电子穿梭体有利于提高蓝铁矿结晶效率。

6.4　提高磷回收率与蓝铁矿产量的策略

在污泥厌氧消化过程中,可通过提高铁系试剂投加量来提高磷回收效果与蓝铁矿产量[23,24],但利用铁矿物回收磷,为提高蓝铁矿产量,需要采取策略降低铁矿物对磷的吸附,不能提高铁矿物投加量。由前期研究结果可知,铁还原过程进行 75 h 左右,实验体系中提取态 Fe(Ⅱ)浓度处于平衡状态,综合考虑铁矿物还原程度与铁还原过程所需时间,第一种策略是铁还原过程进行 75 h 后,投加一定浓度含磷废水,同步测量 Fe(Ⅱ)和磷浓度变化,比较两种磷回收机制的速度,计算每种回收机制对磷回收的贡献率。第二种策略是磷批次投加工艺,第一批投加的磷基本去除后,接着投加同样浓度的磷,探究一定浓度铁矿物可实现磷批次处理的次数,并测量蓝铁矿含量占比。利用这两个实验体系进一步探讨影响铁矿物转化的因素,比较生物源 Fe(Ⅱ)与非生物源 Fe(Ⅱ)参与形成的蓝铁矿的区别,为以蓝铁矿形式回收磷增加理论依据。因此,本研究构建各类实验体系,如表 6.7 所示。

表 6.7　构建的各种实验体系

实　验　体　系	缩　　写
(S. oneidensis MR‑1)‑水铁矿	SF
水铁矿‑磷(低浓度磷)	FP(L)
水铁矿‑磷(高浓度磷)	FP(H)
(S. oneidensis MR‑1)‑水铁矿‑磷(低浓度磷,0 h)	SFP(L0)
(S. oneidensis MR‑1)‑水铁矿‑磷(低浓度磷,75 h)	SFP(L75)
(S. oneidensis MR‑1)‑水铁矿‑磷(高浓度磷,0 h)	SFP(H0)
(S. oneidensis MR‑1)‑水铁矿‑磷(高浓度磷,75 h)	SFP(H75)
(S. oneidensis MR‑1)‑水铁矿‑磷(磷批次投加)	SFP(B)
(S. oneidensis MR‑1)‑磁铁矿	SM
磁铁矿‑磷(低浓度磷)	MP(L)
磁铁矿‑磷(高浓度磷)	MP(H)
(S. oneidensis MR‑1)‑磁铁矿‑磷(低浓度磷,0 h)	SMP(L0)
(S. oneidensis MR‑1)‑磁铁矿‑磷(低浓度磷,75 h)	SMP(L75)
(S. oneidensis MR‑1)‑磁铁矿‑磷(高浓度磷,0 h)	SMP(H0)
(S. oneidensis MR‑1)‑磁铁矿‑磷(高浓度磷,75 h)	SMP(H75)
(S. oneidensis MR‑1)‑磁铁矿‑磷(磷批次投加)	SMP(B)

注:0 h 和 75 h 分别代表 S. oneidensis MR‑1 还原铁矿物 0 h 和 75 h 后,再投加一定浓度磷。低浓度磷:30 mg/L,高浓度磷:150 mg/L。

6.4.1　改变磷投加时间点

1. 磷浓度变化

结合图 6‑33 可知,S. oneidensis MR‑1 还原铁矿物是循序渐进的,不同时间点所积累的生物源 Fe(Ⅱ)浓度不同。因此,可在 Fe(Ⅱ)积累到一个较高浓度时再投加磷,铁矿物吸附磷时,实验体系中有形成蓝铁矿的理论条件。设计(*S. oneidensis* MR‑1)‑铁矿物‑磷(75 h)体系,研究磷投加时间点对磷回收与回收途径的影响,计算不同磷回收机制的贡献率。

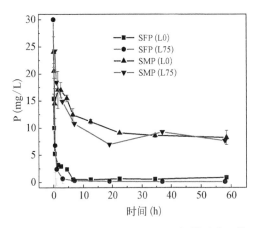

图 6‑33　(*S. oneidensis* MR‑1)‑铁矿物‑磷
(低浓度磷)体系中磷投加时间点对
磷回收的影响

图 6‑34　(*S. oneidensis* MR‑1)‑铁矿物‑磷
(高浓度磷)体系中磷投加时间点对
磷回收的影响

如图 6‑33 和表 6.8 所示,对于低浓度磷体系,SFP(L0)和 SFP(L75)体系中磷回收速度与效率没有显著差别($P>0.05$),同样 SFP(H0)和 SFP(H75)体系中磷回收率都可达 100%,两者之间依然没有显著差别($P>0.05$),但 SFP(H75)中磷回收速度明显快于SFP(H0)体系。低浓度磷进入处理体系 30 h 内,SMP(L75)体系中不仅磷回收率显著高于 SMP(L0)体系($P>0.05$),且磷回收速度也快于 SMP(L0)体系,同样 SMP(H75)体系中磷回收率显著高于 SMP(H0)体系($P<0.05$)。实验结果表明,即使体系中有形成蓝铁矿的条件,改变磷投加时间点也不会对 SFP(L0)和 SFP(L75)体系中磷回收率与回收速度产生显著影响($P>0.05$),再一次表明铁矿物吸附磷的速度快于蓝铁矿的形成速度。但在吸附性能较弱的磁铁矿体系,改变磷投加时间点对磷回收率与回收速度有显著影响($P<0.05$)。整体而言,改变磷投加时间点确实可提高磷回收率与速度,表明铁矿物吸附磷时,也有一部分磷以蓝铁矿的形式被回收。

表 6.8　(*S. oneidensis* MR‑1)‑铁矿物‑磷(高浓度磷)
体系中磷投加时间点对磷回收率的影响

磷浓度	处　理　工　艺	显　著　性
低浓度	水铁矿 * 磷投加时间点	$P>0.05$
	磁铁矿 * 磷投加时间点	$P<0.05$*
高浓度	水铁矿 * 磷投加时间点	$P>0.05$
	磁铁矿 * 磷投加时间点	$P<0.05$*

注:磷投加时间点是指铁还原过程进行 0 h 和 75 h 时投加一定浓度磷。

2. 生物源 Fe(Ⅱ)浓度变化

铁还原过程进行 75 h 后投加一定浓度磷,不论是低浓度磷体系还是高浓度磷体系,共同的变化趋势是溶解态 Fe(Ⅱ)浓度出现下降(图 6-35 和 6-36)。SFP(L75)体系中投加低浓度磷 4.5 h 后,磷浓度降低 0.95 mmol/L 时,溶解态 Fe(Ⅱ)浓度下降 0.27 mmol/L。SFP(H75)体系中投加高浓度磷 4.5 h 后,磷浓度降低 2.62 mmol/L 时,溶解态 Fe(Ⅱ)浓度降低 2.09 mmol/L。根据蓝铁矿化学式中铁与磷的计量比与消耗的溶解态 Fe(Ⅱ)含量进行计算,相同的反应时间内,在低浓度磷和高浓度磷的水铁矿体系中以蓝铁矿形式回收磷占比分别为 18.95% 和 53.18%。实验结果表明,铁还原过程进行 75 h 后投加,磷回收除了铁矿物吸附作用外,还有一部分磷以蓝铁矿形式回收。对于相同浓度的水铁矿,磷浓度增加时,以蓝铁矿形式回收磷的百分比会随之增加。

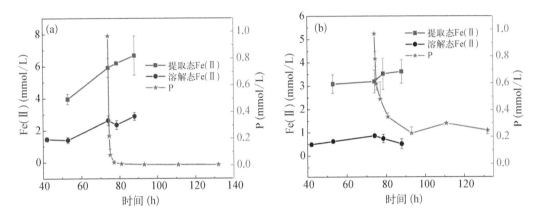

图 6-35　SFP(L75)体系(a)和 SMP(L75)体系(b)中低浓度磷投加对 Fe(Ⅱ)浓度的影响

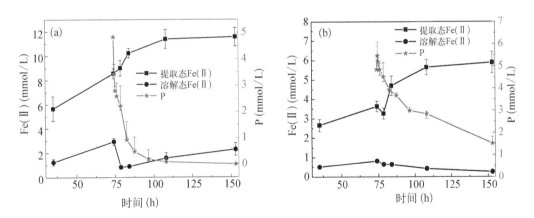

图 6-36　SFP(H75)体系(a)和 SMP(H75)体系(b)中高浓度磷投加对 Fe(Ⅱ)浓度的影响

如图 6-36 所示,在 SMP(L75)体系中,低浓度磷进入实验体系 4.5 h 后,磷浓度降低 0.55 mmol/L 时,溶解态 Fe(Ⅱ)浓度降低 0.12 mmol/L。在 SMP(H75)体系中,投加高浓度磷 4.5 h 后,磷浓度降低 0.32 mmol/L 时,溶解态 Fe(Ⅱ)浓度降低 0.17 mmol/L。相同反应时间内,低浓度磷和高浓度磷的磁铁矿体系中以蓝铁矿形式回收磷的占比分别为

14.55％和35.42％,这和水铁矿体系的实验结果一致。由此可见,提高磷浓度有利于提高磷有效回收率和蓝铁矿含量。

如图6-35和图6-36所示,在SFP(L75)体系和SFP(H75)体系中投加一定浓度磷,4.5 h后大部分磷已被回收,溶解态Fe(Ⅱ)浓度开始上升,但在SMP(L75)体系和SMP(H75)体系中溶解态Fe(Ⅱ)浓度未出现上升。这是因为磁铁矿吸附性能弱于水铁矿,需要以蓝铁矿形式回收磷的含量高于水铁矿,且溶解态Fe(Ⅱ)形成也需要时间,所以,实验后期溶解态Fe(Ⅱ)浓度依然保持下降趋势。实验后期,在SMP(H75)体系中,虽有5.90 mmol/L提取态Fe(Ⅱ),但未回收的磷还有1.51 mmol/L,这表明大部分提取态Fe(Ⅱ)不会与磷结合形成蓝铁矿。

改变磷投加时间点,确实可以提高以蓝铁矿形式回收磷的贡献率,通过对比不同浓度磷体系中蓝铁矿的含量占比,发现在低浓度磷体系中,磷含量在铁矿物吸附能力内,磷回收以铁矿物吸附作用为主,磷浓度越高,以蓝铁矿形式回收磷的贡献率越大,其中溶解态Fe(Ⅱ)是关键类型的生物源Fe(Ⅱ)。

3. 铁矿物转化

SFP(L0)体系中,厌氧顶空瓶底部水铁矿颜色由红褐色变为黑色,经XRD测试后发现水铁矿转化产物为磁铁矿,未检测到蓝铁矿的相关特征峰。但在SFP(L75)体系中,低浓度磷投加3 h左右可在瓶子底部看到白色沉淀物形成,有研究表明刚形成的蓝铁矿呈白色[25],为确定白色沉淀物的成分,对其进行XRD测试,在2θ为10°~20°处的位置发现蓝铁矿特征峰(图6-37),但蓝铁矿特征峰强度较弱,磁铁矿特征峰强度相对

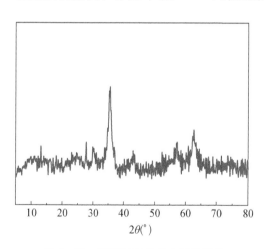

图6-37 SFP(L75)体系中固体相的XRD图谱

较强。SMP(L0)体系中,磁铁矿本身黑色,整个反应过程中瓶子底部的磁铁矿也一直呈黑色,实验结束后对固体物质进行XRD表征,发现底部产物依然为磁铁矿,未看到蓝铁矿的特征峰。但在SMP(L75)体系中,投加低浓度磷大概3 h左右,同样有白色沉淀物形成。实验结果表明,即使是在低浓度磷体系中,根据铁矿物还原程度改变磷投加时间点,也会有蓝铁矿形成。改变磷投加时间点的优点是:磷还未被铁矿物完全吸附前,实验体系中有形成蓝铁矿所需的Fe(Ⅱ),为磷回收增加新途径,可进一步提高磷有效回收率和蓝铁矿含量。

在(S. oneidensis MR-1)-铁矿物-高浓度磷(75 h)体系中,高浓度磷投加2 h左右,可在瓶子底部看到白色沉淀物形成,对固体相进行XRD表征,结果如图6-38所示。除磁铁矿特征峰外,还可看到蓝铁矿特征峰,且蓝铁矿特征峰强度比SFP(L75)体系的强;SMP(H75)体系中也出现蓝铁矿特征峰,且较明显。在低浓度实验体系中,磷投加3 h左

右才看到白色沉淀物形成,在高浓度磷实验体系中,2 h 左右便能看到白色沉淀物的形成。整体而言,蓝铁矿形成速度较快,Wang 等[26]利用铁还原菌 S. oneidensis MR－4 诱导水合氧化铁形成蓝铁矿时发现,大约 20 d 铁矿物才转化为蓝铁矿。

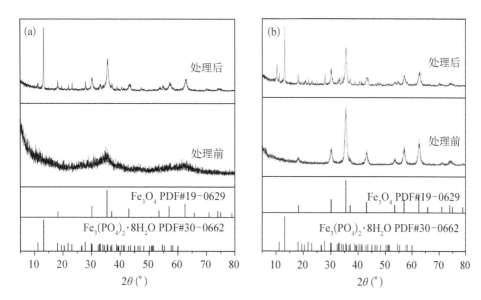

图 6－38　SFP(H75)体系(a)和 SMP(H75)体系(b)中固体相的 XRD 图谱

综上所述,实验体系中磷浓度对蓝铁矿形成速度和铁矿物转化的影响较大。结合图 6－35 和 6－36 中不同种类 Fe(Ⅱ)浓度的变化可知,磷浓度通过影响 Fe(Ⅱ)浓度进而影响铁矿物转化。

6.4.2　磷批次投加工艺

由前述实验结果可知,提高磷浓度有利于提高蓝铁矿含量。磷批次投加工艺,同样可提高磷浓度,且较符合实际水处理过程中一些废水的处理运行模式。因此,设计(S. oneidensis MR－1)-铁矿物-磷(B)体系,研究磷回收率,考察在(S. oneidensis MR－1)-铁矿物-磷(B)体系中,可批次处理磷的次数,探究不同批次磷回收机制,为调控铁矿物往蓝铁矿转化提供依据。

1. 磷浓度变化

如图 6－39 和表 6.9 所示,在 SFP(B)体系中分别于 0 h、48 h、96 h 和 226 h 批次投加高浓度磷,572 h 以内批次投加 4 次,每一批次磷回收率均在 95.77％以上,每一阶段反应时间分别为 48 h、48 h、130 h 和 346 h,且批次投加工艺中磷回收率均高于未投加 S. oneidensis MR－1 的 FP(H)体系。实验结果表明,在水铁矿体系中可实现磷批次处理,且不会降低磷回收率。在 SMP(B)体系中分别于 0 h、310 h 和 506 h 批次投加高浓度磷,806 h 内批次投加 3 次,97.96％投加的磷都可被回收,每一阶段反应时间分别为 310 h、196 h 和 300 h,每一批次磷回收率也均高于未投加 S. oneidensis MR－1 的 MP(H)体系。

实验结果表明,在实现磷回收的前提下,在磁铁矿体系中也可实现对磷的批次处理。

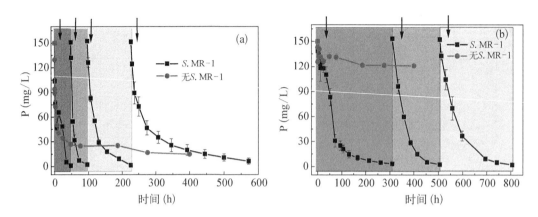

图 6-39　SFP(B)体系(a)和 SMP(B)体系(b)中磷浓度的变化情况(箭头代表投加高浓度磷)

表 6.9　(*S. oneidensis* MR-1)-铁矿物-磷(磷批次投加)
体系中每一批次的磷回收率和反应时间

体　　系		水　铁　矿	磁　铁　矿
第一阶段	反应时间(h)	0～48(48)	0～310(310)
	磷回收率(%)	99.43	97.96
第二阶段	反应时间(h)	48～96(48)	310～506(196)
	磷回收率(%)	98.50	98.43
第三阶段	反应时间(h)	96～226(130)	506～806(300)
	磷回收率(%)	99.01	98.61
第四阶段	反应时间(h)	226～572(346)	
	磷的回收率(%)	95.77	/

　　SFP(B)体系中第三和第四批次投加的磷回收时间越来越长,SMP(B)体系中第三阶段磷回收时间也高于第二阶段。首先,Fe(Ⅱ)与磷结合是一种沉淀作用,会不断消耗实验体系中的铁矿物,与利用 Fe(Ⅱ)去除氮化合物、重金属等污染物不同,铁矿物中 Fe(Ⅲ)被铁还原菌还原为 Fe(Ⅱ)后,Fe(Ⅱ)可再被污染物氧化为 Fe(Ⅲ),从而实现铁循环过程[27]。其次,对 SFP(B)体系中第三和第四阶段微生物进行活/死细胞染色,发现第四阶段中红色细胞数量明显多于第三阶段,同样对 SMP(B)体系中第一、第二和第三阶段微生物进行活/死细胞染色,红色细胞数量逐渐增加,尤其是第三阶段,基本上都为红色细胞。红色细胞便是死亡细胞,表明随着磷批次投加次数的增加,菌株 *S. oneidensis* MR-1 活性不断下降,影响 Fe(Ⅱ)的形成,从而进一步影响磷的回收。在实验过程中发现,实验体系中形成的蓝铁矿会沉淀在厌氧顶空瓶底部,不同于水铁矿与磁铁矿在瓶子中的存在状态,蓝铁矿还会黏结在一起,可能会导致部分投加铁矿物也沉淀在瓶子底部,被蓝铁矿覆

盖,无法被微生物利用。Fredrickson 等[28]也曾发现生物源 Fe(Ⅱ)会部分钝化结晶氧化物表面,防止细菌进一步还原。也有研究发现铁还原过程中形成的二次产物可能会覆盖在细胞表面,影响铁还原过程发生[29]。所以,磷批次处理过程中磷回收时间不断增加。

　　实验结果表明,水铁矿比表面积大,该体系中微生物分布较均匀,有利于 *S. oneidensis* MR‑1 菌株附着在其表面进行铁还原过程,而对于表面较光滑的磁铁矿,*S. oneidensis* MR‑1 不易在表面附着,出现团聚现象。铁还原菌与铁矿物之间接触机制有直接接触与间接接触,*Shewanella* 菌可通过细胞外膜蛋白,将电子直接转移给铁氧化物[30,31],减小电子与铁矿物之间的物理距离。如果铁还原菌可直接附着在铁矿物表面,或许可加快电子传递速度,加速铁还原过程发生。两种铁矿物体系中 *S. oneidensis* MR‑1 分布相差较大,可能是导致两种铁矿物还原程度相差较大的原因之一。

　　作为两种典型代表的铁矿物,水铁矿体系对磷的处理效率高于磁铁矿体系,但从实现磷批次处理次数来看,水铁矿体系在 572 h 内实现 4 次批次处理,磁铁矿仅实现 3 次,且时间也较长(806 h),因此,水铁矿对磷处理效果优于磁铁矿。但从磷有效回收率来看,磁铁矿体系中磷有效回收率高于水铁矿体系,对于同样第一次投加的高浓度磷,水铁矿体系大部分磷回收磷依靠水铁矿吸附作用,而磁铁矿体系中大部分磷回收依靠铁还原过程所得到的生物源 Fe(Ⅱ)作用,以蓝铁矿形式回收磷才有意义。

　　2. 生物源 Fe(Ⅱ)浓度变化

　　在 SFP(B)和 SMP(B)体系中,提取态 Fe(Ⅱ)浓度均呈先上升后下降趋势,磷批次处理结束后,两个实验体系中提取态 Fe(Ⅱ)浓度分别为 4.75 mmol/L 和 2.74 mmol/L,溶解态 Fe(Ⅱ)浓度均较低,一直接近于 0(图 6‑40)。对于只投加一次高浓度磷的 SFP(L75)体系和 SFP(H75)体系,磷投加初期溶解态 Fe(Ⅱ)浓度不断降低,当磷浓度小于 1 mmol/L 时,溶解态 Fe(Ⅱ)浓度出现回升(图 6‑36)。两种磷处理工艺中溶解态 Fe(Ⅱ)浓度变化对比表明,以蓝铁矿形式回收磷时,溶解态 Fe(Ⅱ)是关键类型的生物源 Fe(Ⅱ)。Wang 等[22,23]利用铁还原菌诱导水合氧化铁转化为蓝铁矿时也表明磷酸根浓度高更有利于蓝铁矿形成,只要溶液中有磷存在,溶解态 Fe(Ⅱ)即粒径较小 Fe(Ⅱ)会与磷结合形成蓝铁矿。提取态 Fe(Ⅱ)是直接与磷进行结合形成蓝铁矿,还是需要转化为溶解态 Fe(Ⅱ)

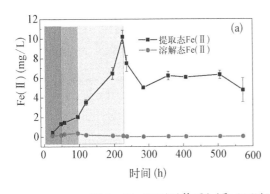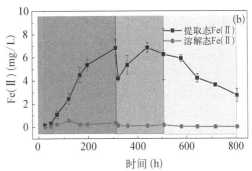

图 6‑40　SFP(B)体系(a)和 SMP(B)体系(b)中 Fe(Ⅱ)浓度的变化情况

与磷结合形成蓝铁矿,这一推测尚无法证实,但有一点可明确,磷回收过程中提取态 Fe(Ⅱ)浓度未像溶解态 Fe(Ⅱ)一样降低,反而增大,表明大部分粒径较大的提取态 Fe(Ⅱ)不会与磷结合形成蓝铁矿。

首先,水铁矿对磷吸附效果较好,对于 2 400 mg/L 水铁矿体系,可通过吸附作用将 150 mg/L 磷降低至 26.87 mg/L。SFP(B)体系第一阶段,铁矿物吸附磷时 Fe(Ⅱ)积累浓度不高,磷回收主要依靠水铁矿吸附作用。但水铁矿对磷吸附能力有限,磷批次处理第一阶段,铁矿物基本达到吸附平衡状态,后面三个阶段批次投加磷的回收依靠生物源 Fe(Ⅱ)作用,特别是溶解态 Fe(Ⅱ)的作用。与水铁矿体系不同的是,磁铁矿吸附能力较弱,对于 2 400 mg/L 磁铁矿体系,通过吸附作用只能将 150 mg/L 磷降低至 121.33 mg/L。磁铁矿体系中第一阶段投加的磷,只有少部分磷回收依靠磁铁矿吸附作用,大部分磷回收由生物源 Fe(Ⅱ)发挥作用,所以 SMP(B)体系中第一阶段磷处理时间较长。同样在磷投加第一阶段,磁铁矿达到吸附平衡状态,第二和第三阶段批次投加磷回收依靠生物源 Fe(Ⅱ)作用。

3. 铁矿物转化

(S. oneidensis MR-1)-铁矿物-磷(B)体系反应结束后,对固体相进行 XRD 测试,从 XRD 图谱中可看出,水铁矿转化产物中未发现磁铁矿特征峰,只有蓝铁矿特征峰[图 6-41(a)]。对于磁铁矿体系,随着磷批次处理次数增加,磁铁矿特征峰强度越来越弱,蓝铁矿特征峰强度越来越强[图 6-41(b)]。实验结果表明,SFP(B)体系中水铁矿均转化为蓝铁矿,SMP(B)体系中磁铁矿含量不断减少。且从反应结束后固体相颜色可看出,SFP(B)体系和 SMP(B)体系中固体相颜色比仅添加一次磷的 SFP(H75)体系和 SMP(H75)体系中固体相颜色浅,因为蓝铁矿颜色为灰白色,样品颜色越浅表明磷批次投加实验体系中蓝铁矿含量越多。

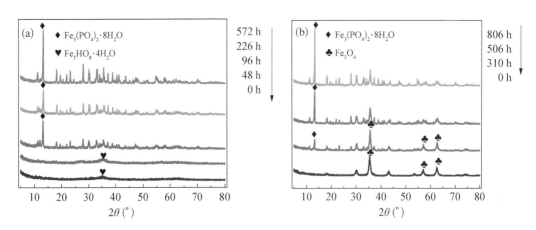

图 6-41　SFP(B)体系(a)和 SMP(B)体系(b)中不同反应时间点固体相的 XRD 图谱

铁矿物转化产物的 XRD 图谱和颜色差异表明磷批次投加的确会影响铁矿物转化,促使铁矿物往蓝铁矿转化,而不是转化为磁铁矿。特别是 SFP(B)体系的固体相中未检测到磁铁矿形成,这一结果说明只要有未被铁矿物吸附、未与 Fe(Ⅱ)反应形成蓝铁矿的磷存在,铁矿物不会向磁铁矿进行转化。这一发现便与 Wang 等[26]的研究结果不一致,在 SFP(B)体系中未发现水铁矿向蓝铁矿转化过程中会出现中间产物——磁铁矿。有研究发现绿锈 GRs 吸附磷酸根后会较为稳定,不易氧化[32],崔蒙蒙等[33]也发现水铁矿吸附磷后有助于维持水铁矿弱结晶状态,这可能是 SFP(B)体系中第一批次磷反应结束后,水铁矿仍然保持着弱结晶态的主要原因。因此,磷批次投加有利于铁矿物被铁还原菌还原后向蓝铁矿转化。

Wilfert 等[34]研究发现,可通过 XRD 半定量分析和元素分析对厌氧消化污泥中蓝铁矿含量进行定量。首先,采用 MDI Jade 对不同阶段固体相 XRD 测试数据进行半定量分析,如表 6.10 所示。从 XRD 数据半定量分析来看：SFP(B)体系中第一、二、三和四阶段,蓝铁矿含量分别为 0%、27.9%、71.5% 和 93.6%。SMP(B)体系中第一、二和三阶段,蓝铁矿含量分别为 43.7%、75.0% 和 94.4%,XRD 半定量分析得到的数据高于理论数值。形成蓝铁矿所需铁与磷物质的量为 1.5∶1,假设实验体系中磷全部以蓝铁矿形式回收,水铁矿和磁铁矿体系消耗的铁含量最高值分别为 67.74% 和 50.80%。可能因为蓝铁矿在形成过程中黏结在一起,导致原有铁矿物被蓝铁矿覆盖,XRD 测试时检测不到,且 Wilfert 等[34]研究蓝铁矿形成时,使用的是 Fe^{3+} 离子,并非铁矿物,不存在被蓝铁矿覆盖的可能性,Prot 等[24]也发现通过 XRD 数据分析得到的蓝铁矿含量偏高,所以对本实验 XRD 半定量分析并不适用。最后,对不同阶段固体相进行 XRF(X-Ray Fluorescence)测试(元素分析),SFP(B)体系中第一、二、三和四阶段蓝铁矿含量分别为 0%、27.04%、37.33% 和 50.77%。SMP(B)体系中第一、二和三阶段蓝铁矿含量分别为 12.87%、23.40% 和 35.22%。从蓝铁矿含量变化的趋势来看,磷批次投加工艺的确可提高铁矿物利用率与蓝铁矿产量。

表 6.10　(*S. oneidensis* MR‐1)‐铁矿物‐磷(磷批次投加)体系中不同阶段蓝铁矿含量

体　系	水　铁　矿				磁　铁　矿		
时间(h)	48	96	226	572	310	507	806
XRD(%)	0	27.9	71.5	93.6	43.7	75.0	94.4
元素分析(%)	0	27.04	37.33	50.77	12.87	23.40	35.22

实验结束后,SFP(B)体系中提取态 Fe(Ⅱ)至少还有 4.75 mmol/L,除蓝铁矿外,未发现磁铁矿和其他结晶度较好的铁矿物形成,但 SFP(H75)体系中除蓝铁矿外也发现有磁铁矿形成。两个实验体系区别在于,前者无溶解态 Fe(Ⅱ)存在。实验结果表明,铁还原过程中溶解态 Fe(Ⅱ),即粒径较小 Fe(Ⅱ)是影响铁矿物转化的重要因素,如果实验体系中缺少溶解态 Fe(Ⅱ),水铁矿则无法向磁铁矿转化。

6.4.3 形成蓝铁矿的生物与非生物作用的区别

蓝铁矿溶度积常数为 10^{-36}，理论上看，只要溶液中 Fe^{2+} 和 PO_4^{3-} 的溶度积常数大于 10^{-36} 便可能形成蓝铁矿。本节分别对化学法(非生物作用)和铁还原菌(生物作用)介导作用下形成的蓝铁矿进行 XRD 和 SEM 表征，考察两种不同途径形成的蓝铁矿之间的区别与联系。

1. 化学法制备蓝铁矿

首先，配制 Fe^{2+} 溶液和 PO_4^{3-} 溶液，采用化学法制备蓝铁矿。pH 会影响溶液中 Fe^{2+} 和 PO_4^{3-} 形态[35]，从而影响蓝铁矿形成。如图 6-42 所示，实验结果表明，pH 为 4 时，溶液中无沉淀物形成；pH 为 9 时，虽有沉淀物形成但不是蓝铁矿，是氢氧化亚铁沉淀；pH 为 7 时，也可看到沉淀物形成，但进行 XRD 测试后发现蓝铁矿特征峰较弱；pH 为 6 时，混合在一起的 Fe^{2+} 和 PO_4^{3-} 溶液静置一夜后，有白色沉淀物形成，该沉淀物 XRD 图谱符合标准的蓝铁矿 XRD 图谱。与 Liu 等[35]采用化学法制备的蓝铁矿一致，但制备的蓝铁矿易被氧化，会失去蓝铁矿特征峰，与 Rothe 等[36]研究结果一致(图 6-43)。

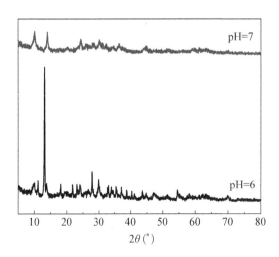

图 6-42 不同 pH 条件时 Fe^{2+} 和 PO_4^{3-} 溶液混合后形成的沉淀物的 XRD 图谱

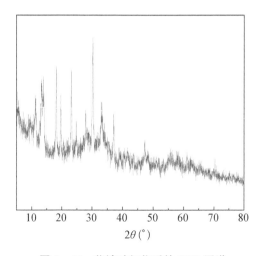

图 6-43 蓝铁矿氧化后的 XRD 图谱

2. 不同来源 Fe(Ⅱ)对蓝铁矿形成的影响

许多研究发现，利用生物源 Fe(Ⅱ)[铁还原菌还原 Fe(Ⅲ)得到的]脱氮时，脱氮产物为气态氮，非生物源 Fe(Ⅱ)(利用 $FeCl_4 \cdot 4H_2O$ 制备的 Fe^{2+} 溶液)脱氮时，脱氮产物是 NH_4^+-N[27,37]。为了比较生物源 Fe(Ⅱ)与非生物源 Fe(Ⅱ)(化学法配制)所形成蓝铁矿的区别，对 SFP(B)体系和 SMP(B)体系反应结束后的固体相进行 SEM 表征。

由非生物源 Fe(Ⅱ)参与制的备蓝铁矿 XRD 图谱和铁还原过程得到的 Fe(Ⅱ)参与形成蓝铁矿的 XRD 图谱均符合蓝铁矿标准图谱(PDF♯30-0662)，表明不论是通过化学法制备蓝铁矿，还是由 *S. oneidensis* MR-1 还原铁矿物得到的蓝铁矿，其晶型结构相同。

虽然不同来源 Fe(Ⅱ)参与形成的蓝铁矿从外观看均是粉末状,但其 SEM 图存在差异,化学制备法得到的蓝铁矿的外观形似紧簇的花朵,形状也较规则。对于 *S. oneidensis* MR‑1 菌株参与得到的蓝铁矿,不论是弱结晶态水铁矿,还是结晶度较好的磁铁矿,蓝铁矿 SEM 图是多个片状堆积,如表 6.11 所示。

表 6.11　不同制备方法得到的蓝铁矿的 SEM 图对比

制备方法	SEM 图
化学法	
SFP(B)体系	
SMP(B)体系	

微生物胞外聚合物通常含有多糖,中性 pH 下多糖是带负电荷的,这也为铁还原过程中的 Fe(Ⅱ)提供了成核位点[38],生物源 Fe(Ⅱ)参与形成的蓝铁矿是由成核结晶形成的,而非生物源 Fe(Ⅱ)参与形成的蓝铁矿只是由一种简单的沉淀作用形成的,所以两者 SEM 图不同。微生物作用参与形成的蓝铁矿较稳定,不像化学法制备得到的蓝铁矿,放置时间久了晶型结构会消失,蓝铁矿氧化伴随着质子从蓝铁矿结构中离开,是其晶体基体失稳的主要原因。自然界中自然形成的蓝铁矿为颗粒较大的晶型颗粒,SEM 图显示有许多片状堆积在一起,但片状的厚度比实验体系中的薄[39],Wang 等[26]利用 *S. oneidensis* MR‑4 诱导水铁矿形成的蓝铁矿与自然界中蓝铁矿的 SEM 图相似,实验

体系中反应开始 16 d 后才开始出现蓝铁矿特征峰,而 SFP(B)体系在实验体系反应开始 4 d 后就开始形成蓝铁矿,蓝铁矿形成速度不同可能是其 SEM 图差异的主要原因。Wang 等[26]在实验过程中发现溶解态 Fe(Ⅱ)浓度先升高后降低,最高时为 0.2 mmol/L,而 SFP(B)体系中溶解态 Fe(Ⅱ)浓度一直在 0 左右。Prot 等[24]通过提高厌氧污泥中 FeSO₄ 投加量来提高蓝铁矿含量时,也发现形成的蓝铁矿有许多种,其纯度、氧化状态或结晶度各不相同。综上所述,实验体系中 Fe(Ⅱ)、磷浓度和磷处理工艺均会影响蓝铁矿外貌形态。

6.4.4　生物源 Fe(Ⅱ)在脱氮除磷方面的区别

生物源 Fe(Ⅱ)有溶解态、吸附态,也有胶体态,其在许多氧化还原过程中可作为还原剂[40],但 Fe(Ⅱ)与磷结合形成蓝铁矿并非利用 Fe(Ⅱ)还原性。SFP(B)体系在第四阶段磷投加后,提取态 Fe(Ⅱ)浓度才开始降低,SMP(B)体系在第二阶段磷投加后,提取态 Fe(Ⅱ)浓度才开始降低,但磷批次处理过程中溶解态 Fe(Ⅱ)浓度几乎为 0。实验结果表明,大部分提取态 Fe(Ⅱ)不会与磷结合形成蓝铁矿,溶解态 Fe(Ⅱ)是与磷快速结合形成蓝铁矿的主要类型的 Fe(Ⅱ)。

S. oneidensis MR-1 还原磁铁矿 100 h 后投加 30 mg/L 含氮化合物,Fe(Ⅱ)浓度变化如图 6-44 所示。投加 30 mg/L NO₂⁻-N 后,两种 Fe(Ⅱ)浓度均快速降低,特别是溶解态 Fe(Ⅱ)在投加 NO₂⁻-N 2.5 h 左右基本被消耗完。但在 NO₃⁻-N 体系中,两种 Fe(Ⅱ)浓度降低速度均慢于 NO₂⁻-N 体系。整体而言,在含有氮化合物的实验体系中,Fe(Ⅱ)降低速度快于含磷实验体系。含磷实验体系中磷主要利用粒径较小的溶解态 Fe(Ⅱ),但在含氮化合物的实验体系中两种 Fe(Ⅱ)浓度变化相似,表明两种 Fe(Ⅱ)被同时利用,生物源 Fe(Ⅱ)在脱氮与除磷方面发挥的作用不同。

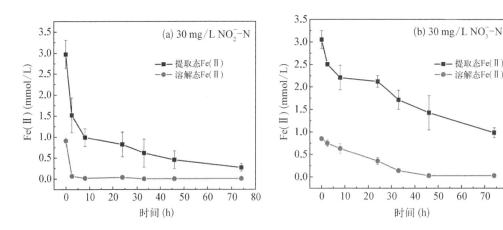

图 6-44　*S. oneidensis* MR-1 还原磁铁矿过程中投加含氮化合物对 Fe(Ⅱ)浓度的影响

建立(*S. oneidensis* MR-1)-水铁矿-(NO₃⁻-N)SFP(NO₃⁻-N 批次投加)体系和(*S. oneidensis* MR-1)-磁铁矿-(NO₃⁻-N)SMP(NO₃⁻-N 批次投加)体系,180 h 内分别批次处

理 4 次 30 mg/L NO$_3^-$-N。如图 6-45 所示，SFP(NO$_3^-$-N 批次投加)体系反应结束后，在固体相的 XRD 图谱中，同样观察到有磁铁矿形成，而 SMP(NO$_3^-$-N 批次投加)体系保持其原有晶型结构。实验结表明，无磷情况下水铁矿经历铁还原过程后，会向磁铁矿进行转化。

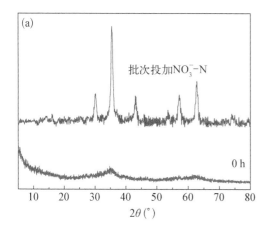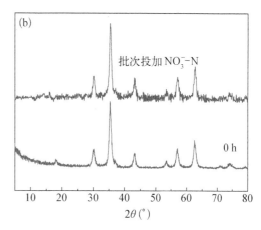

图 6-45　SFP 体系(a)和 SMP 体系(b)反应结束后不同固体相的 XRD 图谱

Fe(Ⅱ)浓度变化和铁矿物转化均表明，实验体系中未被吸附磷的存在是影响铁矿物转化的重要原因。磷与硝酸盐批次处理时间不同，两种 Fe(Ⅱ)浓度变化也不一致，是因为 Fe(Ⅱ)与氮化合物反应是电子传递，利用 Fe(Ⅱ)的还原性[41]，而形成蓝铁矿只是一种结核成晶作用。提取态 Fe(Ⅱ)与溶解态 Fe(Ⅱ)在回收磷方面的区别还需要进一步探究。

6.4.5　小结

本研究主要采取两种策略提高蓝铁矿含量，研究可调控铁矿物转化的手段，比较生物源 Fe(Ⅱ)与非生物源 Fe(Ⅱ)所参与形成蓝铁矿的区别，及生物源 Fe(Ⅱ)在脱氮除磷方面的区别。主要得到以下结论：

铁还原过程进行 75 h 后投加一定浓度磷，SFP(L75)体系和 SFP(H75)体系中以蓝铁矿形式回收磷的占比分别为 18.95% 和 53.18%，SMP(L75)体系和 SMP(H75)体系中以蓝铁矿形式回收磷的占比分别为 14.55% 和 35.42%。改变磷投加时间点，铁矿物吸附磷时创造利于蓝铁矿形成的条件，可降低铁矿物对磷的吸附，磷浓度越高，这种策略越有效。

SFP(B)体系中 572 h 内批次投加 4 次高浓度磷(150 mg/L)，每一阶段蓝铁矿含量占比分别为 0%、27.04%、37.33% 和 50.77%，SMP(B)体系中 806 h 内批次投加 3 次高浓度磷(150 mg/L)，蓝铁矿含量分别为 12.87%、23.40% 和 35.22%。蓝铁矿含量占比的增加表明磷批次投加工艺可提高蓝铁矿产量。

SFP(B)体系中水铁矿转化产物的 XRD 图谱中只有蓝铁矿特征峰，SFP(H75)体系中水铁矿转化产物的 XRD 图谱中除蓝铁矿特征峰外，还有磁铁矿特征峰，区别在于前者体系中几乎没有溶解态 Fe(Ⅱ)，后者体系中溶解态 Fe(Ⅱ)浓度较高。在 SMP(B)体系中，随着磷批次处理次数增加,磁铁矿特征峰不断减弱,蓝铁矿特征峰不断增强,溶解态Fe(Ⅱ)浓度几乎为 0。实验结果表明粒径较小的溶解态 Fe(Ⅱ)是影响铁矿物转化的重要因子,只要溶液中有磷存在,便会消耗溶解态 Fe(Ⅱ),引导铁矿物往蓝铁矿转化。

生物源 Fe(Ⅱ)与非生物源 Fe(Ⅱ)参与形成蓝铁矿的 XRD 图谱均符合标准蓝铁矿图谱,但非生物源 Fe(Ⅱ)参与形成蓝铁矿的外观像紧簇、排放有规则的花朵,生物源 Fe(Ⅱ)参与形成蓝铁矿的外观是多个片状聚集在一起,形状不规则。因为生物源 Fe(Ⅱ)参与形成蓝铁矿是结核成晶的,而非生物源 Fe(Ⅱ)参与的蓝铁矿形成只是一种简单的沉淀作用。且生物源 Fe(Ⅱ)参与形成的蓝铁矿较稳定,而非生物源 Fe(Ⅱ)参与形成的蓝铁矿,放置时间久了晶型结构会消失。

蓝铁矿形成是一种结核成晶作用,不是利用生物源 Fe(Ⅱ)还原性,大部分粒径较大的提取态 Fe(Ⅱ)不参与磷回收,而氮化合物与 Fe(Ⅱ)之间的反应是一种氧化还原作用,提取态 Fe(Ⅱ)与溶解态 Fe(Ⅱ)均参与氮化合物的去除,所以磷回收时间高于氮去除时间。

主要参考文献

[1] 柳广飞,朱佳琪,于华莉,等.电子穿梭体介导微生物还原铁氧化物的研究进展[J].地球科学,2018 (S1):157 - 170.

[2] Nevin K P, Lovley D R. Potential for nonenzymatic reduction of Fe(Ⅲ) via electron shuttling in subsurface sediments [J]. Environmental Science & Technology, 2000, 34 (12): 2472 - 2478.

[3] Lu Y, Huang X, Xu L, et al. Elucidation of the nitrogen-transformation mechanism for nitrite removal using a microbial-mediated iron redox cycling system[J]. Journal of Water Process Engineering, 2020, 33: 101016.

[4] 陈洁.奥奈达希瓦氏菌 MR-1 的 Fe(Ⅲ)还原特性及其影响因素研究[D].合肥:安徽农业大学,2011.

[5] Perez-Gonzalez T, Jimenez-Lopez C, Neal A L, et al. Magnetite biomineralization induced by Shewanella oneidensis[J]. Geochimica Et Cosmochimica Acta, 2010, 74(3): 967 - 979.

[6] Jones A M, Collins R N, Waite T D. Redox characterization of the Fe(Ⅱ)-catalyzed transformation of ferrihydrite to goethite[J]. Geochimica Et Cosmochimica Acta, 2017, 218: 257 - 272.

[7] Frierdich A J, Helgeson M, Liu C, et al. Iron atom exchange between hematite and aqueous Fe(Ⅱ)[J]. Environmental Science & Technology, 2015, 49(14): 8479 - 8486.

[8] Li R H, Cui J L, Li X D, et al. Phosphorus removal and recovery from wastewater using Fe-dosing bioreactor and cofermentation: investigation by X-ray absorption near-edge structure spectroscopy[J]. Environmental Science & Technology, 2018, 52(24): 14119 - 14128.

[9] Li R H, Cui J L, Hu J H, et al. Transformation of Fe - P complexes in bioreactors and P recovery from sludge: investigation by XANES spectroscopy[J]. Environmental Science & Technology, 2020, 54(7): 4641 - 4650.

[10] Hauduc H，Takacs I，Smith S，et al. A dynamic physicochemical model for chemical phosphorus removal[J]. Water Research，2015，73：157－170.

[11] 郭智俐,李苓,刘晓月,等.两种铁氧化物对无机磷的吸附特征分析[J].中国海洋大学学报(自然科学版),2021,51(8)：42－48.

[12] O'loughlin E J，Boyanov M I，Flynn T M，et al. Effects of bound phosphate on the bioreduction of lepidocrocite（γ－FeOOH）and maghemite（γ－Fe$_2$O$_3$）and formation of secondary minerals[J]. Environmental Science & Technology，2013，47(16)：9157－9166.

[13] Yuan Q，Wang S，Wang X，et al. Biosynthesis of vivianite from microbial extracellular electron transfer and environmental application[J]. Science of the Total Environment，2020，762：143076.

[14] Urrutia M M，Roden E E，Fredrickson J K，et al. Microbial and surface chemistry controls on reduction of synthetic Fe(Ⅲ) oxide minerals by the dissimilatory iron-reducing bacterium Shewanella alga[J]. Geomicrobiology Journal，1998，15(4)：269－291.

[15] Zachara J M，Fredrickson J K，Smith S C，et al. Solubilization of Fe(Ⅲ) oxide-bound trace metals by a dissimilatory Fe(Ⅲ) reducing bacterium[J]. Geochimica et Cosmochimica Acta，2001，65(1)：75－93.

[16] 王芙仙,郑世玲,邱浩,等.铁还原细菌 Shewanella oneidensis MR－4 诱导水合氧化铁形成蓝铁矿的过程[J]. 微生物学报,2018(4)：573－583.

[17] O'loughlin E J，Boyanov M I，Gorski C A，et al. Effects of Fe(Ⅲ) oxide mineralogy and phosphate on Fe(Ⅱ) secondary mineral formation during microbial iron reduction[J]. Minerals，2021，11(2)：149.

[18] Wang S，An J K，Wan Y X，et al. Phosphorus competition in bioinduced vivianite recovery from wastewater[J]. Environmental Science & Technology，2018，52(23)：13863－13870.

[19] Muehe E M，Morin G，Scheer L，et al. Arsenic(Ⅴ) incorporation in vivianite during microbial reduction of arsenic(Ⅴ)－bearing biogenic Fe(Ⅲ)（oxyhydr）oxides[J]. Environmental Science & Technology，2016，50(5)：2281－2291.

[20] Nriagu J O. Stability of vivianite and ion-pair formation in the system Fe$_3$(PO$_4$)$_2$－H$_3$PO$_4$－H$_2$O[J]. Geochimica et Cosmochimica Acta，1972，36(4)：459－470.

[21] Zhang Z，Ping Q，Gao D，et al. Effects of ferric-phosphate forms on phosphorus release and the performance of anaerobic fermentation of waste activated sludge[J]. Bioresource Technology，2021，323：124622.

[22] Wang R，Wilfert P，Dugulan I，et al. Fe(Ⅲ) reduction and vivianite formation in activated sludge[J]. Separation and Purification Technology，2019，220：126－135.

[23] Wang R，Wilfert P，Dugulan I，et al. Fe(Ⅲ) reduction and vivianite formation in activated sludge[J]. Separation and Purification Technology，2019，220：126－135.

[24] Prot T，Wijdeveld W，Eshun L E，et al. Full-scale increased iron dosage to stimulate the formation of vivianite and its recovery from digested sewage sludge[J]. Water Research，2020，182：115911－115911.

[25] Hao X，Zhou J，Wang C，et al. New product of phosphorus recovery vivianite[J]. Acta Scientiae Circumstantiae，2018，38(11)：4223－4234.

[26] Wang F，Zheng S，Qiu H，et al. Ferrihydrite reduction and vivianite biomineralization mediated by iron reducing bacterium Shewanella oneidensis MR－4[J]. Acta Microbiologica

Sinica，2018，58(4)：573 - 583.

[27] Melton E D，Swanner E D，Behrens S，et al. The interplay of microbially mediated and abiotic reactions in the biogeochemical Fe cycle[J]. Nature Reviews Microbiology，2014，12 (12)：797 - 808.

[28] Fredrickson J K，Zachara J M，Kennedy D W，et al. Biogenic iron mineralization accompanying the dissimilatory reduction of hydrous ferric oxide by a groundwater bacterium[J]. Geochimica et Cosmochimica Acta，1998，62(19 - 20)：3239 - 3257.

[29] Fu L，Li S-W，Ding Z-W，et al. Iron reduction in the DAMO/Shewanella oneidensis MR - 1 coculture system and the fate of Fe(Ⅱ)[J]. Water Research，2016，88：808 - 815.

[30] Breuer M，Rosso K M，Blumberger J，et al. Multi-haem cytochromes in Shewanella oneidensis MR - 1：structures，functions and opportunities[J]. Journal of the Royal Society Interface，2015，12(102).

[31] Shi L，Rosso K M，Clarke T A，et al. Molecular underpinnings of Fe(Ⅲ) oxide reduction by Shewanella oneidensis MR - 1[J]. Frontiers in Microbiology，2012，3：50.

[32] Refait P，Reffass M，Landoulsi J，et al. Role of phosphate species during the formation and transformation of the Fe(Ⅱ - Ⅲ) hydroxycarbonate green rust[J]. Colloids and Surfaces a-Physicochemical and Engineering Aspects，2007，299(1 - 3)：29 - 37.

[33] 崔蒙蒙，王殿升，黄天寅，等.人工合成水铁矿对含磷废水的吸附性能[J].环境科学，2016，37 (9)：3498 - 3507.

[34] Wilfert P，Mandalidis A，Dugulan A I，et al. Vivianite as an important iron phosphate precipitate in sewage treatment plants[J]. Water Research，2016，104：449 - 460.

[35] Liu J，Cheng X，Qi X，et al. Recovery of phosphate from aqueous solutions via vivianite crystallization：thermodynamics and influence of pH[J]. Chemical Engineering Journal，2018，349：37 - 46.

[36] Rothe M，Frederichs T，Eder M，et al. Evidence for vivianite formation and its contribution to long-term phosphorus retention in a recent lake sediment：a novel analytical approach[J]. Biogeosciences，2014，11(18)：5169 - 5180.

[37] Lu Y，Xu L，Shu W，et al. Microbial mediated iron redox cycling in Fe (hydr)oxides for nitrite removal[J]. Bioresource Technology，2017，224：34 - 40.

[38] Peretyazhko T S，Zachara J M，Kennedy D W，et al. Ferrous phosphate surface precipitates resulting from the reduction of intragrain 6 - line ferrihydrite by Shewanella oneidensis MR - 1 [J]. Geochimica et Cosmochimica Acta，2010，74(13)：3751 - 3767.

[39] Rothe M，Kleeberg A，Hupfer M. The occurrence，identification and environmental relevance of vivianite in waterlogged soils and aquatic sediments[J]. Earth-Science Reviews，2016，158：51 - 64.

[40] Li X，Liu T，Li F，et al. Reduction of structural Fe(Ⅲ) in oxyhydroxides by Shewanella decolorationis S12 and characterization of the surface properties of iron minerals[J]. Journal of Soils and Sediments，2012，12(2)：217 - 227.

[41] Lu Y，Huang X，Xu L，et al. Elucidation of the nitrogen-transformation mechanism for nitrite removal using a microbial-mediated iron redox cycling system[J]. Journal of Water Process Engineering，2020，33：101016.

附录

1、绿锈 GR2(SO_4^{2-}) 的制备

以硫酸盐绿锈 GR2(SO_4^{2-}) 制备为例：用无氧水配制 NaOH [$n(OH^-)$=0.6 mol/L] 溶液 100 mL，FeSO$_4$·7H$_2$O [$n(Fe^{2+})$=0.2 mol/L]、Fe$_2$(SO$_4$)$_3$·5H$_2$O [$n(Fe^{3+})$=0.1 mol/L] 混合溶液 100 mL。利用如附图 1 所示的实验装置，500 mL 四口烧瓶作为反应器，四口烧瓶经过氮气吹扫之后，确保无氧氛围，将 Fe^{2+} 和 Fe^{3+} 的混合溶液倒入四口烧瓶中，以开始滴加沉淀剂 NaOH 溶液的时刻为计时零点，维持恒压滴定漏斗中沉淀剂的滴加速率，每隔一段时间记录下溶液 pH，当 pH 达到 7 时，停止加碱，反应完成。制备完成的绿锈经过陈化后，在惰性气体保护下，用 0.45 μm 滤膜抽滤，经无氧水反复冲洗 2~3 遍，将滤饼冷冻干燥，用于后续表征测试。干燥后获得绿锈产品。表 1 为绿锈制备过程中相对应的颜色变化规律。

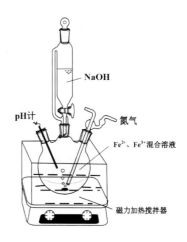

图 1 实验装置示意图

表 1 绿锈制备过程中颜色变化规律

	pH=1.5~2	Fe^{2+} 和 Fe^{3+} 混合溶液为橙黄色透明液体。
	pH=2~3	第 I 阶段，Fe^{3+} 开始沉淀，达到 pH=3 左右时，沉淀完全，溶液颜色呈黄褐色。
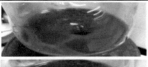	pH=3~6.5	第 II 阶段，滴入的 NaOH 溶液向溶液提供过量的 OH^- 使 pH 快速上升至 6 左右，随着反应的进行，黄色逐渐加深。
	pH=7	第 III 阶段，当 pH>6 时，Fe^{2+} 开始沉淀，pH 变化因此又变得缓慢，溶液开始出现绿色，到达滴定终点时，溶液变为深绿色悬浊液。

2、相关论文及专利情况

论文发表情况

[1] Lu Y S, Yang X X, Wu Z L, et al. A novel control strategy for N$_2$O formation by adjusting E_h in nitrite/Fe(II–III) carbonate green rust system[J]. Chemical Engineering Journal, 2016, 304: 579-586.

[2] Lu Y S, Xu L, Shu W K, et al. Microbial mediated iron redox cycling in Fe(hydr)oxides for nitrite Removal[J]. Bioresource Technology, 2017,224: 34-40.

[3] Lu Y S, He Y Y, Zhou J Z, et al. Control strategy for nitrate reduction by sulfate green rust: the key role of copper and aluminum[J]. Desalination and Water Treatment, 2019,149:98-104.

[4] Lu Y S, Huang X E, Xu L, et al. Elucidation of the nitrogen-transformation mechanism for nitrite removal using a microbial-mediated iron redox cycling system[J].Journal of Water Process Engineering, 2020, 33: 101016.

[5] Lu Y S, Liu H, Huang X E, et al. Nitrate removal during Fe(III) bio-reduction in microbial-mediated iron redoxcycling systems [J]. Journal of Water Process Engineering,2021,42: 102200.

[6] Lu Y S, Liu H, Feng W, et al. A new and efficient approach for phosphorus recovery from wastewater in the form of vivianite mediated by iron-reducing bacteria[J]. Water Science & Technology,2021, 84(4): 985-994.

[7] Lu Y S, Feng W, Liu H, et al. Efficient phosphate recovery as vivianite: Synergistic effect of iron minerals and microorganisms[J]. Environmental Science: Water Research and Technology,2022,8(2): 270-279.

[8] 冯威,刘慧,徐喜旺,等. 生物源 Fe(II)的形成及其在污染控制中的应用[J]. 工业水处理, 2022,42(9)14-22.

相关授权专利

[1] 陆永生，张在屋，王展，等. 一种还原处理水中硝酸盐的方法，2015.03.25，中国，ZL201310505699.2.

[2] 陈学萍，陆永生，李晴淘，等. 利用微生物燃料电池对废水厌氧生物降解度快速判断的方法，2021.05.07，中国，ZL201810984587.2.

[3] 陆永生，刘慧，张国卿，等. 一种低成本高效除磷制备蓝铁矿的方法，2023.01.06，专利ZL202110451510.0.